“十二五”职业教育国家规划教材
经全国职业教育教材审定委员会审定

环境监测技能训练与考核教程

（第二版）

石碧清　主　编
曹东杰　全玉莲　副主编
刘明华　主　审

中国环境出版集团·北京

图书在版编目（CIP）数据

环境监测技能训练与考核教程 / 石碧清主编. —2 版.
—北京：中国环境出版集团，2015.6（2021.8 重印）
“十二五”职业教育国家规划教材
ISBN 978-7-5111-2108-0

Ⅰ. ①环… Ⅱ. ①石… Ⅲ. ①环境监测－高等职业教育－教材 Ⅳ. ①X83

中国版本图书馆 CIP 数据核字（2014）第 242895 号

出 版 人 武德凯
责任编辑 黄晓燕 侯华华
责任校对 尹 芳
封面设计 宋 瑞

出版发行 中国环境出版集团
（100062 北京市东城区广渠门内大街 16 号）
网 址：http://www.cesp.com.cn
电子邮箱：bjgl@cesp.com.cn
联系电话：010-67112765（编辑管理部）
010-67112735（第一分社）
发行热线：010-67125803，010-67113405（传真）

印 刷 北京市联华印刷厂
经 销 各地新华书店
版 次 2011 年 9 月第 1 版 2015 年 9 月第 2 版
印 次 2021 年 8 月第 2 次印刷
开 本 787×1092 1/16
印 张 19.5
字 数 460 千字
定 价 41.00 元

编 写 人 员

主　编　石碧清

（中国环境管理干部学院）

副主编　曹东杰　全玉莲

（中国环境管理干部学院）

成　员　金泥沙　郑艳芬　刘　军　董亚荣　赵　育　杨立静

姚淑霞　陈恺立　纪献兵　盖楠楠

（中国环境管理干部学院）

王燕平　朱惠敏

（四川省自贡市环境监测站）

前 言

随着我国社会经济的高速发展，环境问题日益突出，环境监测工作显得尤为重要。环境监测是环境保护工作的重要基础和有效手段，对环境中各项要素进行经常性监测，对各有关单位排放污染物的情况进行监视性监测。为政府部门执行各项环境法规、标准，全面开展环境管理工作提供准确、可靠的监测数据和资料。为了满足环境监测工作的要求，需要培养一大批具有高素质、高技能的环境监测人才。本书为高职高专环境类专业环境监测实训课程提供了实用性强的实训教材，同时也可以作为从事环境监测工作人员的参考资料。

本书是在 2011 年第一版教材的基础上进行修订，主要增加和调整了部分监测指标、进一步完善了实训操作考核部分。全书设计了环境监测基本技能训练、地表水水质监测、工业废水监测、城镇污水处理厂水质监测、环境空气质量监测、工业废气监测、室内空气监测、降水监测、噪声监测、土壤与固体废物监测十方面的实训项目。涵盖了监测方案的制定，样品的采集、保存技术，样品的前处理技术，分析测试技术，原始数据记录，监测结果计算，编写监测报告和实验操作评分标准等内容。在编写过程中，结合环境监测的最新标准和技术规范，注重环境监测的新技术和新设备方面的运用，以实用为出发点，通过环境监测的实训，强化学生的环境监测职业技能，以使其具备适应环境监测部门就业需要的专业技能。

本书由石碧清教授担任主编，曹东杰、全玉莲担任副主编。全书由石碧清负责统稿，各部分的编写人员以及分工如下:

项目一由石碧清、王燕平编写；项目二由石碧清、杨立静、朱惠敏编写；项目三由石碧清、赵育、姚淑霞、纪献兵编写；项目四由石碧清、金泥沙、董亚荣编写；项目五、项目六由曹东杰编写；项目七由曹东杰、刘军编写；项目八由曹东杰、郑艳芬编写；项目九、项目十由全玉莲编写；附录部分内容由陈恺立、盖楠楠编写。

秦皇岛市环境保护监测站刘明华高级工程师担任主审，提出了指导性意见和建议。在此，向刘明华高级工程师表示诚挚的谢意。

本书在编写过程中参考并引用了大量文献资料，咨询了部分行业和企业有关的专家。在此，谨对参考文献的原作者和对本书提出宝贵意见和建议的行业、企业专家表示衷心的感谢。

由于编者水平有限，书中难免出现错误和纰漏，敬请读者予以批评指正。

编　者

2014年2月

目 录

项目一
环境监测基本技能训练

任务一　衡量法校正滴定管

玻璃量器（如滴定管、容量瓶、移液管等）由于制造工艺和温度变化等原因，导致容量标示值与真实容量值之间有一定的误差。因此，玻璃量器需定期进行校准和检定，其容量的准确性直接影响分析结果的准确度和可靠性。实训室内，对于准确度要求较高的监测分析工作，分析前必须对量器进行容量检定，按照计量器具检定规程《常用玻璃量器检定规程》（JJG 196—2006）或其他有关规定进行。滴定管的标称容量与真实容量之间的差值不超过表 1-1 所列的允许误差为合格。

实训室内玻璃量器的校正方法主要有衡量法和容量比较法两种方法。

表 1-1　滴定管的允许误差

标称容量/mL	最小分度/mL	容量允许误差	
		A 级/mL	B 级/mL
1	0.01	±0.01	±0.02
2	0.01	±0.01	±0.02
5	0.02	±0.01	±0.02
10	0.02	±0.02	±0.05
10	0.05	±0.02	±0.05
25	0.05	±0.03	±0.05
25	0.1	±0.05	±0.1
50	0.1	±0.05	±0.1
100	0.2	±0.1	±0.2

一、预习思考

（1）玻璃量器为何要进行容量校正？

（2）衡量法校正的影响因素有哪些，如何避免？

二、实训目的

（1）掌握衡量法校正滴定管的方法。

（2）掌握滴定管容量校正曲线的制作方法。

三、原理

滴定管属于量出式量器，将滴定管洗涤干净，保证称量管内一定容积蒸馏水的表观质量，根据标准温度下水的密度进行计算，得到滴定管在标准温度 20℃时的真实容量。由于称量是在空气中进行的，而校正玻璃量器时不一定是在规定温度下进行，因而必须考虑水的密度、玻璃膨胀系数及称量时空气浮力的影响。为便于计算，将这些影响因素合并成一项总校正系数，称为 R 值。不同温度下的校正系数 R 值如表 1-2 所示。

表 1-2 玻璃量器的校正系数（R 值）

温度/℃	校正系数/（g/mL）	温度/℃	校正系数/（g/mL）	温度/℃	校正系数/（g/mL）
10	0.998 39	21	0.997 00	31	0.994 64
11	0.998 32	22	0.996 80	32	0.994 34
12	0.998 23	23	0.996 60	33	0.994 06
13	0.998 14	24	0.996 38	34	0.993 75
14	0.998 04	25	0.996 17	35	0.993 45
15	0.997 93	26	0.995 93	36	0.993 12
16	0.997 80	27	0.995 69	37	0.992 80
17	0.997 65	28	0.995 44	38	0.992 46
18	0.997 51	29	0.995 18	39	0.992 12
19	0.997 34	30	0.994 91	40	0.991 77
20	0.997 18				

量器的真实容积 V 可由下式计算：

$$V = \frac{W}{R}$$

式中：V—— 量器的真实容积，mL；

W—— 介质的表观质量，g；

R—— 校正系数，g/mL。

量器的容积校正值可由下式计算：

$$V_{校正} = V_{真实} - V_{标称}$$

校正后的容积是指 20℃时该容器的真实容积。

四、实训仪器

50 mL 滴定管、150 mL 锥形瓶、温度计、万分之一分析天平、滴定台。

五、实训操作

（一）校正步骤

50 mL 容量的滴定管按其刻度分度值分 0～10 mL、10～20 mL、20～30 mL、30～40 mL、40～50 mL 五段进行。校正步骤如下：

（1）将滴定管充分洗净，检漏合格。

（2）向管柱内加纯水到“0.00”处（不一定恰在“0”的标线上） 并记录水的温度。

（3）逐段将水放出（以 1 min 不超过 10 mL 的速度放出约 10 mL 水，相差不应大于 0.1 mL）至预先洗净干燥并称过重的 50 mL 有塞锥形瓶中，先后称其重量，减去瓶重，即为各段的水重量。数据记录在表 1-3。

（4）在表 1-2 中查出水温相应的 *R* 值，算出各段的真实容积及容积校正值，填入表 1-3 中。

表 1-3 数据记录表

水温/℃			校正系数			
滴定管体积读数/mL	放出水体积数/mL	（瓶+水）重量/g	放出水重量/g	真实容积/mL	容积校正值/mL	累积容积校正值/mL

（5）以标称容积为横坐标，以累积容积校正值为纵坐标绘制滴定管刻度校正曲线。在使用这支滴定管时，按照各段误差的不同，分别用其校正值对滴定管进行修正。

（二）实训室整理

（1）将天平回零，关闭仪器电源开关，拔掉电源插头，填写使用记录表。

（2）将玻璃等器皿清洗干净，物归原处。

（3）清理实训台面和地面，保持实训室干净整洁。

（4）检查实训室用水、用电是否处于安全状态。

六、实训总结

（1）容量比较法（相对法）校正比色管或容量瓶。在某些情况下，有些量器如比色管与移液管、容量瓶与移液管是配合使用的。因此，重要的不是要知道所用比色管、容量瓶的绝对容积，而是比色管与移液管、容量瓶与移液管的容积比是否正确。一般只需相对校正即可，用校正过的洁净移液管校正比色管或容量瓶。没有误差的比色管或容量瓶可以直接用于实训，若存在误差，可在比色管或容量瓶上做新的记号，使用时，以新记号为准。

（2）衡量法校正适用于滴定管、移液管吸量管与量筒等量出式量器和容量瓶等量入式量器。

（3）量入式量器应用衡量法校正，校正前应将内壁控干。

（4）称量时所用天平的准确度应与所检定的容量大小相称，至少要与所检定量器的容量允许误差相当。

七、实训成果

根据测定结果绘制滴定管校正曲线。

任务二 紫外-可见分光光度计的校正

紫外-可见分光光度计是根据分子对紫外、可见区辐射（光）的选择性吸收和朗伯-比尔定律对物质进行定量鉴别的仪器。仪器在使用一段时间或经搬动、振动后，仪器的一些性能会发生变化。为保证测试结果的准确可靠，新制造、使用中和修理后的分光光度计都应定期进行检定。因此，每隔一段时间需要对仪器的性能进行检测和校正，包括波长的检验和校正、仪器吸光度精度的检验和校正以及吸收池的配套检验和校正等。根据《紫外、可见、近红外分光光度计检定规程》（JJG 178—2007）中的规定，将仪器的工作波长划分为三段，分别为 A 段（190～340 nm）、B 段（340～900 nm）和 C 段（900～2 600 nm）。按照计量性能的高低将仪器划分为Ⅰ、Ⅱ、Ⅲ、Ⅳ共四个级别。

一、预习思考

（1）预习《紫外、可见、近红外分光光度计检定规程》（JJG 178—2007）。

（2）为什么要对分光光度计进行波长检验和校正？

（3）如何检验吸收池是否配套？在测量中，如果使用不配套的吸收池应如何对吸收池进行校正？

二、实训目的

（1）掌握吸收池配套性的检验和校正方法。

（2）了解仪器波长准确性的检验方法。

（3）了解仪器吸光度精度的校正方法。

三、实训仪器

75-2 型或其他型号紫外-可见分光光度计、玻璃吸收池或石英吸收池（光程 10 mm）、镨钕滤光片、透射比标称值为 10%、20%、30%的光谱中性滤光片。

四、实训操作

（一）波长准确性的检验与校正

1. 原理

紫外-可见分光光度计波长校正的方法有很多，但最常使用的是用仪器携带的镨钕滤光片来校正波长。镨钕滤光片是一种含有稀有金属镨和钕的玻璃制品。它的光谱吸收特性是不变的，吸收峰位为 529 nm 和 808 nm，吸收光谱如图 1-1 所示。测定镨钕滤光片的吸收曲线，找出相应的透射比谷值或吸光度峰值波长λ_i，测定 3 次，求出波长示值误差和波长重复性。仪器波长最大允许误差应符合表 1-4 的要求，仪器波长重复性应满足表 1-5 的要求。如不满足要求，就要对仪器的波长准确性进行校正。

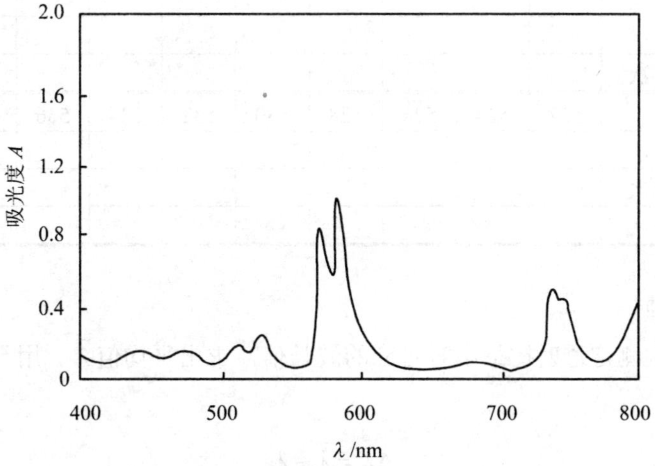

图 1-1　镨钕滤光片的吸收光谱

表 1-4　波长最大允许误差　单位：nm

级别	A 段	B 段	C 段
Ⅰ	±0.3	±0.5	±1.0
Ⅱ	±0.5	±1.0	±2.0
Ⅲ	±1.0	±4.0	±4.0
Ⅳ	±2.0	±6.0	±6.0

表 1-5　波长重复性　单位：nm

级别	A 段	B 段	C 段
Ⅰ	≤0.1	≤0.2	≤0.5
Ⅱ	≤0.2	≤0.5	≤1.0
Ⅲ	≤0.5	≤2.0	≤2.0
Ⅳ	≤1.0	≤3.0	≤3.0

2. 波长准确性的检验与校正步骤

（1）波长准确度的检查。

先打开仪器电源开关，预热 20 min。使用标准镨钕滤光片，选用仪器的透射比测量方式，选定 500 nm 为测定波长，以空气为参比，调整仪器透射比为 100%，放入遮光体调整透射比为 0，然后将镨钕滤光片置入样品光路中，读取透射比值。以后每增加 2 nm 测一次透射比值，直到波长读数达到 540 nm，数据记录于表 1-6 中。

表 1-6 镨钕滤光片的吸收曲线

波长/nm		500	502	504	506	508	510	512	514	516	518	520
透射比/%	1 次											
	2 次											
	3 次											
波长/nm		522	524	526	528	530	532	534	536	538	540	
透射比/%	1 次											
	2 次											
	3 次											

（2）数据处理。

分别查出 3 次测定透射比最小时对应的波长值，求出平均值 $\overline{\lambda}$。用下式计算波长示值误差：

$$\Delta\lambda = \overline{\lambda} - \lambda_S$$

式中：$\overline{\lambda}$—— 3 次测量的平均值；

λ_S—— 波长标准值（529 nm）。

再按照下式计算波长重复性：

$$\delta_\lambda = \lambda_{max} - \lambda_{min}$$

式中：λ_{max}，λ_{min}—— 分别为 3 次测量波长的最大值、最小值。

（3）技术指标要求。

仪器波长最大允许误差应符合表 1-4 的要求，仪器波长重复性应满足表 1-5 的要求。如不满足要求，就要对仪器波长的准确性进行校正。

（4）仪器波长准确性校正。

卸下波长手轮，打开盖板并调整波长刻度盘，经反复测（529±5）nm 处的透光率，直至当波长指示为 529 nm 时相应的透光率最小为止。

（二）仪器透射比精度与重复性的检验

1. 原理

用透射比标称值为 10%、20%、30%的光谱中性滤光片，分别在 440 nm、546 nm、635 nm 处，以空气为参比，测量透射比 3 次，计算透射比示值误差和透射比重复性，仪器透射比最大允许误差应符合表 1-7 的要求，仪器透射比重复性应满足表 1-8 的要求。

表 1-7 透射比最大允许误差　　单位：%

级别	A 段	B 段
Ⅰ	±0.3	±0.3
Ⅱ	±0.5	±0.5
Ⅲ	±1.0	±1.0
Ⅳ	±2.0	±2.0

表 1-8 透射比重复性 单位：%

级别	A 段	B 段
Ⅰ	≤0.1	≤0.1
Ⅱ	≤0.2	≤0.2
Ⅲ	≤0.5	≤0.5
Ⅳ	≤1.0	≤1.0

2. 仪器透射比精度与重复性的检验步骤

（1）仪器透射比精度的测定。

用透射比标称值为 10%、20%、30%的光谱中性滤光片，分别在 440 nm、546 nm、635 nm 处，以空气为参比，测量透射比 3 次，数据记录于表 1-9 中。

表 1-9 光谱中性滤光片透射比的测定

滤光片种类	波长/nm	透射比/%				透射比示值误差	重复性
		1	2	3	平均		
10%的光谱中性滤光片	440						
20%的光谱中性滤光片	546						
30%的光谱中性滤光片	653						

（2）数据处理。

分别求出 3 次测量透射比的平均值$\overline{T}$，用下式计算透射比示值误差：

$$\Delta T = \overline{T} - T_S$$

式中：$\overline{T}$——3 次测量的平均值；

T_S——透射比标准值。

再按照下式计算透射比重复性：

$$\delta_T = T_{max} - T_{min}$$

式中：T_{max}，T_{min}——分别为 3 次测量透射比的最大值，最小值。

（3）技术指标要求。

仪器透射比最大允许误差应符合表 1-7 的要求，仪器透射比重复性应满足表 1-8 的要求。

（三）吸收池配套性检验与校正

仪器配用的吸收池在出厂前已经过配套性测试，所以，在仪器的使用过程中，吸收池应配套使用。如果由于其他原因破坏了吸收池原来的成套配置，那么，新选用的吸收池要进行相应的配套性检验。

1. 吸收池的配套性检验

（1）外观检查。吸收池的外观不得有裂纹，透光面应清洁、无划痕和斑点。

（2）清洗。将吸收池清洗干净。

（3）编号。将选好的吸收池编号，并在吸收池的毛玻璃面上方用铅笔画上表示光路通过方向的箭头。

（4）测量准备。向各吸收池内注入蒸馏水（水面应位于池高的 3/4 处），吸收池水面以下应无气泡。用滤纸吸干外壁的水，再用擦镜纸或丝绸轻拭光面至无痕迹。根据所标的进光方向，将吸收池垂直放入吸收池架内。

（5）测量。调节仪器的波长（玻璃吸收池为 440 nm，石英吸收池为 220 nm），放入遮光体调至透射比为 0。将一个吸收池的透射比调至 100%，测量其他吸收池的透射比，其差值即为吸收池的配套性。若吸收池配套性符合表 1-10 的要求，则这些吸收池可以配套使用。配套误差超出，则不能配套使用。

表 1-10　吸收池配套性要求

吸收池类别	波长/nm	配套误差/%
石英	220	0.5
玻璃	440	0.5

2. 吸收池的校正

如果仪器配备的吸收池不具备配套性使用的条件，但又没有其他吸收池可用，就只能在分析测量时对吸收池的测量结果进行校正。

校正方法是将吸收池装上蒸馏水并编号。然后，以吸收最小的吸收池为参比（吸光度为零）测量其他吸收池的吸光度，记录各吸收池的吸光度值。在实际试样测定时，将测得的吸光度值减去吸收池盛蒸馏水时的吸光度值即可。

（四）实训室整理

（1）将分光光度计的拉杆推至非测量挡，合上样品室盖。

（2）将仪器回零，关闭仪器电源开关，拔掉电源插头。

（3）将比色皿、比色管等器皿清洗干净，物归原处。

（4）取出镨钕滤光片、光谱中性滤光片放回盒内妥善保存。

（5）清理实训台面和地面，保持实训室干净整洁。

（6）检查实训室用水、用电是否处于安全状态。

五、实训总结

（1）单光束紫外-可见分光光度计配有石英和玻璃两种比色皿。一般情况下，当测量所用电磁辐射的波长在 360 nm 以上时，要选用玻璃比色皿；当所用电磁辐射的波长在 360 nm 以下时，选用石英比色皿。

（2）光源灯的使用寿命是有限的，为延长灯的使用寿命，应尽可能地减少开关灯的次数。如果仪器的工作时间间隔比较短，不要关灯。刚关闭的光源灯不要立即重新开启。仪器连续使用时间不能超过 3 h，如果需要长时间使用最好间歇 30 min。

（3）吸收池应配套使用。取用吸收池时，手指只能接触毛玻璃面，不能接触光学面。

（4）吸收池盛装试样时，只能盛至池高的 3/4，不能太满，以避免溶液溢出进入仪器内部。如果发现样品室内有溶液遗留，应立即用滤纸吸干。

（5）吸收池不能用硬物或毛刷洗涤。吸收池洗涤方法为先用自来水冲洗，然后用蒸馏水冲洗。如果吸收池被有机物玷污，可在 3 mol/L HCl 与等体积乙醇的混合液中浸泡，浸泡后取出，先用自来水冲洗，再用蒸馏水冲洗。对于特殊不易清洗的附着物，可用相应的溶剂清洗。如吸收池被黏着力很强的物质或特浓的试样玷污，可用 20W 的玻璃仪器超声波清洗器洗 30 min。

（6）腐蚀性物质（如 HF、$SnCl_2$ 等）的溶液，不能长时间放在吸收池内。

（7）尽量缩短检测器的工作时间，延长检测器的使用寿命。在测量过程中要注意随时关闭检测器的光门（一般打开样品室盖子时，检测器光门即关闭）。同时，仪器要避免在日光下照射。

（8）仪器使用完毕，应将装有硅胶干燥剂的袋子放入样品室内，并将仪器用塑料薄膜罩子罩上。

六、实训成果

根据分析仪器技术指标的要求，依据测定结果，写出分光光度计的性能检查报告。

任务三　实训室用水的制备及质量检验

分析实训室用水目视观察应为无色透明的液体。分析实训室用水的原水应为饮用水或适当纯度的水。分析实训室用水分为三个级别：一级水、二级水和三级水，见表 1-11。

表 1-11　分析实训室用水规格

名称	一级水	二级水	三级水
pH 值范围（25℃）	—	—	5.0～7.5
电导率（25℃）/（mS/m）	≤0.01	≤0.10	≤0.50
可氧化物质含量（以 O 计）/（mg/L）	—	≤0.08	≤0.40
吸光度（254nm，1cm 光程）	≤0.001	≤0.01	—
蒸发残渣含量（105℃±2℃）/（mg/L）	—	≤1.0	≤2.0
可溶性硅含量（以 SiO_2 计）/（mg/L）	≤0.01	≤0.02	—
用途	用于有严格要求的分析试验，包括对颗粒有要求的实训，如液相色谱分析用水	用于无机痕量分析等试验，如原子吸收光谱分析用水	用于一般化学分析
制取方法	一般由二级水经过石英设备蒸馏或离子交换混合床处理后，再经 0.25 μm 滤膜过滤制取	可用多次蒸馏或离子交换等方法制取	可用蒸馏或离子交换等方法制取

注：1. 由于在一级水、二级水的纯度下，难以测定其真实的 pH 值，因此，对于一级水、二级水的 pH 值范围不做规定。
2. 由于在一级水的纯度下，难以测定可氧化物质和蒸发残渣，对其限量不做规定，可用其他条件和制备方法来保证一级水的质量。

《分析实验室用水规格和试验方法》（GB/T 6682—2008）详尽地规定了分析实训室用水的规格和质量检验方法。试验中均应使用不低于相应级别的用水配制试剂和洗刷仪器。

实训室用水在储存期间，会因为聚乙烯容器可溶成分的溶解或吸收空气中的二氧化碳和其他物质而被污染。所以，一级水尽可能用前现制，不储存。二级水和三级水经适量制备后，可盛装在经过预处理并用水充分清洗过的密闭聚乙烯容器中，储存于空气清新的实训室内。

一、预习思考

（1）预习《分析实验室用水规格和试验方法》（GB/T 6682—2008）。

（2）用于监测的实训室用水经过检验不符合标准限值应该怎么办？

二、实训目的

（1）掌握分析实训室用水的制备方法。

（2）熟悉分析实训室二级水、三级水的检验方法。

三、原理

对新制备的二级水进行电导率、可氧化物质、吸光度和二氧化硅的测定和检验。根据实训室用水的质量标准，判断是否符合用水标准。

四、实训仪器和试剂

1. 实训仪器

玻璃蒸馏器及实训室常用玻璃仪器，蒸发皿（陶瓷、铂），恒温水浴，电烘箱（温度可保持在 105℃±2℃），分析天平（分度值为 0.1 mg），电导率仪，紫外分光光度计（配 10 mm、20 mm 石英比色皿）。

2. 实训试剂

除另有说明，均使用符合国家标准或专业标准的分析纯试剂。

（1）（1+4）硫酸溶液：在不断搅拌下，将 1 体积硫酸慢慢加入 4 体积水中。

（2）高锰酸钾溶液 C（1/5 $KMnO_4$）=0.01 mol/L：称取高锰酸钾 0.32 g，溶于约 1 L 水中，煮沸 1～2 h，静置过夜。用 4 号砂芯玻璃漏斗抽滤后，用新煮沸并已冷却的水稀释至 1 L，储于棕色瓶中，现用现配。

（3）1 mg/mL 二氧化硅标准溶液：称取 1.000 g 二氧化硅置于铂坩埚中。加入 3.3 g 无水碳酸钠，混匀。于 1 000℃加热至完全熔融，冷却，溶于水，移入 1 000 mL 容量瓶中，定容至标线，摇匀，储于聚乙烯瓶中。

（4）0.01 mg/mL 二氧化硅标准溶液：量取 1.00 mL 二氧化硅标准溶液于 100 mL 容量瓶中，定容至标线，摇匀，储于聚乙烯瓶中。临用前配制。

（5）50 g/L 钼酸铵溶液：称取 5.0 g 钼酸铵[$(NH_4)_6Mo_7O_{24}\cdot 4H_2O$]溶于水中，加 20.0 mL 硫酸溶液，定容至 100 mL，混匀。如有沉淀时应重新配制。

（6）2 g/L 对甲氨基酚硫酸盐（米吐尔）溶液：称取 0.2 g 对甲氨基酚硫酸盐溶于水，加入 20.0 g 偏重亚硫酸钠（焦亚硫酸钠），溶解并稀释至 100 mL，混匀，储于聚乙烯瓶中。

避光保存，有效期两周。

（7）50 g/L 草酸溶液：称取 5.0g 草酸溶于水，稀释至 100 mL，储于聚乙烯瓶中。

五、实训室用水的制备及检验

1. 二级水的制备方法

用实训室三级水，通过玻璃蒸馏器进行再蒸馏制备二级水。

2. pH 值测定

取水样 100 mL，选用精度不低于 0.1 pH 单位的酸度计，用 pH 值近于待测水样 pH 值的标准缓冲溶液定位，进行测定。

3. 电导率测定

用具有温度补偿功能的电导率仪可以直接进行电导率的测定。

4. 可氧化物质检验

（1）取新制备的纯水 1 000 mL 注入烧杯中。加入 5.0 mL 硫酸溶液和 1.0 mL 高锰酸钾溶液，盖上表面皿，煮沸 5 min，与置于另一相同容器中不加试剂的等体积水样做比较，溶液所呈淡红色不完全褪尽，即认为可氧化物质小于 0.08 mg/L。

（2）如上述实训过程溶液完全褪至无色，另取新制备的纯水 200 mL 注入烧杯中，按上述操作方式进行，溶液所呈淡红色不完全褪尽，即认为可氧化物质小于 0.4 mg/L。

（3）如完全褪色，需查找原因重新制备、检验。

5. 吸光度测定

将水样分别注入 10 mm 和 20 mm 的石英比色皿中，在紫外分光光度计上，于 254 nm 处，以 10 mm 比色皿中的水样为参比，测定 20 mm 比色皿中水的吸光度。按表 1-11 所列质量指标限值进行判断。

若仪器灵敏度不够，可适当增加样品所用吸收池的厚度。

6. 蒸发残渣测定

（1）样品预浓集

量取 1 000 mL 二级水（三级水检验取 500 mL），将水样分几次加入旋转蒸发仪的蒸馏瓶中，于恒温水浴上减压蒸发，直至水样蒸至约 50 mL 停止。

（2）测定步骤

将上述预浓集的水样（条件不具备时，可直接将水样分数次加入恒重过的蒸发皿中蒸发测定）转移至一个已于（105±2）℃恒重的蒸发皿中，用 5～10 mL 水样冲洗蒸馏瓶 2～3 次，洗液合并于蒸发皿中，将蒸发皿置于恒温水浴上蒸发至干，再于（105±2）℃的电烘箱中干燥至恒重。

（3）蒸发残渣量计算

$$\rho_{蒸发残渣}(\mathrm{mg/L})=\frac{m_2-m_1}{V}\times 10^6$$

式中：m_2 —— 残渣和空蒸发皿质量，g；

m_1 —— 空蒸发皿质量，g；

V —— 样品体积，mL。

7. 二氧化硅测定

取新制备的二级水 270 mL（一级水检验取 500 mL），注入铂皿中，在防尘条件下亚沸蒸发至约 20 mL，停止加热，冷却至室温，加入 1.0 mL 钼酸铵溶液，摇匀，放置 5 min 后，加入 1.0 mL 草酸溶液，摇匀，放置 1 min，加入 1.0 mL 对甲氨基酚硫酸盐溶液，摇匀。移入比色管中，定容至 25 mL，摇匀。于 60℃水浴中保温 10 min，溶液所呈蓝色不得深于标准比色溶液，即达到二级水标准。

标准比色溶液的制备是取 0.50 mL 二氧化硅标准溶液，用水样稀释至 20 mL。与同体积水样同时同样处理。

根据表 1-11 实训室用水的质量标准，判断用水是否符合标准。

六、实训总结

（1）用于质量检验的水样量不少于 2 L，水样应注于清洁、密闭的聚乙烯容器内。取样时应避免玷污。

（2）各项指标检验必须在清洁环境中进行，并应采取适当措施避免玷污。

七、实训成果

根据分析实训室用水指标的要求以及测定结果，写出实训室用水的质量检查报告。

任务四　高锰酸钾标准溶液的配制与标定

由所使用的试剂配制的一种元素、离子、化合物或基团的已知标准浓度的溶液称为标准溶液。标准溶液的配制方法有直接配制法和间接配制法。

直接配制法：准确称取一定量的基准物质，溶解后无损失地移入容量瓶中，用溶剂定容至标线，摇匀。根据称取的基准物质的量和容量瓶的容积计算出溶液的准确浓度。

间接配制法：根据直接配制法先配成浓度稍高于所需浓度的溶液，再用基准物质或已知浓度的标准溶液标定其准确浓度，再用稀释法准确调整至所需浓度。

一、预习思考

（1）预习《化学试剂标准滴定溶液的制备》（GB/T 601—2002）。

（2）在配制标准溶液过程中怎样操作才能做到无损失转移？

（3）标定时为何要加酸？终点前为何还要将溶液加热至约 65℃？

二、实训目的

（1）掌握用直接法与间接法配制标准溶液的方法。

（2）掌握标准溶液的准确标定操作技能。

三、原理

用待标定的高锰酸钾标准滴定溶液滴定一定量已知准确浓度的草酸钠标准溶液，至溶液呈微红色。根据草酸钠标准溶液的量和滴定消耗的高锰酸钾标准滴定溶液的量，可计算出高锰酸钾标准滴定溶液的浓度。其化学反应式如下：

$$2MnO_4^- + 5C_2O_4^{2-} + 16H^+ = 2Mn^{2+} + 10CO_2\uparrow + 8H_2O$$

四、实训仪器和试剂

1. 实训仪器

水浴锅、容量瓶、锥形瓶、移液管、滴定管、滴定台等。

2. 实训试剂

（1）草酸钠（$Na_2C_2O_4$）优级纯。

（2）高锰酸钾（$KMnO_4$）分析纯。

（3）硫酸（H_2SO_4）分析纯。

五、实训操作

（一）溶液的配制

1. 高锰酸钾标准滴定溶液［C（$1/5KMnO_4$）≈0.1mol/L］

方法一：称取 3.3 g 高锰酸钾（$KMnO_4$），溶于 1 050 mL 水中，缓缓煮沸 15 min，冷却，于暗处放置两周。用已处理过的 4 号玻璃滤锅过滤，储存于棕色瓶中。玻璃滤锅的处理是指玻璃滤锅在同样浓度的高锰酸钾溶液中缓缓煮沸 5 min。

方法二：称取 3.2 g 高锰酸钾（$KMnO_4$）溶于水，无损失转移至 1 000 mL 容量瓶中，定容，混匀。于 90～95℃水浴中加热 2 h，冷却。存放两天后，倾出上清液，储存于棕色瓶中。

2.（8∶92）硫酸溶液

在不断搅拌下，将 8 体积浓硫酸慢慢加入 92 体积水中。

（二）平行标定

分别准确称取 4 份 0.25 g 于 105～110℃电烘箱中干燥至恒重的基准试剂草酸钠，溶于 100 mL（8∶92）硫酸溶液中，用配制好的高锰酸钾标准溶液滴定，近终点时加热至约 65℃，继续滴定至溶液呈粉红色，并保持 30 s 不褪色，同时做空白实训。

（三）空白实验

量取 100 mL（8∶92）硫酸溶液，用配制好的高锰酸钾标准滴定溶液滴定，近终点时加热至约 65℃，继续滴定至溶液呈粉红色，并保持 30 s 不褪色。

（四）原始数据记录

表 1-12　原始数据记录表

测定次数	草酸钠质量/g	高锰酸钾标准滴定溶液消耗的体积/ mL
1		
2		
3		
4		

（五）实训室整理

（1）关闭天平、水浴锅电源开关，拔掉电源插头。

（2）将玻璃器皿清洗干净，物归原处。

（3）清理实训台面和地面，保持实训室干净整洁。

（4）检查实训室用水、用电是否处于安全状态。

六、数据处理

按下式计算 4 份高锰酸钾溶液的浓度：

$$C=\frac{m\times 1\,000}{(V-V_0)M}$$

式中：C—— 高锰酸钾（1/5$KMnO_4$）标准滴定溶液浓度，mol/L；

m—— 草酸钠的质量，g；

V—— 高锰酸钾（1/5$KMnO_4$）标准滴定溶液用量， mL；

V_0—— 空白实训高锰酸钾（1/5$KMnO_4$）标准滴定溶液用量，mL；

M—— 1/2$Na_2C_2O_4$的摩尔质量，66.999 g/mol。

4 份平行标定结果的极差与浓度平均值之比不得大于 0.15%，否则需重新标定。

取符合要求的平行标定结果的平均值为测定结果，即为高锰酸钾溶液的浓度。在运算过程中保留 5 位有效数字，浓度值报出结果取 4 位有效数字。

七、实训总结

（1）温度对标定结果的影响：在酸性溶液中温度过高会使部分草酸分解，温度过低则反应缓慢。方程式如下：

$$H_2C_2O_4 = CO_2\uparrow + CO\uparrow + H_2O$$

（2）酸度对标定的影响：酸度不够时，往往容易生成 MnO_2 沉淀。酸度过高时又会促使 $H_2C_2O_4$ 分解。

（3）标准滴定溶液的浓度小于等于 0.02 mol/L 时，应于临用前将浓度高的标准滴定溶液用煮沸并冷却的水稀释，必要时重新标定。

（4）除另有规定外，标准滴定溶液在常温（15～25℃）下保存时间一般不超过两个月。

当溶液出现浑浊、沉淀、颜色变化等现象时，应重新制备。

（5）储存标准滴定溶液的容器，其材料不应与溶液起作用，壁厚最薄处不小于0.5 mm。

（6）在标定和使用标准滴定溶液时，滴定速度一般应保持在6～8 mL/min。

（7）称量工作基准试剂的质量的数值小于等于0.5 g时，按精确至0.01 mg称量；数值大于0.5 g时，按精确至0.1 mg称量。

（8）制备标准滴定溶液的浓度值应在规定浓度值的±5%范围以内。

（9）《化学试剂标准滴定溶液的制备》（GB/T 601—2002）中制备的标准滴定溶液的浓度，除高氯酸外，均指20℃时的浓度。在标准滴定溶液标定、直接制备和使用时若温度有差异，应按表1-13进行补正。标准滴定溶液标定、直接制备和使用时所用分析天平、砝码、滴定管、容量瓶、单标线吸管等均须定期校正。

表1-13　不同温度下标准滴定溶液的体积的补正值　单位：mL/L

温度/℃	水及0.05 mol/L以下的各种水溶液	0.1 mol/L及0.2 mol/L的各种水溶液	盐酸溶液 C（HCl）=0.5 mol/L	盐酸溶液 C（HCl）=1 mol/L	硫酸溶液 C（$1/2H_2SO_4$）=0.5 mol/L 氢氧化钠溶液 C（NaOH）=0.5 mol/L	硫酸溶液 C（$1/2H_2SO_4$）=1 mol/L 氢氧化钠溶液 C（NaOH）=1 mol/L	碳酸钠溶液 C（$1/2Na_2CO_3$）=1 mol/L	氢氧化钾-乙醇溶液 C（KOH）=0.1 mol/L
5	+1.38	+1.7	+1.9	+2.3	+2.4	+3.6	+3.3	
6	+1.38	+1.7	+1.9	+2.2	+2.3	+3.4	+3.2	
7	+1.36	+1.6	+1.8	+2.2	+2.2	+3.2	+3.0	
8	+1.33	+1.6	+1.8	+2.1	+2.2	+3.0	+2.8	
9	+1.29	+1.5	+1.7	+2.0	+2.1	+2.7	+2.6	
10	+1.23	+1.5	+1.6	+1.9	+2.0	+2.5	+2.4	+10.8
11	+1.17	+1.4	+1.5	+1.8	+1.8	+2.3	+2.2	+9.6
12	+1.10	+1.3	+1.4	+1.6	+1.7	+2.0	+2.2	+8.5
13	+0.99	+1.1	+1.2	+1.4	+1.5	+1.8	+1.8	+7.4
14	+0.88	+1.0	+1.1	+1.2	+1.3	+1.6	+1.5	+6.5
15	+0.77	+0.9	+0.9	+1.0	+1.1	+1.3	+1.3	+5.2
16	+0.64	+0.7	+0.8	+0.8	+0.9	+1.1	+1.1	+4.2
17	+0.50	+0.6	+0.6	+0.6	+0.7	+0.8	+0.8	+3.1
18	+0.34	+0.4	+0.4	+0.4	+0.5	+0.6	+0.6	+2.1
19	+0.18	+0.2	+0.2	+0.2	+0.2	+0.3	+0.3	+1.0
20	0.00	0.00	0.00	0.0	0.00	0.00	0.0	0.0
21	−0.18	−0.2	−0.2	−0.2	−0.2	−0.3	−0.3	−1.1
22	−0.38	−0.4	−0.4	−0.5	−0.5	−0.6	−0.6	−2.2
23	−0.58	−0.6	−0.7	−0.7	−0.8	−0.9	−0.9	−3.3
24	−0.80	−0.9	−0.9	−1.0	−1.0	−1.2	−1.2	−4.2
25	−1.03	−1.1	−1.1	−1.2	−1.3	−1.5	−1.5	−5.3
26	−1.26	−1.4	−1.4	−1.4	−1.5	−1.8	−1.8	−6.4
27	−1.51	−1.7	−1.7	−1.7	−1.8	−2.1	−2.1	−7.5
28	−1.76	−2.0	−2.0	−2.0	−2.1	−2.4	−2.4	−8.5

温度/℃	水及0.05 mol/L以下的各种水溶液	0.1 mol/L及0.2 mol/L的各种水溶液	盐酸溶液 C（HCl）= 0.5 mol/L	盐酸溶液 C（HCl）= 1 mol/L	硫酸溶液 C（1/2H_2SO_4）= 0.5 mol/L 氢氧化钠溶液 C（NaOH）= 0.5 mol/L	硫酸溶液 C（1/2H_2SO_4）=1 mol/L 氢氧化钠溶液 C（NaOH）= 1 mol/L	碳酸钠溶液 C（1/2 Na_2CO_3）=1 mol/L	氢氧化钾-乙醇溶液 C（KOH）=0.1 mol/L
29	−2.01	−2.3	−2.3	−2.3	−2.4	−2.8	−2.8	−9.6
30	−2.30	−2.5	−2.5	−2.6	−2.8	−3.2	−3.1	−10.6
31	−2.58	−2.7	−2.7	−2.9	−3.1	−3.5		−11.6
32	−2.86	−3.0	−3.0	−3.2	−3.4	−3.9		−12.6
33	−3.04	−3.2	−3.3	−3.5	−3.7	−4.2		−13.7
34	−3.47	−3.7	−3.6	−3.8	−4.1	−4.6		−14.8
35	−3.78	−4.0	−4.0	−4.1	−4.4	−5.0		−16.0
36	−4.10	−4.3	−4.3	−4.4	−4.7	−5.3		−17.0

注：1. 本表数据是以 20℃为标准温度以实测法测出。

2. 表中带有“+”“−”号的数值是以 20℃为分界。室温低于 20℃的补正值为“+”，高于 20℃的补正值均为“−”。

3. 本表的用法：如 1L 硫酸溶液[c（1/2H_2SO_4）=1 mol/L]由 25℃换算为 20℃时，其体积补正值为−1.5 mL，故 40.00 mL 换算为 20℃时的体积为：$V_{20}=40.00-\frac{1.5}{1\ 000}\times 40.00=39.94$ mL。

项目二
地表水水质监测

任务一　河流水环境质量监测方案的制定

一、实训目的

监测方案是完成一项监测任务的程序和技术方法的总体设计。通过制定某河流水环境监测方案的实训，使学生了解地表水环境监测方案的制定过程以及对水环境监测程序有更深刻的理解。制订监测方案时应明确监测目的，然后在调查研究、收集资料的基础上布设监测点位，确定监测因子，合理安排采样时间和采样频次，选定采样方法和分析测定技术，规范处理监测数据，对河流水质现状进行简单评价等。

二、现场调查和资料收集

在制订监测方案之前，应收集欲监测水体及所在区域的有关资料，主要有：

（1）欲监测水体沿岸的资源现状和水资源的用途、饮用水水源分布和重点水源保护区、水体流域土地功能及近期使用计划等。

（2）欲监测水体沿岸城市的分布、工业布局、污染源及其排污情况、城市给排水情况等。

（3）收集欲监测水体的水文、气候、地质和地貌资料。如水位、水量、流速及流向的变化，降雨量、蒸发量及历史的水情，河流的宽度、深度、河床结构及地质状况等。

（4）收集历年水质监测资料。

三、监测断面和采样点的设置

在对调查结果和有关资料进行综合分析的基础上，根据水体尺度范围，考虑代表性、可控性及经济性等因素，提出优化方案，确定断面类型和采样点数量。

河流监测断面一般应设置三种断面，即对照断面、控制断面和削减断面。对照断面反映进入本地区河流水质的初始情况，布设在不受污染物影响的城市和工业排污区的上游；控制断面布设在评价河段末端或评价河段有控制意义的位置，诸如支流汇入处、废水排放口、水工建筑和水文站下方，视沿岸污染源分布情况可设置一至数个控制断面；削减断面布设在控制断面的下游，污染物浓度有显著下降处，以反映河流对污染物的稀释自净情况。断面上的采样点根据河流水面宽度和水深按国家相关规定确定。

四、监测因子的确定

地表水水质监测项目可分为水质常规项目、特征污染物和水域敏感参数。水质常规项目可根据《地表水环境质量标准》（GB 3838—2002）和《地表水和废水监测技术规范》（HJ/T 91—2002）选取，特征污染物可根据沿岸污染源排放的污染物来选取，敏感水质参数可选择受纳水域敏感的或曾出现过超标而要求控制的污染物。

五、分析方法的确定

按照《地表水环境质量标准》（GB 3838—2002）和《地表水和废水监测技术规范》（HJ/T 91—2002）中的规定以及《水和废水监测分析方法（第四版）》进行分析方法的选择，尽量采用国家标准分析方法。

六、采样时间和频次的确定

根据监测目的和水体不同，监测的频率往往也不相同。对河流的水质、水文同步调查3～4天，至少应有1天对所有已选定的水质参数采样分析。一般情况下每天每个水质参数只采一个水样。

七、监测结果分析与评价

水质监测所测得的众多化学、物理以及生物学的监测数据是描述和评价水环境质量、进行环境管理的基本依据。必须进行科学的计算和处理，并按照要求在监测报告中表达出来。

对照《地表水环境质量标准》（GB 3838—2002）等相关标准，对河流水质进行分析和评价，判断水质属于哪一级，推断污染物的来源，提出改善河流水质的建议和措施。

八、实训报告

按照地表水监测方案的制定实训报告的格式要求认真编写。

表 2-1 地表水监测方案的制定实训报告

班级		姓名		学号	
实训时间		实训地点		成绩	
批改意见： 教师签字：					
实训目的					

基础资料的收集

水污染源调查表

污染源名称	用水量/（t/h）	排水量/（t/h）	排放的主要污染物	废水排放去向
……				
废水总排放口				

基础资料调查表

项　目	调　查　内　容
温　度	年平均水温______最高水温_____最低水温______
流　速	年平均流速______最大流速_____最小流速______
河水平均深度	
河流平均宽度	
河流总长度	
水资源利用情况	
水质状况	

监测点位的布设

监测点位设置情况表

监测断面名称	监测垂线	监测点位
……		

监测点位平面分布图

监测点位平面分布图

监测因子的确定	**监测因子表** 水质常规监测项目： 特征污染物： 水域敏感参数：

监测因子表

水质常规监测项目	
特征污染物	
水域敏感参数	

分析方法的确定

监测项目的分析方法及检出下限表

序号	监测项目	分析方法	标准代码	检出下限
1				
2				
……				

监测结果统计

水质监测结果统计表

监测项目	标准值	断面名称 $1^{\#}$		断面名称 $2^{\#}$		断面名称 $3^{\#}$	
		质量浓度/（mg/L）	超标倍数	质量浓度/（mg/L）	超标倍数	质量浓度/（mg/L）	超标倍数
……							

水质评价及合理化建议

任务二　氨氮地表水样品的采集

流过或汇集在地球表面上的水，如海洋、河流、湖泊、水库、沟渠中的水，统称为地表水。将水样从水体中分离出来的过程就是采样，采集的水样必须具有代表性。测定的样品应力求在采样的空间和时间上符合水体的真实情况。必须在预先布设好的监测点位采集水样。按照《水质　采样技术指导》（HJ 494—2009）和《水质　样品的保存和管理技术规定》（HJ 493—2009）进行水样的采集、运输和保存。

一、预习思考

（1）预习《水质　采样技术指导》（HJ 494—2009）和《水质　样品的保存和管理技术规定》（HJ 493—2009）。

（2）氨氮水样为什么要加入保护剂？

二、实训目的

（1）独立完成采样准备工作。

（2）熟练采集样品，妥善运输、保存样品。

（3）正确填写地表水采样记录表和规范填写现场采样标签。

三、仪器和试剂

2 500 mL 有机玻璃采水器，500 mL 试剂瓶，（1∶1）硫酸溶液，pH 广泛试纸，其他防护用品。

四、采集水样

在规定的采样点和采样深度采集水样。用水样将采水器和盛样容器洗涤 3 遍。采集水样、平行样和现场空白样各一个，加入保护剂，调节至 pH≤2。做好现场描述和采样记录，贴好标签。对水样采取适当保护措施，将水样安全带回实训室。

五、采样记录

认真填写地表水采样原始数据记录表和现场采集样品标签（表 2-2）。

表 2-2　现场采集样品标签

分析测试中心		
样品编号		
监测项目		
待检	在检	已检

六、实训总结

（1）注意水文特征的影响及描述。

（2）在采样过程中避免样品被污染。

（3）注意保持采样现场的环境卫生。

七、实训考核

实训考核评分标准详见氨氮水样采集的操作评分表。

表 2-3　地表水采样原始数据记录表

任务名称＿＿＿＿＿＿＿＿方法依据＿＿＿＿＿＿＿＿

任务编号（小组号）＿＿＿＿＿＿

环境条件气压＿＿＿＿＿　气温＿＿＿＿＿

现场描述＿＿＿＿＿

采样地点	样品编号	采样日期	采样时间		现场测定项目					保护剂
			开始	结束	pH	温度/℃	电导率/（μS/cm）	溶解氧质量浓度/（mg/L）	透明度/cm	
备注										

采样人＿＿＿＿＿　记录人＿＿＿＿＿　校核人＿＿＿＿＿

表 2-4　氨氮水样采集的操作评分表

班级＿＿＿＿＿　学号＿＿＿＿＿　姓名＿＿＿＿＿　成绩＿＿＿＿＿

考核日期＿＿＿＿＿　开始时间＿＿＿＿＿　结束时间＿＿＿＿＿　考评员＿＿＿＿＿

序号	考核点	分值	评分标准	扣分	得分
（一）	采样前的准备	16			
1	采水器的洗涤	2	洗涤剂清洗，自来水清洗至少两遍，不合格扣 2 分		
2	盛样容器的准备	6	洗涤剂清洗，自来水清洗至少三遍，不合格扣 2 分 三个盛样瓶的选择错误，扣 2 分 盛样瓶没有试漏的，扣 2 分		
3	保护剂的准备	2	保护剂的选择不正确，扣 2 分		
4	广泛 pH 试纸的准备	2	没有准备的，扣 2 分		

序号	考核点	分值	评分标准	扣分	得分
5	空白试样的准备	2	没有准备的，扣2分		
6	标签的准备	2	没有准备的，扣2分		
（二）	采样	30			
1	采水器的润洗	4	没有将采样器用现场水样润洗 2～3 遍，扣4分		
2	盛样容器的润洗	4	没有用水样润洗，扣4分		
3	采样深度	4	没有达到采样深度，扣4分		
4	pH 试纸的操作	4	若将 pH 试纸直接插入装样容器，扣4分		
5	未加保护剂前 pH 的测定	6	没有测定 pH，扣6分		
6	加入保护剂，测定 pH	4	没有加保护剂，扣2分 pH 大于2的，扣2分		
7	对样品的防护	4	没有采取防护措施，扣4分		
（三）	现场质控	12			
1	平行样和空白样的采集	6	没有采集空白样或采集错误，扣3分 没有采集平行样或采集错误，扣3分		
2	避免样品污染	6	环境对采样器进水口的污染；采样者手对水样的污染；瓶盖对水样的污染，每出现一项不合格扣2分（请在扣分项上打√）		
（四）	采样记录	32			
1	现场描述	6	水体的颜色，水的气味、天气环境描述（请在扣分项上打√），没有描述的扣2分/项，语句不通顺，扣1分/项		
2	签字笔填写	2	使用其他笔，扣2分		
3	水温测定	4	水温测定没有停留 5 min，扣2分；读数错误，扣2分		
4	采样时间	2	开始时间从润洗算起，结束时间以加完保护剂为止，填写不完整，扣2分		
5	采样地点	2	填写不准确，扣2分		
6	测定项目	2	没有填写，扣2分		
7	保护剂	2	保护剂名称不对，扣2分		
8	采样人、记录、校核	3	每缺少一项，扣1分		
9	记录单填写	3	不准确，扣1分，涂改一项扣1分，可累加，最多扣3分		

序号	考核点	分值	评分标准	扣分	得分
10	标签填写，粘贴标签	4	1．样品编号，缺少一项扣2分，不准确或涂改一项扣1分，可累加 2．监测项目、样品状态（指待检、在检等）没有填写，缺少一项扣2分，不准确或涂改一项扣1分 3．标签粘贴不及时，每次扣1分，可累加		
11	标签干燥，信息清楚	2	打湿、模糊不清每项扣1分，可累加		
（五）	文明操作	10			
1	过程条理清晰，现场整洁	5	不及时清理采样点废液、台面等，每项扣2.5分		
2	所用器皿完好无损	3	打碎一样玻璃器皿，扣3分		
3	合作精神	2	发生合作不愉快，扣2分		
合计					

任务三　浊度的测定

由于水中含有泥土、细沙、有机物、无机物、浮游生物和微生物等悬浮物质，对进入水中的光产生散射或吸收，从而表现出浑浊现象。水中悬浮物对光线透过时所发生的阻碍程度称为浊度。浑浊的水会影响水的感官，也是水可能受到污染的标志之一。浊度高的水会明显阻碍光线的投射，从而影响水生生物的生存。

一、预习思考

（1）预习《水质　浊度的测定》（GB 13200—1991）。
（2）如何制备无浊度水？
（3）天然水中存在的淡黄色、淡绿色对测定有无干扰？

二、实训目的

（1）掌握分光光度计的使用方法。
（2）掌握标准曲线的绘制方法。
（3）掌握分光光度法测定浊度的方法。

三、原理

在适当温度下，硫酸肼和六次甲基四胺聚合，形成白色高分子聚合物。以此作为浊度标准溶液。在一定条件下，于680 nm处测定标准系列和水样的吸光度，以浊度为横坐标，吸光度为纵坐标，绘制标准曲线，由标准曲线方程计算被测定水样的浊度。

四、实训准备

（一）样品的采集和保存

采集和盛装水样的容器可以使用玻璃或塑料材质的容器。容器的洗涤方法采用 I 法（HJ 493—2009 规定洗涤剂洗一次，自来水洗三次，蒸馏水洗一次）。采样量为 250 mL。采集的水样不加任何保护剂，应在 12 h 内分析，否则应在约 4℃冷藏保存，48 h 内测定。

（二）实训仪器和试剂

1. 实训仪器

可见分光光度计、50 mL 具塞比色管等。

2. 实训试剂

（1）无浊度水：将蒸馏水通过 0.2 μm 滤膜过滤，收集于用滤过水荡洗两次的试剂瓶中。

（2）硫酸肼溶液：称取 1.000 g 硫酸肼［$(NH_2)_2SO_4 \cdot H_2SO_4$］溶于水中，定容至 100 mL。

（3）六次甲基四胺溶液：称取 10.00 g 六次甲基四胺［$(CH_2)_6N_4$］溶于水中，定容至 100 mL。

（4）浊度标准溶液（400 度）：吸取 5.00 mL 硫酸肼与 5.00 mL 六次甲基四胺溶液于 100 mL 容量瓶中，混匀。于（25±3）℃下静置反应 24 h。冷却后用水稀释至标线，混匀。此溶液浊度为 400 度，可保存一个月。

五、实训操作

（一）分析测试

1. 标准色列配制

取比色管 7 支，分别加入相应体积的浊度标准溶液，加无浊度水至刻度，摇匀。各管加入的浊度标准溶液和浊度值见表 2-5。在 680 nm 波长下，以无浊度水为参比溶液，用 3 mm 比色皿测定吸光度。

表 2-5 浊度标准色列

比色管编号	1	2	3	4	5	6	7
标准溶液/mL	0	0.50	1.25	2.50	5.00	10.00	12.50
浊度/度	0	4	10	20	40	80	100

2. 水样测定

取 50.00 mL 摇匀的水样于比色管中，按标准曲线步骤测定吸光度。

（二）原始数据记录

认真填写浊度分析（分光光度法）原始数据记录表。

（三）实训室整理

（1）将分光光度计的拉杆推至非测量挡，合上样品室盖。

（2）将仪器回零，关闭仪器电源开关，拔掉电源插头。

（3）将比色皿、比色管等器皿清洗干净，物归原处。

（4）清理实训台面和地面，保持实训室干净整洁。

（5）检查实训室用水、用电是否处于安全状态。

六、数据处理

以浊度为横坐标，以吸光度为纵坐标，计算标准曲线回归方程。用标准曲线回归方程计算水样的浊度值。

如果水样经过稀释，则按照下式进行计算。要按照表 2-6 的精度要求表述测定结果。

$$A_0 = A_1 \times \frac{V_1}{V_0}$$

式中：A_0 —— 水样的浊度，度；

A_1 —— 稀释后水样的浊度，度；

V_1 —— 水样稀释后的体积，mL；

V_0 —— 取原水样的体积，mL。

表 2-6　不同浊度范围测试结果的精度要求　　单位：度

浊度范围	精度
1～10	1
10～100	5
100～400	10
400～1 000	50
>1 000	100

七、实训报告

按照实训报告的格式要求认真编写。

八、实训总结

（1）分光光度法适用于天然水、饮用水及高浊度水的测定。最低检测浊度为 3 度，对高浊度废水必须用无浊度水（0.2 μm 滤膜过滤）进行稀释。

（2）硫酸肼毒性较强，属致癌物质，取用时多加注意。

（3）浊度标准储备液在使用前要摇匀。

（4）水样应无碎屑及易沉淀的颗粒。

（5）器皿不清洁及水中溶解的空气泡会影响测定结果。

（6）如在 680 nm 波长下测定，天然水中存在的淡黄色、淡绿色无干扰。

九、实训考核

实训考核评分标准详见水质浊度测定的操作评分表。

表 2-7 浊度分析（分光光度法）原始数据记录表

样品种类__________ 分析方法______________________ 分析日期______年______月______日

<table>
<tr><td rowspan="5">标准曲线</td><td colspan="2">标准管号</td><td>0</td><td>1</td><td>2</td><td>3</td><td>4</td><td>5</td><td>6</td><td>7</td><td rowspan="5">标准溶液名称及浓度：
____
标准曲线回归方程及相关系数：
____
r = ______________
方法检出限：
______________</td></tr>
<tr><td>标液量</td><td>mL</td><td></td><td></td><td></td><td></td><td></td><td></td><td></td><td></td></tr>
<tr><td colspan="2">浊度/度</td><td></td><td></td><td></td><td></td><td></td><td></td><td></td><td></td></tr>
<tr><td colspan="2">A</td><td></td><td></td><td></td><td></td><td></td><td></td><td></td><td></td></tr>
<tr><td colspan="2">$A-A_0$</td><td></td><td></td><td></td><td></td><td></td><td></td><td></td><td></td></tr>
<tr><td rowspan="5">样品测定</td><td>样品编号</td><td>取样量</td><td>定容体积</td><td>样品吸光度</td><td>回归方程计算的浊度/度</td><td>水样浊度/度</td><td rowspan="5">计算公式：
______________</td></tr>
<tr><td></td><td></td><td></td><td></td><td></td><td></td></tr>
<tr><td></td><td></td><td></td><td></td><td></td><td></td></tr>
<tr><td></td><td></td><td></td><td></td><td></td><td></td></tr>
<tr><td></td><td></td><td></td><td></td><td></td><td></td></tr>
<tr><td rowspan="2">标准化记录</td><td>仪器名称</td><td>仪器型号</td><td>显色温度</td><td>显色时间</td><td>参比溶液</td><td>波长</td><td>比色皿</td><td>室温</td><td>湿度</td></tr>
<tr><td></td><td></td><td></td><td></td><td></td><td></td><td></td><td></td><td></td></tr>
</table>

分析人______________ 校对人______________ 审核人______________

表 2-8 水质浊度测定的操作评分表

班级______________ 学号______________ 姓名______________ 成绩______________

考核日期__________ 开始时间__________ 结束时间__________ 考评员______________

序号	考核点	分值	评分标准	扣分	得分
（一）	仪器准备	6			
1	玻璃仪器洗涤	2	玻璃仪器洗涤干净后内壁应不挂水珠，否则一次性扣 2 分		
2	分光光度计预热 20 min	2	仪器未进行预热或预热时间不够，扣 1 分 打开盖子预热，不正确扣 1 分		
3	移液管的润洗	2	润洗溶液若超过总体积的 1/3，一次性扣 0.5 分 润洗后废液应从下口排放，否则一次性扣 0.5 分 润洗少于 3 次，一次性扣 1 分		

序号	考核点	分值	评分标准	扣分	得分
（二）	标准系列的配制	18	标准溶液使用前没有摇匀，扣 2 分 标准溶液使用前没有稀释，扣 3 分 移液管插入液面下 1 cm 左右，不正确，一次性扣 1 分 吸空或将溶液吸入吸耳球内，扣 1 分 一次吸液不成功，重新吸取的，一次性扣 1 分 将移液管中过多的储备液放回储备液瓶中，扣 2 分 每个点取液应从零分度开始，不正确，一次性扣 1 分（工作液可放回剩余溶液再取液） 标准曲线取点不得少于 6 点，不符合，扣 3 分 只选用一支吸量管移取标液，不符合，扣 2 分 逐滴加入蒸馏水至标线操作不当，扣 1 分 混合不充分、中间未开塞，扣 1 分		
（三）	标准系列的测定	20			
1	测定前的准备	4	波长选择不正确，扣 2 分 不能正确调“0”和“100%”，扣 2 分		
2	测定操作	10	没有进行比色皿配套性选择，或选择不当，扣 2 分 手触及比色皿透光面，扣 1 分 加入溶液高度不正确，扣 1 分 比色皿外壁溶液处理不正确，扣 1 分 不正确使用参比溶液，扣 2 分 比色皿盒拉杆操作不当，扣 1 分 开关比色皿暗箱盖不当，扣 1 分 读数不准确或重新取液测定，扣 1 分		
3	测定过程中仪器被溶液污染	2	比色皿放在分光光度计仪器表面，扣 1 分 比色室被洒落溶液污染或未及时彻底清理干净，扣 1 分		
4	测定后的处理	4	台面不清洁，扣 1 分 未取出比色皿及未洗涤，扣 1 分 没有倒尽控干比色皿，扣 1 分 未关闭仪器电源，扣 0.5 分 测定结束，未做使用记录，扣 0.5 分		
（四）	水样的测定	10	水样取用量不合适，扣 3 分 量取水样应使用移液管，不正确，扣 2 分 稀释倍数不正确，致使吸光度超出要求范围或在第一、第二点范围内，扣 5 分		
（五）	数据记录和结果计算	12			
1	原始记录	3	数据未直接填在报告单上、数据不全、有空项，每项扣 0.5 分，可累计扣分 原始记录中，缺少计量单位或错误，每出现一次扣 0.5 分 没有进行仪器使用登记，扣 1 分		

序号	考核点	分值	评分标准	扣分	得分
2	结果计算	9	回归方程中 a，b 未保留 4 位有效数字，每项扣 1 分 r 未保留到小数点后 4 位，扣 1 分 测定结果表述不正确，扣 1 分 回归方程计算错误或没有算出，扣 5 分		
（六）	文明操作	6			
1	实训台面	2	实训过程中台面、地面脏乱，一次性扣 2 分		
2	实训结束清洗仪器、试剂物品归位	2	实训结束未先清洗仪器或试剂物品未归位就完成报告，一次性扣 2 分		
3	仪器损坏	2	仪器损坏，一次性扣 2 分		
（七）	测定结果	28			
1	校准曲线线性	8	$r \geqslant 0.9999$，不扣分 $r = 0.9991 \sim 0.9998$，扣 8～1 分 $r < 0.9990$，不得分		
2	测定结果精密度	10	$\lvert \bar{R}_d \rvert \leqslant 0.5\%$，不扣分 $0.5\% < \lvert \bar{R}_d \rvert \leqslant 0.6\%$，扣 1 分 $0.6\% < \lvert \bar{R}_d \rvert \leqslant 0.7\%$，扣 2 分 $0.7\% < \lvert \bar{R}_d \rvert \leqslant 0.8\%$，扣 3 分，依此类推 $1.3\% < \lvert \bar{R}_d \rvert \leqslant 1.4\%$，扣 9 分 $\lvert \bar{R}_d \rvert > 1.4\%$，扣 10 分		
3	测定结果准确度	10	测定结果：测定值在 保证值±0.5%内，不扣分 保证值±0.6%内，扣 1 分 保证值±0.7%内，扣 2 分，依此类推 保证值±1.4%内，扣 9 分 保证值±1.4%外，扣 10 分		
合　计					

任务四　氯化物的测定

氯离子（Cl^-）是水和废水中一种常见的无机阴离子。几乎所有的天然水中都有氯离子存在，它的含量范围变化很大。在河流、湖泊、沼泽地区，氯离子含量一般较低，而在海水、盐湖及某些地下水中，含量可高达每升数十克。在人类的生存活动中，氯化物有很重要的生理作用及工业用途。正因为如此，在生活污水和工业废水中，均含有相当数量的氯离子。

若饮水中氯离子含量达到 250 mg/L，相应的阳离子为钠时，会感觉到咸味；水中氯化物含量高时，会损害金属管道和构筑物，并妨碍植物的生长。

一、预习思考

（1）预习《水质　氯化物的测定　硝酸银滴定法》（GB 11896—89）。

（2）硝酸银滴定法测定氯离子时为什么必须要在中性和弱碱性（pH=6.5～10.5）溶液中进行而不能在酸性和强碱性溶液中进行？

（3）用硝酸银标准溶液滴定氯离子时为什么要剧烈摇动锥形瓶？

二、实训目的

（1）掌握沉淀滴定法的操作技能。

（2）掌握沉淀滴定法测定氯化物的实训方法。

三、原理

在中性或弱碱性溶液中，以铬酸钾为指示剂，用硝酸银滴定氯化物时，由于氯化银的溶解度小于铬酸银的溶解度，氯离子被完全沉淀后，铬酸根才以铬酸银形式沉淀出来，产生砖红色物质，指示滴定终点。沉淀滴定反应如下：

$$Ag^{+} + Cl^{-} \longrightarrow AgCl\downarrow$$

$$2Ag^{+} + CrO_4{}^{2-} \longrightarrow Ag_2CrO_4\downarrow$$

铬酸根离子的浓度与沉淀形成的快慢有关，必须加入足量的指示剂。且由于有稍过量的硝酸银与铬酸钾形成铬酸银沉淀的终点较难判断，所以需要以蒸馏水做空白滴定，以做对照判断（使终点色调一致）。

四、实训准备

（一）样品的采集和保存

选用玻璃瓶或聚乙烯瓶采集和盛装水样。容器的洗涤方法采用Ⅰ法（HJ 493—2009规定洗涤剂洗一次，自来水洗三次，蒸馏水洗一次）。采样量为250 mL，水样在1～5℃和避光条件下可保存30天。

（二）实训仪器和试剂

1. 实训仪器

150 mL锥形瓶，50 mL棕色酸式滴定管。

2. 实训试剂

（1）氯化钠标准溶液（C_{NaCl}=0.014 1 mol/L）：将基准试剂氯化钠置于坩埚内，在500～600℃加热40～50 min。冷却后称取8.240 0 g溶于装有蒸馏水的1 000 mL容量瓶中，用水稀释至标线。吸取10.00 mL，用水定容至100 mL，此溶液每毫升含0.500 mg氯化物。

（2）硝酸银标准溶液（C_{AgNO_3}≈0.014 1 mol/L）：称取2.395 g硝酸银，溶于蒸馏水并稀释至1 000 mL，储存于棕色瓶中。用氯化钠标准溶液标定其准确浓度，步骤如下：吸取

25.00 mL 氯化钠标准溶液置于锥形瓶中，加水 25 mL。另取一锥形瓶，取 50 mL 水作为空白。各加入 1 mL 铬酸钾指示液，在不断摇动下用硝酸银标准溶液滴定，至砖红色沉淀刚刚出现。

（3）铬酸钾指示液：称取 5 g 铬酸钾溶于少量水中，滴加上述硝酸银至有红色沉淀生成，摇匀。静置 12 h，然后过滤并用水将滤液稀释至 100 mL。

五、实训操作

（一）分析测试

1. 水样预处理

（1）如水样的 pH 在 6.5～10.5 时，可直接滴定。超出此范围的水样应以酚酞作指示剂，用 0.05 mol/L 硫酸溶液或 0.2%氢氧化钠溶液调节至 pH 为 8.0 左右。

（2）若水样带有颜色，则取 150 mL 水样，置于 250 mL 锥形瓶内（或取适当的水样稀释至 150 mL）。加入 2 mL 氢氧化铝悬浮液，振荡过滤，弃去最初 20 mL 滤液。

（3）若水样有机物含量高或色度大，用（2）法不能消除其影响时，可采用蒸干后灰化法预处理。取适量废水样于坩埚内，调节 pH 至 8～9，在水浴上蒸干，置于马弗炉中，在 600℃灼烧 1 h。取出冷却后，加 10 mL 水使溶解，移入锥形瓶中，调节 pH 至 7 左右，稀释至 50 mL。

（4）若水样中含有硫化物、亚硫酸盐或硫代硫酸盐，则加氢氧化钠溶液将水调节至中性或弱碱性，加入 1 mL 30%过氧化氢，摇匀。1 min 后，加热至 70～80℃，以除去过量的过氧化氢。

（5）若水样的高锰酸盐指数超过 15 mg/L，可加入少量高锰酸钾晶体，煮沸。加入数滴乙醇以除去多余的高锰酸钾，再进行过滤。

2. 空白测定

取 50.00 mL 蒸馏水置于锥形瓶中，加入 1.0 mL 铬酸钾溶液，用硝酸银标准溶液滴定至砖红色沉淀刚刚出现即为终点。

3. 样品测定

取 50.00 mL 水样或经过处理的水样（若氯化物含量高，可取适量水样用水稀释至 50 mL）置于锥形瓶中，加入 1.0 mL 铬酸钾溶液，用硝酸银标准溶液滴定至砖红色沉淀刚刚出现，即为终点。

（二）原始数据记录

认真填写氯化物分析原始数据记录表。

（三）实训室整理

（1）将实训所用器皿清洗干净，物归原处。

（2）清理实训台面和地面，保持实训室干净整洁。

（3）检查实训室用水、用电是否处于安全状态。

六、数据处理

$$\text{氯离子含量（mg/L）}=\frac{(V_2-V_1)\,C\times 35.45\times 1\,000}{V}$$

式中：V_1 —— 蒸馏水消耗硝酸银标准溶液体积，mL；

V_2 —— 水样消耗硝酸银标准溶液体积，mL；

C —— 硝酸银标准溶液浓度，mol/L；

V —— 水样体积，mL；

35.45 —— 氯离子摩尔质量，g/mol。

七、实训报告

按照实训报告的格式要求认真编写。

八、实训总结

（1）本方法适用于天然水中氯化物测定，也适用于经过适当稀释的高矿化废水（咸水、海水等）及经过各种预处理的生活污水和工业废水。本方法适用的浓度范围为 10～500 mg/L。高于此范围的样品，经稀释后可以扩大其适用范围。低于 10 mg/L 的样品，滴定终点不易掌握，建议采用离子色谱法。

（2）硝酸银滴定法测定氯离子时必须在中性和弱碱性（pH=6.5～10.5）溶液中进行而不能在酸性和强碱性溶液中进行。在酸性介质中，Ag_2CrO_4 沉淀易发生溶解，致使滴定终点推迟或不能正确判断，甚至会导致滴定分析结果不准确。在强碱性介质中，会产生黑色 Ag_2O 沉淀，使滴定操作无法进行。

（3）用硝酸银标液滴定氯离子时必须要剧烈摇动锥形瓶。由于 AgCl 沉淀容易吸附溶液中的 Cl^-，使 Cl^-浓度降低，致使砖红色沉淀提前出现，产生负误差，导致分析结果偏低。因此滴定时须剧烈摇动，使被吸附的 Cl^-释放出来，以减小或消除滴定误差，提高分析结果的准确度。

（4）指示剂铬酸钾的用量直接影响终点的误差，铬酸钾溶液呈黄色，浓度大、颜色太深影响终点的观察。在实际滴定时，铬酸钾的实际用量应该为 0.005 mol/L。否则，会出现较大的滴定误差，甚至会导致滴定分析结果不准确。

九、实训考核

实训考核评分标准详见水质氯化物测定的操作评分表。

表 2-9 氯化物分析原始数据记录表

样品种类＿＿＿＿＿ 分析方法＿＿＿＿＿＿＿＿＿＿分析日期＿＿＿年＿＿＿月＿＿＿日

	次数	滴定氯化钠标准溶液时硝酸银溶液的用量/mL	滴定空白时硝酸银溶液的用量/mL	硝酸银溶液的浓度/（mol/L）	硝酸银溶液的平均浓度/（mol/L）
硝酸银溶液的标定	1				
	2				
	3				

<table>
<tr><td rowspan="3">样品的测定</td><td>样品编号</td><td>取样量/mL</td><td>稀释倍数</td><td colspan="2">测定空白时硝酸银溶液的用量/mL</td><td>测定水样时硝酸银溶液的用量/mL</td><td colspan="2">样品浓度/（mg/L）</td></tr>
<tr><td></td><td></td><td></td><td colspan="2"></td><td></td><td colspan="2"></td></tr>
<tr><td></td><td></td><td></td><td colspan="2"></td><td></td><td colspan="2"></td></tr>
<tr><td rowspan="2">标准化记录</td><td colspan="2">氯化钠标准溶液浓度/（mol/L）</td><td>硝酸银溶液标定时间</td><td>硝酸银溶液浓度计算公式</td><td>温度</td><td>湿度</td><td colspan="2">氯化物的计算公式</td></tr>
<tr><td colspan="2"></td><td></td><td></td><td></td><td></td><td colspan="2"></td></tr>
</table>

分析人________________ 校对人____________________ 审核人______________

表 2-10 水质氯化物测定的操作评分表

班级________________ 学号____________ 姓名____________ 成绩________________

考核日期____________ 开始时间__________ 结束时间__________ 考评员__________

序号	考核点	分值	评分标准	扣分	得分
（一）	氯化钠标准溶液的配制	12			
1	称量前准备	2	未检查天平水平，扣 0.5 分 未调零点，扣 0.5 分 托盘未清扫，扣 1 分		
2	天平称量操作	8	干燥器盖子放置不正确，扣 0.5 分 手直接接触及被称物容器或被称物容器放在台面上，每次扣 0.5 分 称量瓶未放置在天平盘的中央，扣 0.5 分 称量的量不正确，扣 3 分 试样撒落，扣 2 分 开关天平门、放置称量物要轻巧，不正确，扣 0.5 分 读数及数据记录不正确，扣 1 分		
3	称量后处理	2	天平未归零，扣 0.5 分 天平内外不清洁，扣 0.5 分 未检查零点，扣 0.5 分 未做使用记录，扣 0.5 分		
（二）	硝酸银溶液标定	22			
1	玻璃仪器洗涤	2	玻璃仪器洗涤干净后内壁应不挂水珠，否则一次性扣 2 分		
2	移液管润洗	2	润洗溶液若超过总体积的 1/3，扣 0.5 分 润洗后废液应从下口排出，不正确，扣 0.5 分 润洗少于 3 次，扣 1 分		

序号	考核点	分值	评分标准	扣分	得分
3	移取溶液	6	移液管插入液面下 1～2 cm，不正确，扣 1 分 吸空或将溶液吸入吸耳球内，扣 1 分 移取溶液时，移液管不竖直，一次性扣 1 分 放液时锥形瓶未倾斜 30°～45°，一次性扣 1 分 移液管贴锥形瓶壁放液，不正确，扣 1 分 放完液后要停靠 15s，不能吹，不正确，扣 1 分		
4	滴定操作	10	滴定管未进行试漏或时间不足 1～2 min（总时间），扣 1 分 滴定前管尖残液未除去，一次性扣 1 分 未双手配合或控制旋塞不正确，扣 1 分 操作不当造成漏液，扣 1 分 滴定至淡黄色再加淀粉指示剂，不正确扣 2 分 终点控制不准（非半滴到达、颜色不正确），每出现一次扣 0.5 分，可累计扣分 读数不正确，每出现一次扣 0.5 分，可累计扣分 原始数据未及时记录在报告单上，每出现一次扣 1 分		
5	原始记录	2	数据记录不正确（有效数字、单位），每出现一次扣 1 分，但不超过 2 分 数据不全、有空项、字迹不工整，每出现一次扣 0.5 分，但不超过 2 分		
（三）	样品测定	20			
1	取试样	2	盛试样的器皿选择不正确，扣 1 分 样品没有调节 pH 在 6.5～10.5，扣 1 分		
2	测定过程	2	用胶头滴管加指示剂时，取上清液，不正确，扣 1 分 指示剂加入量 1 mL，不正确，扣 1 分		
3	滴定操作	10	滴定管未进行试漏或时间不足 1～2 min（总时间），扣 0.5 分 润洗方法不正确，扣 1 分 滴定前管尖残液未除去，每出现一次扣 0.5 分，可累计扣分 未双手配合或控制旋塞不正确，扣 0.5 分 操作不当造成漏液，扣 0.5 分 滴定至淡黄色再加淀粉指示剂，不正确扣 2 分 终点控制不准（非半滴到达、颜色不正确），每出现一次扣 0.5 分，可累计扣分 读数不正确，每出现一次扣 0.5 分 原始数据未及时记录在报告单上，每出现一次扣 1 分		
4	原始记录	3	数据记录不正确（有效数字、单位），每出现一次扣 1 分，但不超过 3 分 数据不全、有空项、字迹不工整，每出现一次扣 0.5 分，但不超过 3 分		
5	有效数字运算	3	有效数字运算不规范，一次性扣 3 分		

序号	考核点	分值	评分标准	扣分	得分
（四）	文明操作	6			
1	实训台面	2	实训过程中台面、地面脏乱，一次性扣 2 分		
2	实训结束清洗仪器、试剂物品归位	2	实训结束未先清洗仪器或试剂物品未归位就完成报告，一次性扣 2 分		
3	仪器损坏	2	损坏仪器，一次性扣 2 分		
（五）	测定结果	40			
1	标定结果精密度	10	（极差/平均值）≤0.15%，不扣分 0.15%＜（极差/平均值）≤0.25%，扣 2.5 分 0.25%＜（极差/平均值）≤0.35%，扣 5 分 0.35%＜（极差/平均值）≤0.45%，扣 7.5 分 （极差/平均值）＞0.45% 或标定结果少于 3 份，精密度不给分		
2	标定结果准确度	10	（极差/平均值）＞0.45%，或标定结果少于 3 份，准确度不给分 保证值±1s 内，不扣分 保证值±2s 内，扣 3 分 保证值±3s 内，扣 6 分 保证值±3s 外，扣 10 分		
3	测定结果精密度	10	必须有 3 次测定结果才能计分 （极差/平均值）≤3%，不扣分 3%＜（极差/平均值）≤5%，扣 3 分 5%＜（极差/平均值）≤7.5%，扣 7 分 7.5%＜（极差/平均值），扣 10 分		
4	测定结果准确度	10	（极差/平均值）＞10%，或测定结果少于 3 次，准确度不给分 保证值±1s 内，不扣分 保证值±2s 内，扣 3 分 保证值±3s 内，扣 7 分 保证值±3s 外，扣 10 分		
			合 计		

任务五 氟化物的测定

氟是人体必需元素之一，缺氟易患龋齿病，饮水中含氟离子的适宜质量浓度为 0.5～1.0 mg/L。但含量过高，则会产生毒害。当长期饮用含氟量高达 1～1.5 mg/L 的水时，易患氟斑牙。水中含氟量高于 4 mg/L，使人骨骼变形，引起氟骨症和损害肾脏。

在自然界中，氟常以化合物的形态存在。常见的氟化物有氟化氢（HF）、氟化钠（NaF）、氟化钡（BaF_2）、氟硅酸钠（Na_2SiF_6）、氟化钙（CaF_2）以及冰晶石（Na_3AlF_6）等。

氟化物广泛存在于天然水体中。有色冶金、钢铁和铝加工、焦炭、玻璃、陶瓷、电子、电镀、化肥、农药厂的废水及含氟矿物的废水中常常都存在氟化物。

一、预习思考

（1）预习《水质　氟化物的测定　离子选择电极法》（GB 7484—87）。

（2）氟离子选择电极在使用时应注意哪些问题？

（3）总离子强度缓冲溶液在测量溶液中起哪些作用？

二、实训目的

（1）学会正确使用氟离子选择性电极和酸度计。

（2）掌握直接电位法的测定原理及实训方法。

（3）学会标准曲线定量方法。

三、原理

氟离子选择电极是以氟化镧单晶片为敏感膜的电位法指示电极，对溶液中的氟离子具有良好的选择性。氟电极与饱和甘汞（HgCl）电极组成的电池可表示为：

Ag，AgCl（s）｜NaF，NaCl｜LaF_3膜｜F^-‖KCl（饱和），Hg_2Cl_2（s）｜Hg

当氟电极与含氟的试液接触时，电池的电动势 E 随溶液中氟离子活度的变化而改变。当溶液的总离子强度为定值且足够时，电池电动势与试液中氟离子活度的对数在一定的活度范围内呈线性关系，即：

$$E = E_0 - \frac{2.303RT}{F}\lg C_{F^-}$$

利用此关系式即可求出试液中氟离子的含量。

四、实训准备

（一）样品的采集和保存

用聚乙烯瓶盛装水样，采样量为 250 mL，在 1～5℃和避光条件下可保存 14 d。采样容器和盛样容器的洗涤方法采用Ⅰ法（HJ 493—2009 规定洗涤剂洗一次，自来水洗三次，蒸馏水洗一次）。

（二）实训仪器和试剂

1．实训仪器

离子活度计或精密酸度计、氟离子选择电极、饱和甘汞电极、电磁搅拌器等。

2．实训试剂

所用水为去离子水或无氟蒸馏水。

（1）氟化物标准储备液：称取 0.221 0 g 基准氟化钠（预先于 105～110℃烘干 2 h，或者于 500～650℃烘干约 40 min，冷却），用水溶解后转入 1 000 mL 容量瓶中，稀释至标线，摇匀。储存在聚乙烯瓶中。此溶液每毫升含氟离子 100 μg。

（2）氟化物标准溶液：用无分度吸量管吸取氟化钠标准储备液 10.00 mL，注入 100 mL 容量瓶中，稀释至标线，摇匀。此溶液每毫升含氟离子 10 μg。

（3）乙酸钠溶液：称取 15g 乙酸钠（CH_3COONa）溶于水，并稀释至 100 mL。

（4）总离子强度调节缓冲溶液（TISAB）：称取 58.8 g 二水合柠檬酸钠和 85 g 硝酸钠，加水溶解，用盐酸调节 pH 至 5～6，转入 1 000 mL 容量瓶中，稀释至标线，摇匀。

（5）2 mol/L 盐酸溶液。

（三）仪器准备和操作

按照所用测量仪器和电极使用说明，首先接好线路，将各开关置于“关”的位置，开启电源开关，预热 20 min，以后操作按说明书要求进行。测定前，试液应达到室温，并与标准溶液温度一致（温差不得超过±1℃）。

五、实训操作

（一）分析测试

1. 标准曲线绘制

用无分度吸管吸取 1.00 mL、3.00 mL、5.00 mL、10.00 mL、20.00 mL 氟化物标准溶液，分别置于 5 只 50 mL 容量瓶中，加入 10 mL 总离子强度调节缓冲溶液，用水稀释至标线，摇匀。分别移入 100 mL 聚乙烯杯中，各放入一只塑料搅拌子，按浓度由低到高的顺序，依次插入电极，连续搅拌溶液，读取搅拌状态下的稳态电位值（E）。在每次测量之前，都要用水将电极冲洗干净，并用滤纸吸去水分。以 E 为纵坐标，以 $\lg C_{F^-}$为横坐标，计算标准曲线的回归方程。

2. 水样测定

用无分度吸管吸取适量水样，置于 50 mL 容量瓶中，用乙酸钠或盐酸溶液调节至近中性，加入 10 mL 总离子强度调节缓冲溶液，用水稀释至标线，摇匀。将其移入 100 mL 聚乙烯杯中，放入一只塑料搅拌子，插入电极，连续搅拌溶液，待电位稳定后，在继续搅拌下读取电位值（E_x）。在每次测量之前，都要用水充分洗涤电极，并用滤纸吸去水分。根据测得的电位值，由标准曲线回归方程计算氟化物的含量。

3. 空白测定

用蒸馏水代替水样，按测定样品的条件和步骤进行测定。

（二）原始数据记录

认真填写氟化物分析原始数据记录表。

（三）实训室整理

（1）将电极清洗干净，放置在规定的地方。

（2）将仪器回零，关闭仪器电源开关，拔掉电源插头。

（3）将实训所用器皿清洗干净，物归原处。

（4）清理实训台面和地面，保持实训室干净整洁。

（5）检查实训室用水、用电是否处于安全状态。

六、数据处理

根据试液测得的电位值 E_x，代入标准曲线回归方程计算出氟离子浓度，再计算出水样中氟化物的含量（mg/L）。如果试液中氟化物含量低，则应从测定值中扣除空白试验值。

七、实训报告

按照实训报告的格式要求认真编写。

八、实训总结

（1）方法的适用范围：适用于地表水、地下水、工业废水中氟化物的测定。最低检出浓度为 0.05 mg/L（以 F^- 计）；测定上限为 1 900 mg/L（以 F^- 计）。

（2）对于污染严重的生活污水或工业废水，以及含氟硼酸盐的水样要进行预蒸馏处理，可以用直接蒸馏法，也可以用水蒸气蒸馏法。

（3）电极用后应用水充分冲洗干净，并用滤纸吸去水分，放在空气中，或者放在稀的氟化物标准溶液中。如果短时间不再使用，应洗净，吸去水分，套上保护电极敏感部位的保护帽。电极使用前仍应洗净，并吸去水分。

（4）如果试液中氟化物含量低，则应从测定值中扣除空白试验值。

（5）不得用手指触摸电极的敏感膜；如果电极膜表面被有机物等玷污，必须先清洗干净后才能使用。

（6）当水样组成复杂或成分不明时，宜采用一次标准加入法，以便减小基体的影响。其操作是：先按水样的测定步骤测定出试液的电位值（E_1），然后向试液中加入一定量（与试液中氟的含量相近）的氟化物标准液，在不断搅拌下读取稳态电位值（E_2）。结果按下式计算：

$$\rho_x = \frac{\rho_S \cdot \left(\dfrac{V_S}{V_x + V_S}\right)}{10^{(E_2 - E_1)/S} - \left(\dfrac{V_x}{V_x + V_S}\right)}$$

式中：ρ_x——水样中氟离子质量浓度，mg/L；

V_x——水样体积，mL；

ρ_S——F^-标准溶液的质量浓度，mg/L；

V_S——加入 F^-标准溶液的体积，mL；

ΔE——等于 E_1-E_2（对阴离子选择性电极），mV。E_1 为测得水样试液的电位值，mV；E_2 为试液中加入标准溶液后测得的电位值，mV；

S——氟离子选择性电极实测斜率。

九、实训考核

实训考核评分标准详见氟化物测定的操作评分表。

表 2-11　氟化物分析（电极法）原始数据记录表

样品种类__________　分析方法__________分析日期_____年_____月_____日

标准曲线	标准管号		1	2	3	4	5	标准溶液名称及浓度：__________
	标液量	mL						
		μg						标准曲线方程及相关系数：__________
	$-\lg C$							$r=$__________
	E/mV							方法检出限：__________

样品测定	样品编号	取样量/mL	样品电位值/mV	空白电位值/mV	回归方程计算结果/（mg/L）	样品质量浓度/（mg/L）	计算公式：__________
	1						
	2						
	3						

标准化记录	仪器名称	仪器型号	溶液温度	湿度	指示电极	参比电极

分析人__________　校对人__________　审核人__________

表 2-12　水质氟化物测定的操作评分表

班级__________　学号__________　姓名__________　成绩__________

考核日期__________　开始时间__________　结束时间__________　考评员__________

序号	考核点	分值	评分标准	扣分	得分
（一）	仪器准备	4			
1	玻璃仪器洗涤	2	玻璃仪器洗涤干净后内壁应不挂水珠，否则一次性扣 2 分		
2	仪器预热 20 min	2	仪器未进行预热或预热时间不够，扣 2 分		

序号	考核点	分值	评分标准	扣分	得分
（二）	标准系列的配制	16	标准溶液使用前没有摇匀，扣 2 分 润洗溶液若超过总体积的 1/3，一次性扣 1 分 润洗后废液应从下口排放，否则一次性扣 1 分 润洗少于 3 次，一次性扣 2 分 移液管插入液面下 1cm 左右，不正确一次性扣 1 分 吸空或将溶液吸入吸耳球内，扣 1 分 一次吸液不成功，重新吸取的，一次性扣 1 分 将移液管中过多的储备液放回储备液瓶中，扣 1 分 每个点取液应从零分度开始，不正确一次性扣 1 分（工作液可放回剩余溶液再取液） 标准曲线取点不得少于 5 点，不符合扣 2 分 只选用一支吸量管移取标液，不符合扣 1 分 逐滴加入蒸馏水至标线操作不当，扣 1 分 混合不充分、中间未开塞，扣 1 分		
（三）	测量仪器的使用	10	测量电极的选择，不正确扣 2 分 测量电极的检查，不正确或未进行扣 2 分 测量电极测定前的处理，不正确扣 2 分 仪器组装，不正确扣 2 分 测定前测量开关调至 mV，未进行扣 2 分		
（四）	数据记录和结果计算	16			
1	原始记录	3	数据未直接填在报告单上、数据不全、有空项，每项扣 0.5 分，可累计扣分 原始记录中，缺少计量单位每出现一次扣 0.5 分 没有进行仪器使用登记，扣 1 分		
2	回归方程	10	没有采用最小二乘法处理数据，扣 1 分 a、b 有效数字表示不正确，每一项扣 1 分 没有计算相关系数或计算错误，扣 2 分 没有算出回归方程或计算错误，扣 5 分		
3	有效数字运算	3	有效数字运算不规范，一次性扣 3 分		
（五）	水样的测定	20	水样取用量不合适，扣 4 分 量取水样应使用移液管，不正确扣 4 分 稀释倍数不正确，致使测定值超出要求范围，扣 4 分 水样要平行测定 3 次，少 1 次扣 4 分，可累加		
（六）	文明操作	6			
1	实训台面	2	实训过程中台面、地面脏乱，一次性扣 2 分		
2	实训结束清洗仪器、试剂物品归位	2	实训结束未先清洗仪器或试剂物品未归位就完成报告，一次性扣 2 分		
3	仪器损坏	2	仪器损坏，一次性扣 2 分		

序号	考核点	分值	评分标准	扣分	得分
（七）	测定结果	28			
1	校准曲线线性	8	r≥0.999 9，不扣分 r=0.999 1～0.999 8，扣 8～1 分 r<0.999 0，不得分		
2	测定结果精密度	10	$\|\bar{R}_d\|$≤0.5%，不扣分 0.5%<$\|\bar{R}_d\|$≤0.6%，扣 1 分 0.6%<$\|\bar{R}_d\|$≤0.7%，扣 2 分 0.7%<$\|\bar{R}_d\|$≤0.8%，扣 3 分，依此类推 1.3%<$\|\bar{R}_d\|$≤1.4%，扣 9 分 $\|\bar{R}_d\|$>1.4%，扣 10 分		
3	测定结果准确度	10	测定结果：测定值在 保证值±0.5%内，不扣分 保证值±0.6%内，扣 1 分 保证值±0.7%内，扣 2 分，依此类推 保证值±1.4%内，扣 9 分 保证值±1.4%外，扣 10 分		
合　计					

任务六　溶解氧的测定

溶解氧是指溶解在水中的分子态氧。天然水的溶解氧含量取决于水体与大气中氧的平衡。溶解氧的饱和含量与空气中氧的分压、大气压力、水温有密切关系。清洁地表水的溶解氧一般接近饱和。由于藻类的生长，溶解氧可能过饱和。水体受有机、无机还原性物质污染时溶解氧降低，水质恶化。当溶解氧低于 4 mg/L 时，会导致鱼虾大量死亡，因此溶解氧是评价水质的重要指标之一。

一、预习思考

（1）预习《水质　溶解氧的测定　碘量法》（GB 7489—89）。

（2）溶解氧样品现场如何固定？

（3）测定溶解氧时干扰物质有哪些？如何处理？

二、实训目的

（1）熟悉滴定操作技术。

（2）掌握碘量法测定溶解氧的方法。

三、原理

水样中加入硫酸锰和碱性碘化钾，水中溶解氧将低价锰氧化成高价锰，生成四价锰的氢氧化物棕色沉淀。加酸后，氢氧化物沉淀溶解并与碘离子反应释放出游离碘。以淀粉作指示剂，用硫代硫酸钠滴定释放出的碘，计算溶解氧的含量。反应式如下：

$$MnSO_4 + 2NaOH = Na_2SO_4 + Mn(OH)_2\downarrow$$（白色沉淀）

$$2Mn(OH)_2 + O_2 = 2MnO(OH)_2\downarrow$$（棕色沉淀）

$$MnO(OH)_2 + 2H_2SO_4 = Mn(SO_4)_2 + 3H_2O$$

$$Mn(SO_4)_2 + 2KI = MnSO_4 + K_2SO_4 + I_2$$

$$2Na_2S_2O_3 + I_2 = Na_2S_4O_6 + 2NaI$$

四、实训准备

（一）样品的采集和保存

选用溶解氧瓶采集水样，采样量为 250 mL。容器的洗涤方法采用 I 法（HJ 493—2009 规定洗涤剂洗一次，自来水洗三次，蒸馏水洗一次）。采集水样时，要注意不使水样曝气或有气泡残存在采样瓶中。可用水样冲洗溶解氧瓶后，沿瓶壁直接倾注水样或用虹吸法将细管插入溶解氧瓶底部，注入水样应溢流出瓶容积的 1/3～1/2。

水样采集后，为防止溶解氧的变化，应在现场加入固定剂，并存于冷暗处，24 h 内分析。同时记录水温和大气压力。

（二）实训仪器和试剂

1．实训仪器

250～300 mL 溶解氧瓶、碘量瓶、滴定管等。

2．实训试剂

（1）硫酸锰溶液：称取 480 g $MnSO_4 \cdot 4H_2O$ 或 364 g $MnSO_4 \cdot H_2O$ 溶于水，用水稀释至 1 000 mL。此溶液加至酸化过的碘化钾溶液中，遇淀粉不得产生蓝色。

（2）碱性碘化钾溶液：称取 500 g 氢氧化钠，溶于 300～400 mL 水中；另称取 150 g 碘化钾，溶于 200 mL 水中，待氢氧化钠溶液冷却后，将两溶液合并，混匀，用水稀释至 1 000 mL。如有沉淀，则放置过夜后，倾出上层清液，储存于棕色瓶中，用橡皮塞塞紧，避光保存。此溶液酸化后，遇淀粉应不呈蓝色。

（3）（1∶5）硫酸溶液：将 20 mL 浓硫酸缓缓加入 100 mL 水中。

（4）1%淀粉溶液：称取 1 g 可溶性淀粉，用少量水调成糊状，再用刚煮沸的水稀释至 100 mL。冷却后，加入 0.1 g 水杨酸或 0.4 g 氯化锌防腐。

（5）0.025 00 mol/L 重铬酸钾标准溶液[C（$1/6K_2Cr_2O_7$）]：取于 105～110℃烘干 2 h 并冷却的重铬酸钾 1.225 8 g，溶于水，移入 1 000 mL 容量瓶中，用水稀释至标线，摇匀。

（6）硫代硫酸钠溶液[C（$Na_2S_2O_3$）]：称取 3.2 g 硫代硫酸钠（$Na_2S_2O_3 \cdot 5H_2O$）溶于煮沸放冷的水中，加入 0.2 g 碳酸钠，用水稀释至 1 000 mL，储于棕色瓶中，使用前用 0.0250 mol/L 重铬酸钾标准溶液标定。

五、实训操作

（一）分析测试

1．硫代硫酸钠溶液标定

于 250 mL 碘量瓶中，加入 100 mL 水和 1g 碘化钾，加入 10.00 mL 浓度为 0.025 00 mol/L 的重铬酸钾标准溶液，5 mL（1∶5）硫酸溶液，密塞，摇匀。

于暗处静置 5 min 后，用待标定的硫代硫酸钠溶液滴定至溶液呈淡黄色，加入 1 mL 淀粉指示剂，继续滴定至蓝色刚好褪去为止。记录硫代硫酸钠溶液的用量 V，硫代硫酸钠的浓度可用下式计算。

$$C = \frac{10.00 \times 0.025\ 00}{V}$$

要平行标定 3 份，求出硫代硫酸钠溶液浓度的算术平均值。

2．样品测定

（1）溶解氧的固定。用吸管插入溶解氧瓶的液面下，加入 1 mL 硫酸锰溶液、2 mL 碱性碘化钾溶液，盖好瓶塞，颠倒混合数次，静置。待棕色沉淀物降至瓶内一半时，再颠倒混合一次，待沉淀物下降到瓶底。一般在取样现场固定。

（2）析出碘。轻轻打开瓶塞，立即用吸管插入液面下加入 2.0 mL 硫酸。小心盖好瓶塞，颠倒混合摇匀至沉淀物全部溶解为止，放置暗处 5 min。

（3）滴定碘。移取 100.00 mL 上述溶液于 250 mL 锥形瓶中，用硫代硫酸钠溶液滴定至溶液呈淡黄色，加入 1 mL 淀粉溶液，继续滴定至蓝色刚好褪去为止，记录硫代硫酸钠溶液用量。

（二）原始数据记录

认真填写溶解氧分析（碘量法）原始数据记录表。

（三）实训室整理

（1）将溶解氧瓶、滴定管等器皿清洗干净，物归原处。

（2）清理实训台面和地面，保持实训室干净整洁。

（3）检查实训室用水、用电是否处于安全状态。

六、数据处理

水质溶解氧的浓度，按下式计算：

$$溶解氧（O_2，mg/L）= \frac{CV \times 8 \times 1\ 000}{100}$$

式中：C —— 硫代硫酸钠溶液浓度，mol/L；

V —— 滴定时消耗硫代硫酸钠溶液体积，mL；

8 —— 1/2 氧的摩尔质量，g/mol。

七、实训报告

按照实训报告的格式要求认真编写。

八、实训总结

（1）取自来水水样时，要控制水的流速，防止曝气。

（2）加试剂时，吸管要插入液面下。

（3）滴定碘时指示剂加入时机要适宜，不要过早或过晚。

（4）当水样中含有亚硝酸盐时会干扰测定，可加入叠氮化钠使水中的亚硝酸盐分解而消除干扰。其加入方法是预先将叠氮化钠加入在碱性碘化钾溶液中。

（5）如水样中含 Fe^{3+} 达 100～200 mg/L 时，可加入 1 mL40%氟化钾溶液消除干扰。

（6）如水样中含氧化性物质（如游离氯等），应预先加入相当量的硫代硫酸钠去除。

九、实训考核

实训考核评分标准详见溶解氧测定的操作评分表。

表 2-13　溶解氧分析（碘量法）原始数据记录表

样品种类________ 分析方法____________分析日期_____年____月____日

<table>
<tr><td rowspan="5">硫代硫酸钠溶液的标定</td><td rowspan="2">次数</td><td colspan="3">滴定重铬酸钾标准溶液时硫代硫酸钠溶液的用量/mL</td><td rowspan="2">硫代硫酸钠溶液的浓度/（mol/L）</td><td rowspan="2">硫代硫酸钠溶液的平均浓度/（mol/L）</td></tr>
<tr><td>初始读数</td><td>终点读数</td><td>消耗体积</td></tr>
<tr><td>1</td><td></td><td></td><td></td><td></td><td rowspan="3"></td></tr>
<tr><td>2</td><td></td><td></td><td></td><td></td></tr>
<tr><td>3</td><td></td><td></td><td></td><td></td></tr>
</table>

<table>
<tr><td rowspan="4">样品的测定</td><td rowspan="2">样品编号</td><td rowspan="2">取样量/mL</td><td rowspan="2">稀释倍数</td><td colspan="3">测定水样时硫代硫酸钠溶液的用量/mL</td><td rowspan="2">样品溶解氧浓度/（mg/L）</td></tr>
<tr><td>初始读数</td><td>终点读数</td><td>消耗体积</td></tr>
<tr><td></td><td></td><td></td><td></td><td></td><td></td><td></td></tr>
<tr><td></td><td></td><td></td><td></td><td></td><td></td><td></td></tr>
</table>

<table>
<tr><td rowspan="2">标准化记录</td><td>重铬酸钾标准溶液浓度/（mol/L）</td><td>硫代硫酸钠溶液标定时间</td><td>硫代硫酸钠溶液浓度计算公式</td><td>温度/℃</td><td>湿度</td><td>溶解氧计算公式</td></tr>
<tr><td></td><td></td><td></td><td></td><td></td><td></td></tr>
</table>

分析人__________　　校对人__________　　审核人__________

表 2-14　水质溶解氧测定的操作评分表

班级____________ 学号____________ 姓名____________ 成绩____________

考核日期________ 开始时间________ 结束时间________ 考评员__________

序号	考核点	分值	评分标准	扣分	得分
（一）	碘化钾的称量	10			
1	称量前准备	1	未检查天平水平，扣 0.5 分 托盘未清扫，扣 0.5 分		
2	天平称量操作	8	干燥器盖子放置不正确，扣 1 分 烧杯未放置在天平盘的中央，扣 1 分 称量的量不正确，扣 2 分 试样撒落，扣 2 分 放置称量物要轻巧，不正确扣 1 分 读数及记录，不正确扣 1 分		
3	称量后处理	1	天平没有收拾整理，扣 1 分		
（二）	硫代硫酸钠溶液的标定	24			
1	玻璃仪器洗涤	2	玻璃仪器洗涤干净后内壁应不挂水珠，不正确扣 2 分		
2	移液管润洗	3	润洗溶液若超过总体积的 1/3，不正确扣 0.5 分 润洗后废液应从下口排出，不正确扣 0.5 分 润洗少于 3 次，扣 2 分		
3	移取、放出溶液	6	移液管插入液面下 1～2 cm，不正确扣 1 分 吸空或将溶液吸入吸耳球内，扣 1 分 移取溶液时，移液管不竖直，一次性扣 1 分 放液时锥形瓶未倾斜 30°～45°，一次性扣 1 分 移液管贴锥形瓶壁放液，不正确扣 1 分 放完液后要停靠 15 s，不能吹，不正确扣 1 分		
4	滴定操作	10	滴定管未进行试漏或时间不足 1～2 min（总时间），扣 0.5 分 润洗方法不正确，扣 1 分 滴定前管尖残液未除去，每出现一次扣 0.5 分，可累计扣分 未双手配合或控制旋塞不正确，扣 0.5 分 操作不当造成漏液，扣 0.5 分 滴定至淡黄色再加淀粉指示剂，不正确扣 2 分 终点控制不准（非半滴到达、颜色不正确），每出现一次扣 0.5 分，可累计扣分 读数不正确，每出现一次扣 0.5 分 原始数据未及时记录在报告单上，每出现一次扣 1 分		
5	原始记录	3	数据记录不正确（有效数字、单位），每出现一次扣 1 分 数据不全、有空项、字迹不工整，每出现一次扣 0.5 分		
（三）	样品的测定	30			
1	取试样	4	盛试样的器皿选择不正确，扣 1 分 虹吸法取样不正确，扣 3 分		
2	测定过程	8	用胶头滴管加保存剂时，取上清液，不正确扣 2 分 用胶头滴管加保存剂时，不能产生气泡，不正确扣 2 分 硫酸溶液加错了，扣 2 分 量筒直接量取硫酸溶液，不能用胶头滴管，不正确扣 1 分 放置暗处反应 5 min，不正确扣 1 分		

序号	考核点	分值	评分标准	扣分	得分
3	滴定操作	12	滴定前管尖残液未除去，每出现一次扣 0.5 分 未双手配合或控制旋塞不正确，扣 0.5 分 操作不当造成漏液，扣 0.5 分 终点控制不准（非半滴到达、颜色不正确），每出现一次扣 1 分 滴定至淡黄色再加淀粉指示剂，不正确扣 2 分 读数不正确，每出现一次扣 0.5 分 原始数据未及时记录在报告单上，每出现一次扣 1 分		
4	原始记录	3	数据未直接填在报告单上，每出现一次扣 1 分 数据不全、有空项、字迹不工整、请在扣分项上打 √，每出现一次扣 0.5 分，可累加扣分但不超过 3 分		
5	有效数字运算	3	有效数字运算不规范，一次性扣 3 分		
（四）	文明操作	6			
1	实训台面	2	实训过程台面、地面脏乱，一次性扣 1 分		
2	实训结束清洗仪器、试剂物品归位	2	实训结束未先清洗仪器或试剂物品未归位就完成报告；一次性扣 2 分		
3	仪器损坏	2	损坏仪器，一次性扣 2 分		
（五）	测定结果	30			
1	标定结果精密度	10	（极差/平均值）≤0.15%，不扣分 0.15%＜（极差/平均值）≤0.25%，扣 2.5 分 0.25%＜（极差/平均值）≤0.35%，扣 5 分 0.35%＜（极差/平均值）≤0.45%，扣 7.5 分 （极差/平均值）＞0.45%，或标定结果少于 3 份，精密度不给分		
2	标定结果准确度	10	（极差/平均值）＞0.45%，或标定结果少于 3 份，标定结果准确度不给分 保证值±1s 内，不扣分 保证值±2s 内，扣 3 分 保证值±3s 内，扣 6 分 保证值±4s 外，扣 10 分		
3	测定结果准确度	10	保证值±1s 内，不扣分 保证值±2s 内，扣 3 分 保证值±3s 内，扣 7 分 保证值±3s 外，不得分		
合 计					

任务七　总铁的测定

水中铁的存在形态多种多样，在水溶液中以简单的水合离子和复杂的无机、有机络合物形式存在。铁也可以存在于胶体、悬浮物的颗粒中，可能是二价的，也可能是三价的。水样暴露在空气中二价铁易被氧化成三价铁。样品 pH 大于 3.5 时，高价铁易水解沉淀。

水样在保存和运送过程中，水中的细菌增殖也会改变铁的存在形态。

铁及其化合物均具有低毒性和微毒性。水中铁的来源主要为选矿、冶炼、炼铁、机械加工、工业电镀、酸洗废水等工业废水。

一、预习思考

（1）预习《水质　铁的测定　邻菲啰啉分光光度法（试行）》（HJ/T 345—2007）。

（2）测定过滤性铁时水样应如何保存？

（3）邻菲啰啉分光光度法测定水中总铁有哪些干扰因素？应如何去除？

二、实训目的

（1）掌握分光光度计的使用方法。

（2）掌握邻菲啰啉分光光度法测定铁的方法。

（3）学会标准曲线定量方法。

三、原理

亚铁离子在 pH 为 3～9 的溶液中与邻菲啰啉生成稳定的橙红色络合物，此络合物的吸光度与亚铁离子含量成正比，于波长为 510 nm 处测量吸光度。若用还原剂（如盐酸羟胺）将高铁离子还原，则可测高铁离子及总铁含量。反应式如下：

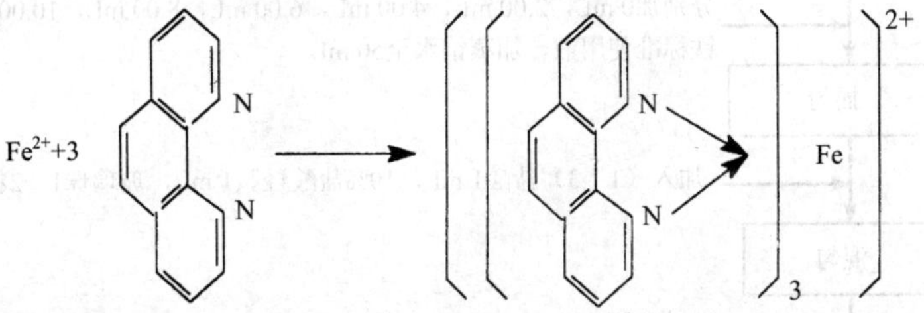

四、实训准备

（一）样品的采集和保存

选择聚乙烯瓶或玻璃瓶盛装水样，采样 250 mL。容器的洗涤方法采用Ⅲ法（HJ 493—2009 规定洗涤剂洗一次，自来水洗两次，（1∶3）硝酸荡洗一次，自来水洗三次，去离子水洗一次）。

测定总铁时，采样后立即将样品用盐酸酸化至 pH<1（含 CN^- 或 S^{2-} 离子的水样酸化时，会产生有毒气体，必须小心进行）。

测定亚铁时，采样时将 2.0 mL 盐酸放入 100 mL 具塞的水样瓶内，直接将水样注满样品瓶，塞好瓶塞以防氧化，一直保存到进行显色和测量（最好现场测定或现场显色）。

测定可过滤铁时，用 0.45 μm 滤膜过滤水样，并立即用盐酸酸化过滤水样至 pH<1。

（二）实训仪器和试剂

1. 实训仪器

分光光度计、10 mm 比色皿、50 mL 具塞比色管等。

2. 实训试剂

（1）乙酸铵-冰乙酸缓冲溶液：40 g 乙酸铵加 50 mL 冰乙酸用水稀释至 100 mL。

（2）0.5%邻菲啰啉水溶液：将 0.5%邻菲啰啉溶于 100 mL 水中，加数滴盐酸帮助溶解。

（3）铁标准储备液（ρ=100 μg/mL）：准确称取 0.702 0 g 硫酸亚铁铵，溶于 50 mL（1∶1）硫酸溶液中，转移至 1 000 mL 容量瓶（A 级）中，加水至标线，摇匀。

（4）铁标准使用液（ρ=10 μg/mL）：准确移取铁标准储备液 10.00 mL 置于 100 mL 容量瓶（A 级）中，加水至标线，摇匀。

五、实训操作

（一）分析测试

1. 标准曲线绘制

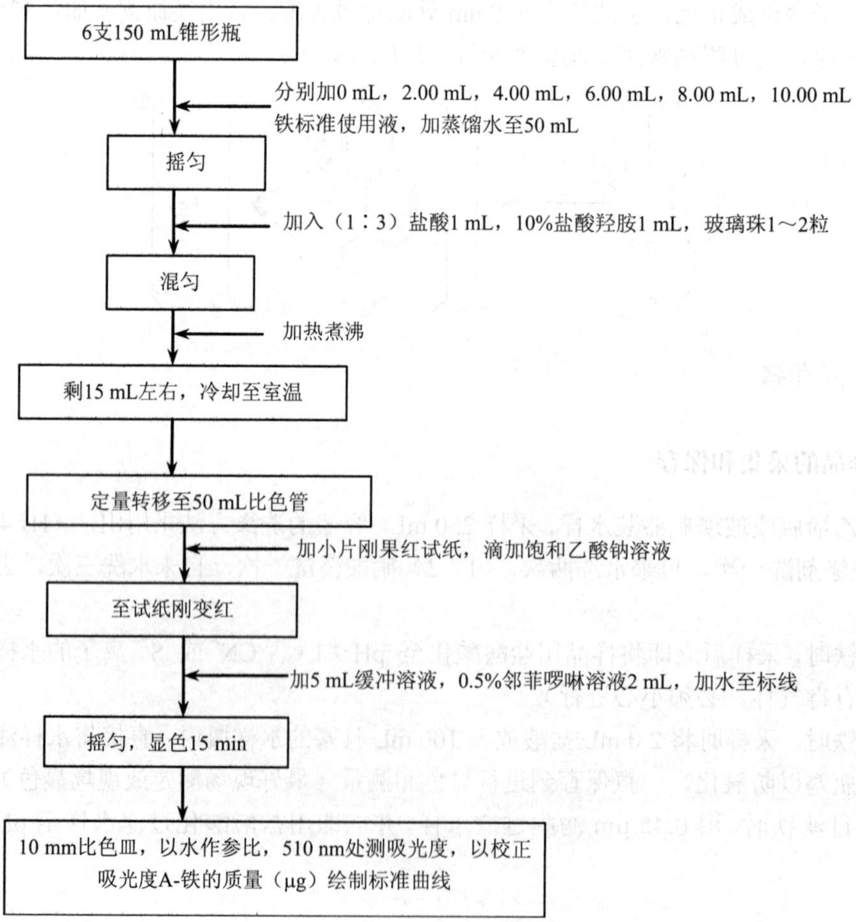

图 2-1 标准曲线的绘制

2．水样测定

取 50.00 mL 混匀水样于 150 mL 锥形瓶中，加 1 mL（1∶3）盐酸，加 1 mL 盐酸羟胺溶液，加热煮沸至体积减少到 15 mL 左右，以保证全部铁溶解和还原。若仍有沉淀应过滤除去。以下按绘制标准曲线同样操作，测量吸光度并作空白校正。

3．空白测定

以蒸馏水代替水样，与标准曲线的测定方法相同。

（二）原始数据记录

认真填写总铁分析（分光光度法）原始数据记录表。

（三）实训室整理

（1）将分光光度计的拉杆推至非测量挡，合上样品室盖。

（2）将仪器回零，关闭仪器电源开关，拔掉电源插头。

（3）比色皿、比色管等器皿清洗干净，物归原处。

（4）清理实训台面和地面，保持实训室干净整洁。

（5）检查实训室用水、用电是否处于安全状态。

六、数据处理

水中总铁的浓度，按下式计算：

$$\rho_{Fe}=\frac{A_s-A_b-a}{b\times V}$$

式中：ρ_{Fe} —— 水样中总铁的质量浓度，mg/L；

A_s —— 水样的吸光度；

A_b —— 空白试验的吸光度；

a —— 标准曲线的截距；

b —— 标准曲线的斜率；

V —— 试样体积，mL。

七、实训报告

按照实训报告的格式要求认真编写。

八、实训总结

（1）本方法适用于地表水、地下水及废水中铁的测定。方法最低检出浓度为 0.03 mg/L，测定下限为 0.12 mg/L，测定上限为 5.00 mg/L。对铁离子大于 5.00 mg/L 的水样，可适当稀释后再按本方法进行测定。

（2）玻璃器皿在经 3% HNO_3 处理后不能用自来水冲洗，应用去离子水或重蒸馏水冲洗 5～6 次。

（3）当检测试剂中含有微量的铁时，试剂的纯度越高越好，试剂的加入要准确，最好用移液管加试剂，使加入的试剂准确一致，减少管与管之间的误差。

（4）加热后转移测试溶液如不完全则会使检测结果偏低。

九、实训考核

实训考核评分标准详见总铁测定的操作评分表。

表 2-15　总铁分析（分光光度法）原始数据记录表

样品种类__________ 分析方法________________分析日期______年______月______日

标准曲线	标准管号		0	1	2	3	4	5	标准溶液名称及浓度： __________ 标准曲线方程及相关系数： __________ $r=$ __________ 方法检出限： __________
	标液量	mL							
		μg							
	A								
	$A-A_0$								

样品测定	样品编号	取样量/mL	定容体积/mL	样品吸光度	空白吸光度	校正吸光度	回归方程计算结果/μg	样品浓度/（mg/L）	计算公式： __________

标准化记录	仪器名称	仪器型号	显色温度/℃	显色时间	参比溶液	波长/nm	比色皿/mm	室温/℃	湿度

分析人__________ 校对人__________ 审核人__________

表 2-16　水质总铁测定的操作评分表

班级______________ 学号______________ 姓名______________ 成绩______________

考核日期__________ 开始时间__________ 结束时间__________ 考评员__________

序号	考核点	分值	评分标准	扣分	得分
（一）	仪器准备	6			
1	玻璃仪器洗涤	2	玻璃仪器洗涤干净后内壁应不挂水珠，否则一次性扣 2 分		
2	分光光度计预热 20 min	2	仪器未进行预热或预热时间不够，扣 1 分 打开盖子预热，不正确扣 1 分		
3	移液管的润洗	2	润洗溶液若超过总体积的 1/3，一次性扣 0.5 分 润洗后废液应从下口排放，否则一次性扣 0.5 分 润洗少于 3 次，一次性扣 1 分		
（二）	标准系列的配制	18	标准溶液使用前没有摇匀，扣 2 分 标准溶液使用前没有稀释，扣 3 分 移液管插入液面下 1 cm 左右，不正确一次性扣 1 分 吸空或将溶液吸入吸耳球内，扣 1 分 一次吸液不成功，重新吸取的，一次性扣 1 分 将移液管中过多的储备液放回储备液瓶中，扣 2 分 每个点取液应从零分度开始，不正确一次性扣 1 分（工作液可放回剩余溶液再取液） 标准曲线取点不得少于 6 点，不符合扣 3 分 只选用一支吸量管移取标液，不符合扣 2 分 逐滴加入蒸馏水至标线操作不当，扣 1 分 混合不充分、中间未开塞，扣 1 分		
（三）	标准系列的测定	20			
1	测定前的准备	4	波长选择不正确，扣 2 分 不能正确调“0”和“100%”，扣 2 分		
2	测定操作	10	没有进行比色皿配套性选择，或选择不当，扣 2 分 手触及比色皿透光面，扣 1 分 加入溶液高度不正确，扣 1 分 比色皿外壁溶液处理不正确，扣 1 分 不正确使用参比溶液，扣 2 分 比色皿盒拉杆操作不当，扣 1 分 开关比色皿暗箱盖不当，扣 1 分 读数不准确或重新取液测定，扣 1 分		
3	测定过程中仪器被溶液污染	2	比色皿放在分光光度计仪器表面，扣 1 分 比色室被洒落溶液污染或未及时彻底清理干净，扣 1 分		
4	测定后的处理	4	台面不清洁，扣 1 分 未取出比色皿及未洗涤，扣 1 分 没有倒尽控干比色皿，扣 1 分 未关闭仪器电源，扣 0.5 分 测定结束，未做使用记录，扣 0.5 分		

序号	考核点	分值	评分标准	扣分	得分
（四）	水样的测定	10	水样取用量不合适，扣 3 分 量取水样应使用移液管，不正确扣 2 分 稀释倍数不正确，致使吸光度超出要求范围或在第一、第二点范围内，扣 5 分		
（五）	数据记录和结果计算	12			
1	原始记录	3	数据未直接填在报告单上、数据不全、有空项，每项扣 0.5 分，可累计扣分 原始记录中，缺少计量单位或错误每出现一次扣 0.5 分 没有进行仪器使用登记，扣 1 分		
2	结果计算	9	回归方程中 *a*、*b* 未保留 4 位有效数字，每项扣 1 分 *r* 未保留到小数点后 4 位，扣 1 分 测定结果表述不正确，扣 1 分 回归方程计算错误或没有算出，扣 5 分		
（六）	文明操作	6			
1	实训台面	2	实训过程中台面、地面脏乱，一次性扣 2 分		
2	实训结束清洗仪器、试剂物品归位	2	实训结束未先清洗仪器或试剂物品未归位就完成报告，一次性扣 2 分		
3	仪器损坏	2	仪器损坏，一次性扣 2 分		
（七）	测定结果	28			
1	校准曲线线性	8	$r \geqslant 0.9999$，不扣分 $r = 0.9991 \sim 0.9998$，扣 8～1 分 $r < 0.9990$，不得分		
2	测定结果精密度	10	$\lvert \bar{R}_d \rvert \leqslant 0.5\%$，不扣分 $0.5\% < \lvert \bar{R}_d \rvert \leqslant 0.6\%$，扣 1 分 $0.6\% < \lvert \bar{R}_d \rvert \leqslant 0.7\%$，扣 2 分 $0.7\% < \lvert \bar{R}_d \rvert \leqslant 0.8\%$，扣 3 分，依此类推 $1.3\% < \lvert \bar{R}_d \rvert \leqslant 1.4\%$，扣 9 分 $\lvert \bar{R}_d \rvert > 1.4\%$，或测定结果少于 3 个，扣 10 分		
3	测定结果准确度	10	测定结果：测定值在 保证值±0.5%内，不扣分 保证值±0.6%内，扣 1 分 保证值±0.7%内，扣 2 分，依此类推 保证值±1.4%内，扣 9 分 保证值±1.4%外，或测定结果少于 3 个，扣 10 分		
合　计					

任务八　高锰酸盐指数的测定

以高锰酸钾溶液为氧化剂测得的化学需氧量称为高锰酸盐指数，它是反映水体中有机及无机可氧化物质污染的常用指标。此方法简便、快速，但不能代表水中有机物质的全部含量，因为含氮有机物在此条件下较难分解，故国际标准化组织（ISO）建议此指标仅限于测定地表水、饮用水和生活污水。

一、预习思考

（1）预习《水质　高锰酸盐指数的测定》（GB 11892—89）。

（2）测定高锰酸盐指数时，高锰酸钾溶液的浓度为何要低于 0.01 mol/L（$1/5KMnO_4$）？

（3）在水浴加热完毕后，水样溶液的红色全部褪去，说明什么？应如何处理？

二、实训目的

（1）熟悉滴定操作技术。

（2）掌握酸性法测定高锰酸盐指数的方法。

三、原理

在水样中加入硫酸使之呈酸性后，加入一定量的高锰酸钾溶液并加热，使其与水中的有机物质反应，过量的高锰酸钾用过量的草酸钠溶液还原，再用高锰酸钾回滴过量的草酸钠，计算求出高锰酸盐指数。反应式如下：

$$4MnO_4^- + 12H^+ + 5C \longrightarrow 4Mn^{2+} + 5CO_2\uparrow + 6H_2O$$

$$2MnO_4^- + 16H^+ + 5C_2O_4^{2-} \longrightarrow 2Mn^{2+} + 10CO_2\uparrow + 8H_2O$$

四、实训准备

（一）样品的采集和保存

选择玻璃瓶盛装水样，采样量为 500 mL。容器的洗涤方法采用Ⅰ法（HJ 493—2009 规定洗涤剂洗一次，自来水洗三次，蒸馏水洗一次）。加入硫酸将水样 pH 酸化至 1～2，并尽快分析。如保存时间超过 6 h，则于 0～5℃下存放，2 d 内分析。

（二）实训仪器和试剂

1．实训仪器

恒温水浴装置、酸式滴定管等。

2．实训试剂

（1）高锰酸钾标准储备溶液[C（$1/5\ KMnO_4$）=0.1 mol/L]：称取 3.2 g 高锰酸钾溶于 1.2 L 水中，加热煮沸，使体积减少到约 1 L，放置过夜，用 G-3 玻璃砂芯漏斗过滤后，滤液储于棕色瓶中保存。

（2）高锰酸钾标准溶液[C（1/5 $KMnO_4$）=0.01 mol/L]：吸取 100 mL 上述 0.1 mol/L 高锰酸钾溶液，用水稀释混匀，定容至 1 000 mL，储于棕色瓶中。使用当天应进行标定。

（3）草酸钠标准储备液[C（1/2 $Na_2C_2O_4$）=0.100 0 mol/L]：称取 0.670 5 g 在 105～110℃烘干 1 h 并冷却的草酸钠溶于水，移入 100 mL 容量瓶中，用水稀释至标线。

（4）草酸钠标准溶液[C（1/2 $Na_2C_2O_4$）=0.010 0 mol/L]：吸取 10.00 mL 上述草酸钠标准储备液，移入 100 mL 容量瓶中，用水稀释至标线。

五、实训操作

（一）分析测试

1. 样品测定

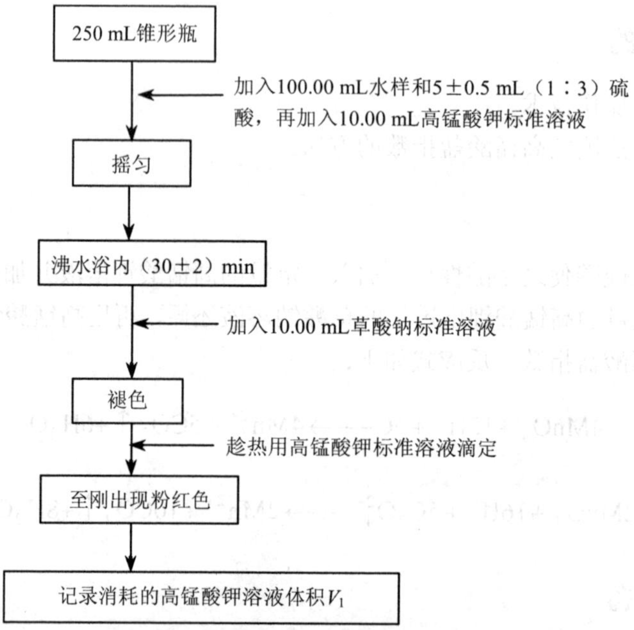

图 2-2 测定高锰酸钾指数程序

2. *K* 值测定

将上述已滴定完毕的溶液加热至 70℃，准确加入 10.00 mL 草酸钠标准溶液（0.010 00 mol/L），再用 0.01 mol/L 高锰酸钾溶液滴定到显微红色。记录高锰酸钾溶液的消耗量。按下式求得高锰酸钾的校正系数（K）：

$$K=\frac{10.00}{V}$$

式中：V—— 高锰酸钾溶液消耗量，mL。

（二）原始数据记录

认真填写高锰酸盐指数分析原始数据记录表。

（三）实训室整理

（1）关闭水浴锅电源开关，拔掉电源插头。

（2）将滴定管等器皿清洗干净，物归原处。

（3）清理实训台面和地面，保持实训室干净整洁。

（4）检查实训室用水、用电是否处于安全状态。

六、数据处理

1．水样不经稀释

$$\text{高锰酸盐指数（}O_2\text{，mg/L）}=\frac{[(10+V_1)K-10]\times C\times 8\times 1\,000}{100}$$

式中：V_1——滴定水样时，消耗高锰酸钾溶液的量，mL；

K——校正系数（每毫升高锰酸钾标准溶液相当于草酸钠标准溶液的毫升数）；

C——草酸钠标准溶液浓度，mol/L；

8——1/2 氧的摩尔质量，g/mol。

2．水样经过稀释

$$\text{高锰酸盐指数（}O_2\text{，mg/L）}=\frac{\{[(10+V_1)K-10]-[(10+V_0)K-10]\times f\}\times C\times 8\times 1\,000}{V_2}$$

式中：V_0——空白试验时，消耗高锰酸钾溶液体积，mL；

V_2——测定时，所取样品体积，mL；

f——稀释样品时，100 mL 测定试液中蒸馏水所占的比例（例如：10 mL 样品用水稀释至 100 mL，则 f=（100－10）/100=0.90）。

七、实训报告

按照地表水水质监测报告的格式要求认真编写。

八、实训总结

（1）方法适用于饮用水、水源水、地表水的测定，测定范围为 0.5～4.5 mg/L。氯离子浓度高于 300 mg/L，采用碱性高锰酸钾法测定。

（2）新使用的玻璃器皿，应先用酸性高锰酸钾浸泡后，再清洗干净。

（3）沸水浴的水面要高于锥形瓶内的液面。

（4）样品加热氧化后剩余的 0.01 mol/L 高锰酸钾为其加入量的 1/3～1/2 为宜。加热时，如溶液红色褪去，说明高锰酸钾量不够，须重新取样，并稀释后测定。

（5）滴定时温度如低于 60℃，反应速度缓慢，应加热至 80℃左右。

（6）沸水浴温度为 98℃。如高原地区，报出测定结果时，应注明水的沸点。

（7）注意滴定高锰酸钾速度的节奏为慢-快-慢。

九、实训考核

实训考核评分标准详见高锰酸盐指数测定的操作评分表。

表 2-17 高锰酸盐指数分析原始数据记录表

样品种类____________ 分析方法____________________分析日期______年______月______日

样品的测定	样品编号	取样量/mL	稀释倍数	测定水样时高锰酸钾溶液的用量/mL	标定 *K* 值时高锰酸钾溶液的用量/mL	样品高锰酸盐指数/（mg/L）
标准化记录	草酸钠标准溶液浓度/（mol/L）	*K* 值标定时间	高锰酸钾溶液校正系数 *K* 计算公式	温度/℃	湿度	高锰酸盐指数的计算公式

分析人________________ 校对人________________ 审核人________________

表 2-18 高锰酸盐指数测定的操作评分表

班级____________ 学号____________ 姓名____________ 成绩____________

考核日期__________ 开始时间__________ 结束时间__________ 考评员____________

序号	考核点	分值	评分标准	扣分	得分
（一）	标准溶液稀释	22			
1	玻璃仪器洗涤	2	玻璃仪器洗涤干净后内壁应不挂水珠，否则一次性扣 2 分		
2	移液管润洗	2	润洗溶液若超过总体积的 1/3，扣 0.5 分 润洗后废液应从下口排出，不正确扣 0.5 分 润洗少于 3 次，扣 1 分		
3	移取、放出溶液	8	移液时，移液管插入液面下 1～2 cm，插入过深一次性扣 1 分 吸空或将溶液吸入吸耳球内，一次性扣 2 分 移液时，移液管不竖直，一次性扣 2 分 放液时，锥形瓶未倾斜 30°～45°，一次性扣 1 分 管尖未靠壁，一次性扣 1 分 溶液流完后未停靠 15s，一次性扣 1 分		
4	定容操作	10	没有进行容量瓶试漏检查，扣 2 分 加水至容量瓶约 3/4 体积时没有平摇，扣 2 分 加水至近标线约 1cm 处没有等待 1 min，扣 2 分 逐滴加入蒸馏水至标线操作不当，扣 2 分 未充分混匀、中间未开塞，扣 1 分 持瓶方式不正确，扣 1 分		
（二）	定量测定	34			
1	取试样	2	量取器皿选择不正确，扣 2 分		

序号	考核点	分值	评分标准	扣分	得分
2	测定过程	10	加入 $KMnO_4$ 前，应将 $KMnO_4$ 摇匀，没有摇匀，扣 2 分 加入的 $KMnO_4$ 只能用滴定管加入，用移液管扣 4 分 水浴没有沸腾即加热水样，扣 1 分 水浴水面低于试样液面，扣 1 分 加热时间不在规定范围内，扣 2 分		
3	滴定操作	16	滴定管未进行试漏或时间不足 2 min（总时间），扣 2 分 润洗前，未摇匀 $KMnO_4$ 溶液，一次性扣 1 分 润洗次数少于 3 次，扣 1 分 未排净气泡，每次扣 1 分 调“0”时，应捏住滴定管上部无刻度处，否则一次性扣 1 分 滴定前管尖残液未除去，每出现一次扣 0.5 分，最多扣 1 分 滴定速度得当，若直线放液，一次性扣 1 分 操作不当造成漏液或滴出锥形瓶外，一次性扣 2 分 终点控制不准（非半滴到达、颜色过深），每出现一次扣 0.5 分，最多扣 2 分 终点后滴定管尖悬挂液滴或有气泡，一次性扣 1 分 加入 $Na_2C_2O_4$ 前，没有摇匀，扣 2 分 读数不正确，每出现一次扣 1 分		
4	原始记录	3	数据未直接填在报告单上，每出现一次扣 1 分 数据不全、有空项、字迹不工整，请在扣分项上打 √，每出现一次扣 1 分，可累加扣分		
5	有效数字运算	3	有效数字运算不规范，一次性扣 3 分		
（三）	文明操作	6			
1	实训台面	2	实训过程中台面、地面脏乱，一次性扣 2 分		
2	实训结束清洗仪器、试剂物品归位	2	实训结束未先清洗仪器或试剂物品未归位就完成报告，一次性扣 2 分		
3	仪器损坏	2	损坏仪器，一次扣 2 分		
（四）	数据处理	38			
1	消耗的高锰酸钾溶液的体积校正	6	从滴定管的校正曲线图查出滴定水样和测定 K 值所消耗的高锰酸钾溶液的体积校正值不正确，每项扣 3 分		
2	高锰酸钾滴定溶液的温度校正	6	查表不正确，扣 2 分 补正值（两项）计算不正确，每项扣 2 分		
3	K 值及高锰酸盐指数计算	6	K 值计算错误或没有计算，扣 3 分 高锰酸盐指数计算错误或没有计算，扣 3 分		

序号	考核点	分值	评分标准	扣分	得分
4	测定结果精密度	10	必须有三次测定结果才能计分 （极差/平均值）≤3%，不扣分 3%＜（极差/平均值）≤5%，扣 3 分 5%＜（极差/平均值）≤7.5%，扣 7 分 7.5%＜（极差/平均值），扣 10 分		
5	测定结果准确度	10	必须有三次测定结果才能计分 （极差/平均值）＞10%，准确度不得分 保证值±1s 内，不扣分 保证值±2s 内，扣 5 分 保证值±3s 内，扣 10 分 保证值±3s 外，不得分		
合　计					

任务九　总磷的测定

在天然水和废水中，磷几乎都以各种磷酸盐形式存在，可分为正磷酸盐、缩合磷酸盐和有机磷，它们存在于溶液、腐殖质粒子和水生生物中。水中磷的测定，通常按其存在的形式分别测定总磷、溶解性正磷酸盐和总溶解性磷，如图 2-3 所示。

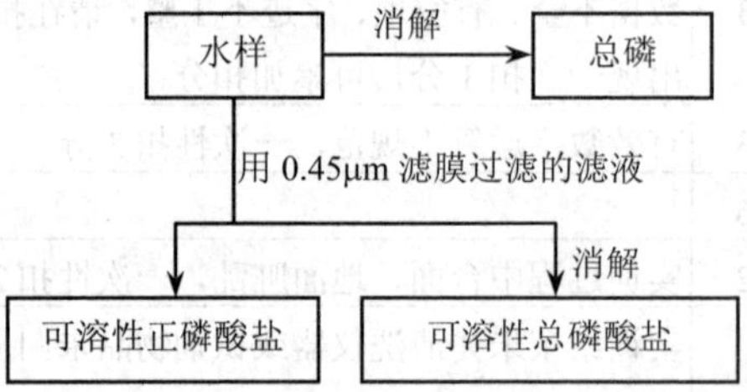

图 2-3　磷测定水样预处理

一、预习思考

（1）预习《水质　总磷的测定　钼酸铵分光光度法》（GB 11893—89）。

（2）钼酸铵分光光度法测定总磷时，主要有哪些干扰？怎样去除？

（3）抗坏血酸溶液易氧化发黄，如何延长溶液有效使用期？

二、实训目的

（1）掌握分光光度计的使用方法。

（2）掌握压力蒸汽消毒器的使用方法。

（3）掌握钼酸铵分光光度法测定总磷的方法。

（4）学会标准曲线法定量方法。

三、原理

在酸性介质中，正磷酸盐与钼酸铵反应，在锑盐存在下生成磷钼杂多酸，立即被抗坏血酸 Vc 还原，生成蓝色的络合物，通常称磷钼蓝。反应式如下：

$$PO_4^{3-} + 3NH_4^+ + 12MoO_4^{2-} + 24H^+ \xrightarrow{\text{锑盐}} (NH_4)_3PO_4 \cdot 12MoO_3 + 12H_2O$$

$$(NH_4)_3PO_4 \cdot 12MoO_3 + Vc \longrightarrow \text{磷钼蓝}$$

四、实训准备

（一）样品的采集和保存

测定总磷时，于水样采集后，加硫酸酸化至 pH≤2，在 24 h 内进行分析。测定溶解性正磷酸盐时，水样不加任何保存剂，于 2～5℃冷处保存，在 24 h 内进行分析。容器的洗涤方法采用Ⅳ法（HJ 493—2009 规定铬酸洗液洗一次，自来水洗三次，蒸馏水洗一次）。采样量为 250 mL。含磷量较少的水样，不要用塑料瓶采样，因磷酸盐易吸附在塑料瓶壁上。

（二）实训仪器和试剂

1．实训仪器

可见分光光度计、压力蒸汽消毒器或民用压力锅（压力在 1.1～1.3 kg/cm^2，相应温度为 120～124℃）、50 mL 具塞比色管等。

2．实训试剂

（1）过硫酸钾溶液（$\rho=50$ g/L）：称取 5.0 g 过硫酸钾，溶于蒸馏水中，稀释至 100 mL。

（2）抗坏血酸（$\rho=100$ g/L）：溶解 10 g 抗坏血酸于水中，并稀释至 100 mL。该溶液储存在棕色玻璃瓶中，在 4℃下可保存几周。如颜色变黄，则弃去。

（3）钼酸盐溶液：溶解 13 g 钼酸铵[$(NH_4)_6Mo_7O_{24}\cdot 4H_2O$]于 100 mL 水中。溶解 0.35 g 酒石酸锑氧钾[$K(SbO)C_4H_4O_6\cdot 1/2H_2O$]于 100 mL 水中。在不断搅拌下把钼酸铵溶液徐徐加到 300 mL（1∶1）硫酸中，加酒石酸锑氧钾溶液并且混合均匀。此溶液储存于棕色试剂瓶中，在 4℃下冷藏，可保存两个月。

（4）磷酸盐储备溶液（C=50.0 μg/mL）：称取 0.219 7 g±0.001 g 于 110℃干燥 2 h 放冷的磷酸二氢钾（KH_2PO_4），用水溶解后转移至 1 000 mL 容量瓶中，加 5 mL（1∶1）硫酸用水稀释至标线并混匀。1.00 mL 此标准溶液含磷 50.0 μg。本溶液在玻璃瓶中可储存至少 6 个月。

（5）磷酸盐标准溶液（C=2.0 μg/mL）：将 10.00 mL 的磷标准储备液转移至 250 mL 容量瓶中，用水稀释至标线并混匀。1.00 mL 此标准溶液含磷 2.0 μg。使用当天配制。

五、实训操作

（一）分析测试

1．水样预处理

过硫酸钾消解法：吸取 25.00 mL 水样置于具塞刻度管中，加 4.0 mL 过硫酸钾溶液，将塞子盖紧，用一块布和线将玻璃塞扎紧，放入大烧杯中，置于高压蒸气消毒器中加热，待压力达到 1.1 kg/cm^2，相应温度为 120℃时，保持 30 min 后停止加热。待压力表读数降至零后，取出放冷，用水稀释至标线。

2．标准曲线绘制

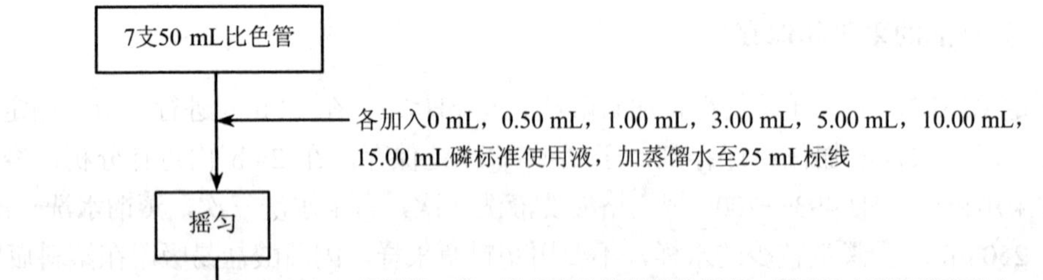

图 2-4 测定总磷的程序

3．水样测定

取适量消解后的水样于比色管中，用水稀释至标线。以下按标准曲线的步骤进行显色、测定。

4．空白测定

以蒸馏水代替水样，和样品一起消解处理。加入与测定水样相同体积的试剂，进行显色、测定。

（二）原始数据记录

认真填写总磷分析（分光光度法）原始数据记录表。

（三）实训室整理

（1）将分光光度计的拉杆推至非测量挡，合上样品室盖。
（2）将仪器回零，关闭仪器电源开关，拔掉电源插头。
（3）将比色皿、比色管等器皿清洗干净，物归原处。
（4）清理实训台面和地面，保持实训室干净整洁。
（5）检查实训室用水、用电是否处于安全状态。

六、数据处理

水中总磷的浓度，按下式计算：

$$\rho_P = \frac{A_s - A_b - a}{b \times V}$$

式中：ρ_P —— 水样中总磷的质量浓度，mg/L；
A_s —— 水样的吸光度；
A_b —— 空白试验的吸光度；
a —— 标准曲线的截距；
b —— 标准曲线的斜率；
V —— 试样体积，mL。

七、实训报告

按照实训报告的格式要求认真编写。

八、实训总结

（1）方法适用于地表水、生活污水和工业废水的测定。最低检出限为 0.01 mg/L，测定上限为 0.6 mg/L。

（2）配制钼酸铵溶液时，应注意将钼酸铵水溶液徐徐加入硫酸溶液中。如进行相反操作，则可导致显色不充分。

（3）室温低于 13℃时，要在 20～30℃水浴中显色 15 min。

（4）所用的玻璃器皿，可用（1∶5）盐酸浸泡 2 h 或用不含磷酸盐的洗涤剂刷洗。

（5）比色皿用后应以稀硝酸或铬酸洗液浸泡片刻，以除去吸附的磷钼蓝有色物。

九、实训考核

实训考核评分标准详见总磷测定的操作评分表。

表 2-19 总磷分析（分光光度法）原始数据记录表

样品种类__________ 分析方法________________ 分析日期_____年_____月_____日

<table>
<tr><td rowspan="5">标准曲线</td><td colspan="2">标准管号</td><td>0</td><td>1</td><td>2</td><td>3</td><td>4</td><td>5</td><td>6</td><td>7</td><td rowspan="5">标准溶液名称及浓度：
____
标准曲线方程及相关系数：
____
r= __________
方法检出限：
__________</td></tr>
<tr><td rowspan="2">标液量</td><td>mL</td><td></td><td></td><td></td><td></td><td></td><td></td><td></td><td></td></tr>
<tr><td>μg</td><td></td><td></td><td></td><td></td><td></td><td></td><td></td><td></td></tr>
<tr><td colspan="2">A</td><td></td><td></td><td></td><td></td><td></td><td></td><td></td><td></td></tr>
<tr><td colspan="2">$A-A_0$</td><td></td><td></td><td></td><td></td><td></td><td></td><td></td><td></td></tr>
</table>

<table>
<tr><td rowspan="5">样品测定</td><td>样品编号</td><td>取样量/mL</td><td>定容体积/mL</td><td>样品吸光度</td><td>空白吸光度</td><td>校正吸光度</td><td>样品质量/μg</td><td>样品浓度/（mg/L）</td><td rowspan="5">计算公式：
__________</td></tr>
<tr><td></td><td></td><td></td><td></td><td></td><td></td><td></td><td></td></tr>
<tr><td></td><td></td><td></td><td></td><td></td><td></td><td></td><td></td></tr>
<tr><td></td><td></td><td></td><td></td><td></td><td></td><td></td><td></td></tr>
<tr><td></td><td></td><td></td><td></td><td></td><td></td><td></td><td></td></tr>
</table>

<table>
<tr><td rowspan="2">标准化记录</td><td>仪器名称</td><td>仪器编号</td><td>显色温度/℃</td><td>显色时间</td><td>参比溶液</td><td>波长/nm</td><td>比色皿/mm</td><td>室温/℃</td><td>湿度</td></tr>
<tr><td></td><td></td><td></td><td></td><td></td><td></td><td></td><td></td><td></td></tr>
</table>

分析人____________ 校对人____________ 审核人____________

表 2-20 水质总磷测定的操作评分表

班级__________ 学号__________ 姓名__________ 成绩__________

考核日期________ 开始时间________ 结束时间________ 考评员________

序号	考核点	分值	评分标准	扣分	得分
（一）	仪器准备	6			
1	玻璃仪器洗涤	2	玻璃仪器洗涤干净后内壁应不挂水珠，否则一次性扣 2 分		
2	分光光度计预热 20 min	2	仪器未进行预热或预热时间不够，扣 1 分 打开盖子预热，不正确扣 1 分		
3	移液管的润洗	2	润洗溶液若超过总体积的 1/3，一次性扣 0.5 分 润洗后废液应从下口排放，否则一次性扣 0.5 分 润洗少于 3 次，一次性扣 1 分		

序号	考核点	分值	评分标准	扣分	得分
（二）	标准系列的配制	18	标准溶液使用前没有摇匀，扣 2 分 标准溶液使用前没有稀释，扣 3 分 移液管插入液面下 1 cm 左右，不正确，一次性扣 1 分 吸空或将溶液吸入吸耳球内扣 1 分 一次吸液不成功，重新吸取的，一次性扣 1 分 将移液管中过多的储备液放回储备液瓶中，扣 2 分 每个点取液应从零分度开始，不正确一次性扣 1 分（工作液可放回剩余溶液再取液） 标准曲线取点不得少于 6 点，不符合扣 3 分 只选用一支吸量管移取标液，不符合扣 2 分 逐滴加入蒸馏水至标线操作不当，扣 1 分 混合不充分、中间未开塞，扣 1 分		
（三）	标准系列的测定	20			
1	测定前的准备	4	波长选择不正确，扣 2 分 不能正确调“0”和“100%”，扣 2 分		
2	测定操作	10	没有进行比色皿配套性选择，或选择不当，扣 2 分 手触及比色皿透光面，扣 1 分 加入溶液高度不正确，扣 1 分 比色皿外壁溶液处理不正确，扣 1 分 不正确使用参比溶液，扣 2 分 比色皿盒拉杆操作不当，扣 1 分 开关比色皿暗箱盖不当，扣 1 分 读数不准确或重新取液测定，扣 1 分		
3	测定过程中仪器被溶液污染	2	比色皿放在分光光度计仪器表面，扣 1 分 比色室被洒落溶液污染或未及时彻底清理干净，扣 1 分		
4	测定后的处理	4	台面不清洁，扣 1 分 未取出比色皿及其洗涤，扣 1 分 没有倒尽控干比色皿，扣 1 分 未关闭仪器电源，扣 0.5 分 测定结束，未做使用记录，扣 0.5 分		
（四）	水样的测定	10	水样取用量不合适，扣 3 分 量取水样应使用移液管，不正确扣 2 分 稀释倍数不正确，致使吸光度超出要求范围或在第一、第二点范围内，扣 5 分		
（五）	数据记录和结果计算	12			

序号	考核点	分值	评分标准	扣分	得分
1	原始记录	3	数据未直接填在报告单上、数据不全、有空项，每项扣 0.5 分，可累计扣分 原始记录中缺少计量单位，每出现一次扣 0.5 分 没有进行仪器使用登记，扣 1 分		
2	结果计算	9	回归方程中 a，b 未保留 4 位有效数字，每项扣 1 分 r 未保留到小数点后 4 位，扣 1 分 测定结果表述不正确，扣 1 分 回归方程计算错误或没有算出，扣 5 分		
（六）	文明操作	6			
1	实训台面	2	实训过程中台面、地面脏乱，一次性扣 2 分		
2	实训结束清洗仪器、试剂物品归位	2	实训结束未先清洗仪器或试剂物品未归位就完成报告，一次性扣 2 分		
3	仪器损坏	2	仪器损坏，一次性扣 2 分		
（七）	测定结果	28			
1	校准曲线线性	8	$r \geq 0.9999$，不扣分 $r = 0.9991 \sim 0.9998$，扣 8～1 分 $r < 0.9990$，不得分		
2	测定结果精密度	10	$\lvert \bar{R}_d \rvert \leq 0.5\%$，不扣分 $0.5\% < \lvert \bar{R}_d \rvert \leq 0.6\%$，扣 1 分 $0.6\% < \lvert \bar{R}_d \rvert \leq 0.7\%$，扣 2 分 $0.7\% < \lvert \bar{R}_d \rvert \leq 0.8\%$，扣 3 分，依此类推 $1.3\% < \lvert \bar{R}_d \rvert \leq 1.4\%$，扣 9 分 $\lvert \bar{R}_d \rvert > 1.4\%$，或测定结果少于 3 个，扣 10 分		
3	测定结果准确度	10	测定结果测定值在 保证值±0.5%内，不扣分 保证值±0.6%内，扣 1 分 保证值±0.7%内，扣 2 分，依此类推 保证值±1.4%内，扣 9 分 保证值±1.4%外，或测定结果少于 3 个，扣 10 分		
合　计					

地表水水质监测报告

项目名称：河流水环境质量监测

监测类别：水质监测

报告日期：　　年　　月　　日

1. 监测内容

2. 监测项目

3. 监测分析方法及方法来源

监测项目的监测方法、方法来源、使用仪器及检出限见表 1。

表 1 环境监测方法及方法来源

项目	监测方法	方法来源	使用仪器	检出限

4. 监测结果

水质监测结果见表 2。

表 2 水质监测结果 单位：

样点编号	采样位置	监测日期	温度/℃	监测项目 1	监测项目 2	监测项目 3	……

环境监测点位示意图

项目三

工业废水监测

任务一　工业废水监测方案的制定

一、实训目的

监测方案是完成一项监测任务的程序和技术方法的总体设计。通过制定某河流水环境监测方案的实训，使学生了解工业废水监测方案的制定过程以及对水环境监测程序有更深刻的理解。制定监测方案时应明确监测目的，然后在调查研究、收集资料的基础上布设监测点位、确定监测因子，合理安排采样时间和采样频次，选定采样方法和分析测定技术，规范处理监测数据，对废水达标情况进行简单评价等。

二、现场调查和资料收集

在制定监测方案之前，应尽可能详细地进行现场调查，完备地收集有关资料，包括：

（1）用水情况、废水或污水的类型等。

（2）污染物及排污去向和排放量等。

（3）车间、工厂或地区排污口数量及位置。

（4）废水处理情况。

（5）废水的去向，是否排入江河湖海，流经区域是否有渗坑等。

三、采样点的设置

工业废水一般经管道或渠、沟排放，截面积比较小，所以不需要设置监测断面，而直接确定采样点位。

1. 含第一类污染物的废水采样点位的设置

含第一类污染物（总汞、烷基汞、总镉、总铬、六价铬、总砷、总铅、总镍、苯并[a]芘、总铍、总银、总放射性α和总放射性β）的废水，不分行业和废水排放方式，也不按受纳水体的功能类别，采样点位一律设在车间或车间处理设施的排放口或专门处理此类污染物设施的排口。

2. 含第二类污染物的废水采样点位的设置

含第二类污染物（悬浮物、挥发酚、硫化物、总铜、总锌等）的废水，采样点位一律设在排污单位的废水外排口。

采样点应设在渠道较直、水量稳定、上游无污水汇入的地方。可在水面下 1/4～1/2 处采样，作为代表平均浓度的采样点。

四、监测因子的确定

工业废水中污染物的种类非常复杂，参照《地表水和污水监测技术规范》（HJ/T 91—2002）来确定监测因子。

五、分析方法的确定

根据污染物含量的范围、测定要求等因素选择合适的分析方法。分析方法按《污水综合排放标准》（GB 8978—1996）和《地表水和污水监测技术规范》（HJ/T 91—2002）以及环境保护部规定的《水和废水监测分析方法（第四版）》进行，尽量采用国家标准分析方法。

六、采样时间和频次的确定

工业废水的污染物含量和排放量常随工艺条件及开工率的不同而有很大差异，故采样时间、周期和频率的选择是一个较复杂的问题。

（1）可在一个生产周期内每隔 0.5 h 或 1 h 采样 1 次，混合后测定污染物的平均值。

（2）取 3～5 个生产周期的废水样品监测，可每隔 2 h 取样 1 次，混合样品后测定污染物的平均值。

（3）排污复杂、变化大的废水，时间间隔要短，有时要 5～10 min 采样 1 次，或使用连续自动采样设备进行采样，混合后测定污染物的平均值。

（4）水质和水量变化稳定或排放有规律的废水，找出污染物在生产周期内的变化规律，采样频率可降低，如每月采样测定 2 次。

地方环境监测站对污染源的监督性监测每年不少于 1 次，如被国家或地方环境保护行政主管部门列为年度监测的重点排污单位，应增加到每年 2～4 次。企业自我监测工业废水按生产周期和生产特点确定监测频率，一般每个生产日至少 3 次。

七、监测结果分析与评价

水质监测所测得的众多化学、物理以及生物学的监测数据是描述和评价水环境质量，进行环境管理的基本依据，必须进行科学计算和处理，并按照要求在监测报告中表达出来。

对照《污水综合排放标准》（GB 8978—1996）等相关标准，对工业废水进行分析和评价，判断是否达标排放，推断污染物的来源，提出改善工业废水水质的建议和措施。

八、实训报告

按照工业废水监测方案的制定实训报告的格式要求认真编写。

表 3-1　工业废水监测方案的制定实训报告

<table>
<tr><td>班级</td><td></td><td>姓名</td><td></td><td>学号</td><td></td></tr>
<tr><td>实训时间</td><td></td><td>实训地点</td><td></td><td>成绩</td><td></td></tr>
<tr><td colspan="6">批改意见：

教师签字：</td></tr>
<tr><td>实训目的</td><td colspan="5"></td></tr>
<tr><td>基础资料的收集</td><td colspan="5">水污染源调查表
（见下表）</td></tr>
<tr><td>监测点位的布设</td><td colspan="5">监测点设置情况表
（见下表）</td></tr>
<tr><td>监测点位平面分布图</td><td colspan="5"></td></tr>
<tr><td>监测因子的确定</td><td colspan="5">监测因子表
（见下表）</td></tr>
</table>

水污染源调查表

污染源名称	用水量/（t/h）	废水排水量/（t/h）	废水类型	排放的主要污染物	废水处理情况	废水总排放口情况	废水排放去向
……							

监测点设置情况表

序号	监测点位名称
……	

监测因子表

必测项目	
选测项目	

<table>
<tr><td>分析方法的确定</td><td>

监测项目的分析方法及检出下限表

序号	监测项目	分析方法	标准代码	检出下限
1				
2				
……				

</td></tr>
<tr><td>监测结果统计</td><td>

水质监测结果统计表

监测项目	标准值	采样点 1#		采样点 2#		采样点 3#	
		质量浓度/（mg/L）	超标倍数	质量浓度/（mg/L）	超标倍数	质量浓度/（mg/L）	超标倍数
……							

</td></tr>
<tr><td>水质达标排放情况及合理化建议</td><td></td></tr>
</table>

任务二 色度的测定

水色可分真色和表色两种。真色是去除了水中悬浮物质后的颜色，这是由于水中胶体物质和溶解性物质造成的。表色是没有除去悬浮物质的水所具有的颜色。水的色度一般指真色。测定方法主要有铂钴比色法（铬钴比色法）和稀释倍数法等。

铂钴比色法适用于较清洁、轻度污染并略带黄色的地表水、地下水和饮用水。而稀释倍数法适用于受工业废水污染较严重的地表水和工业废水颜色的测定。

一、预习思考

（1）预习《水质　色度的测定》（GB/T 11903—89）。

（2）测定水样色度时，若水样浑浊，能否用滤纸进行过滤？

（3）目视比色法和稀释倍数法分别适用于什么情况？

二、实训目的

（1）掌握样品的采集和保存方法。

（2）掌握标准色列的配制及目视比色测定色度的方法。

（3）掌握稀释倍数法测定色度的方法。

三、原理

1. 铂钴标准比色法（铬钴标准比色法）

该方法用氯铂酸钾（重铬酸钾）与氯化钴（硫酸钴）配成铂钴（铬钴）标准色列，再与水样进行目视比色，确定水样的色度，测定结果用度表示。

2. 稀释倍数法

把水样用光学纯水稀释到和光学纯水相比较刚好看不见颜色时的稀释倍数，以此表示水样的色度，测定结果用倍表示。同时用文字描述水样的颜色种类，如深蓝色、棕黄色或暗黑色等。

四、实训准备

（一）样品的采集和保存

用无色的玻璃瓶盛装水样，采样量为 500 mL。采样容器和盛样容器的洗涤方法采用Ⅰ法（HJ 493—2009 规定洗涤剂洗一次，自来水洗三次，蒸馏水洗一次）。用现场水样润洗容器三次，将水样中的树枝、枯枝等漂浮杂物去掉，将水样装于玻璃瓶内，不能加任何保存剂。应在 12 h 内测定，否则应在约 4℃冷藏保存，48 h 内测定完毕。

（二）实训仪器和试剂

1. 实训仪器

50 mL 具塞比色管等。

2．实训试剂

铂钴标准溶液（色度为 500 度）：称取 1.246 g 氯铂酸钾（K_2PtCl_6）及 1.000 g 氯化钴（$CoCl_2 \cdot 6H_2O$）溶于 100 mL 水中，加入 100 m LHCl 定容到 1 000 mL，保存在密塞玻璃瓶中，放于暗处。

五、实训操作

（一）分析测试

1．铂钴标准比色法（铬钴标准比色法）

（1）配制标准色列。

取比色管 12 支，分别加入相应体积的铂钴标准溶液（铬钴标准溶液），加纯水至刻度，摇匀。各管加入的铂钴（铬钴）标准溶液和色度值，见表 3-2。

表 3-2　铂钴（铬钴）标准色列

比色管编号	1	2	3	4	5	6	7	8	9	10	11	12
标准溶液/mL	0	0.50	1.00	1.50	2.00	2.50	3.00	3.50	4.00	4.50	5.00	6.00
色度/度	0	5	10	15	20	25	30	35	40	45	50	60

（2）水样测定。

取 50 mL 透明水样于比色管中。如水样浑浊应先进行离心，取上清液测定。将水样与标准色列进行目视比色。观察时，可将比色管置于白瓷板或白纸上，使光线从管底部向上透过液柱，目光自管口垂直向下观察，记下与水样色度相近的铂钴（铬钴）色度标准系列的色度。如水样色度过高，可少取水样，加纯水稀释后比色，将结果乘以稀释倍数。

2．稀释倍数法

（1）文字描述水样颜色的种类。

取 100 mL 澄清水样于烧杯中，将烧杯置于白瓷片或白纸上，观察并描述其颜色的种类。

（2）水样测定。

分别取澄清水样，用光学纯水稀释成不同的倍数。然后各取 50 mL 稀释后的水样分别置于 50 mL 比色管中，以白瓷片或白纸为背景，自管口向下观察水样的颜色，并与光学纯水比较，选择刚好看不出颜色的那支比色管，以此水样稀释倍数作为该水样的色度。

（二）原始数据记录

认真填写色度分析原始数据记录表。

（三）实训室整理

（1）将比色管等玻璃器皿清洗干净，物归原处。

（2）清理实训台面和地面，保持实训室干净整洁。

（3）检查实训室用水、用电是否处于安全状态。

六、数据处理

1. 目视比色法

如果水样没有经过稀释，可直接报告与水样最接近标准色列的色度值。如果水样经过稀释，则按照下式进行计算。

$$A_0 = A_1 \times \frac{V_1}{V_0}$$

式中：A_0 —— 水样的色度，度；

A_1 —— 稀释后水样的色度，度；

V_1 —— 水样稀释后的体积，mL；

V_0 —— 取原水样的体积，mL。

2. 稀释倍数法

根据观察的结果，以水样稀释倍数给出待测水样的色度并对水样的颜色进行文字描述。

七、实训报告

按照实训报告的格式要求认真编写。

八、实训总结

（1）如水样浑浊，则放置澄清，也可用离心法使之清澈，然后取上清液测定。如果样品中有泥土或其他分散很细的悬浮物，虽经预处理而得不到透明水样时，则只测“表观颜色”但不能用滤纸过滤，用滤纸能吸收部分颜色。

（2）可用重铬酸钾代替氯铂酸钾配制铬钴标准色列。铬钴标准溶液（铬钴色度为 500 度）：称取 0.043 7 g 重铬酸钾及 1.000 g 硫酸钴（$CoSO_4 \cdot 6H_2O$），溶于少量水中，加入 0.5 mL H_2SO_4，定容到 500 mL，保存在密塞玻璃瓶中，放于暗处。

（3）比色时注意在白色背景下，自管口垂直向下观察。

九、实训考核

实训考核评分标准详见色度测定的操作评分表。

表 3-3　色度分析原始数据记录

样品种类＿＿＿＿＿　分析方法＿目视比色法＿　分析日期＿＿＿年＿＿＿月＿＿＿日

<table>
<tr><td rowspan="3">标准色列</td><td colspan="2">标准管号</td><td>1</td><td>2</td><td>3</td><td>4</td><td>5</td><td>6</td><td>7</td><td>8</td><td>9</td><td>10</td><td>11</td><td>12</td><td rowspan="2">标准溶液名称及浓度：
＿＿＿＿＿＿</td></tr>
<tr><td>标液量</td><td>mL</td><td></td><td></td><td></td><td></td><td></td><td></td><td></td><td></td><td></td><td></td><td></td><td></td></tr>
<tr><td colspan="2">色度/度</td><td></td><td></td><td></td><td></td><td></td><td></td><td></td><td></td><td></td><td></td><td></td><td></td><td>方法检出限：
＿＿＿＿＿＿</td></tr>
<tr><td rowspan="2">样品测定</td><td colspan="4">水样稀释倍数</td><td colspan="6">水样相当于标准管的色度/度</td><td colspan="4">水样的色度/度</td><td rowspan="2">计算公式：
＿＿＿＿＿＿</td></tr>
<tr><td colspan="4"></td><td colspan="6"></td><td colspan="4"></td></tr>
</table>

样品种类______ 分析方法 稀释倍数法 分析日期____年____月____日

样品编号	取样量/mL	定容体积/mL	水样色度/倍	颜色描述	备注

分析人______ 校对人______ 审核人______

表 3-4 水质色度测定的操作评分表

班级______ 学号______ 姓名______ 成绩______

考核日期______ 开始时间______ 结束时间______ 考评员______

序号	考核点	分值	评分标准	扣分	得分
（一）	玻璃仪器洗涤	3	玻璃仪器洗涤干净后内壁应不挂水珠，否则一次性扣 3 分		
	移液管的润洗	4	润洗溶液若超过总体积的 1/3，一次性扣 1 分 润洗后废液应从下口排放，否则一次性扣 1 分 润洗少于 3 次，一次性扣 2 分		
（二）	标准系列的配制	28	标准溶液使用前没有摇匀的，扣 4 分 移液管插入溶液前或调节液面前未用纸擦拭管尖部，扣 2 分 移液管插入液面下 1～2cm，不正确，扣 2 分 吸空或将溶液吸入吸耳球内，扣 2 分 一次吸液不成功，重新吸取的，扣 2 分 将移液管中过多的储备液放回储备液瓶中，扣 3 分 每个点取液应从顶刻度开始，不正确，扣 3 分 标准曲线取点不得少于 10 点，不符合，扣 4 分 只选用一支吸量管移取标液，不符合，扣 2 分 逐滴加入蒸馏水至标线，操作不当，扣 2 分 混合不充分、中间未开塞，扣 2 分		
（三）	水样的测定	25	水样取用量不合适，扣 5 分 量取水样应使用移液管不正确，扣 5 分 观察水样色度的方法不正确，扣 5 分 稀释倍数法稀释方法不正确，扣 10 分		
（四）	原始数据记录	9	数据未直接填在记录单上、数据不全、有空项，每项扣 2 分，可累计扣分 原始记录中，缺少计量单位或错误每出现一次，扣 2 分		
（五）	文明操作	6	实训过程中台面、地面脏乱，一次性扣 2 分 实训结束未先清洗仪器或试剂物品未归位，一次性扣 2 分 损坏玻璃仪器的，每次扣 2 分		
（六）	测定结果	25	测定结果不正确，扣 15 分 色度结果表述不正确，扣 10 分		
合 计					

任务三　氨氮的测定

氨氮（NH_3-N）以游离氨（NH_3）或铵盐（NH_4^+）的形式存在于水中，两者的组成比取决于水的 pH 和水温。当 pH 偏高时，游离氨的比例高；反之，则铵盐的比例高。当水温偏高时，铵盐的比例高；反之，则游离氨的比例高。

水中氨氮的来源主要为生活污水中含氮有机物受微生物作用的分解产物，某些工业废水，如焦化废水和合成氨化肥厂废水以及农田排水等。此外，在无氧环境中，水中存在的亚硝酸盐也可受微生物作用还原为氨。在有氧环境中，水中氨也可转变为亚硝酸盐，甚至继续转变为硝酸盐。

测定水中各种形态的含氮化合物，有助于评价水体被污染和“自净”状况。鱼类对水中氨氮比较敏感，当氨氮含量高时会导致鱼类死亡。

一、预习思考

（1）预习《水质　氨氮的测定　纳氏试剂比色法》（HJ 535—2009）。

（2）水样中的余氯会干扰测定吗？如何消除？

（3）纳氏试剂分光光度法测定氨氮，溶液显色的适宜 pH 是多少？高于或低于此范围时有何现象？

二、实训目的

（1）掌握分光光度计的使用方法。

（2）掌握纳氏试剂分光光度法测定氨氮的步骤。

（3）学会标准曲线定量方法。

三、原理

以游离态的氨或铵离子等形式存在的氨氮与纳氏试剂反应生成黄棕色络合物，该络合物的色度与氨氮的含量成正比，可用目视比色或者用分光光度法测定。通常测量波长为 415～425 nm。反应式如下：

$$2K_2[HgI_4]+NH_3+3KOH \longrightarrow NH_2Hg_2OI+7KI+2H_2O$$

四、实训准备

（一）样品的采集和保存

选用聚乙烯瓶或玻璃瓶盛装水样。容器的洗涤方法采用Ⅰ法（HJ 493—2009 规定洗涤剂洗一次，自来水洗三次，蒸馏水洗一次）。采样量为 250 mL，应尽快分析。必要时可加硫酸将水样酸化至 pH＜2，于 2～5℃下存放，24 h 内分析。

（二）实训仪器和试剂

1．实训仪器

可见分光光度计、50 mL 具塞比色管等。

2．实训试剂

（1）无氨水：每升蒸馏水中加 0.1 mL 硫酸，在全玻璃蒸馏器中重蒸馏，弃去 50 mL 初馏液，接取其余馏出液于具塞磨口玻璃瓶中，密塞保存。

（2）纳氏试剂。

① 称取 15.0 g KOH，溶于 50 mL 水中，冷却至室温。

② 称取 5.0 g KI，溶于 10 mL 水中，在搅拌下，将 2.50 g 氯化汞（$HgCl_2$）粉末分次少量加入碘化钾溶液中直到溶液呈深黄色或出现微米红色沉淀溶解缓慢时，充分搅拌混合，并改为滴加氯化汞饱和溶液，当出现少量朱红色沉淀不再溶解时，停止滴加。

③ 在搅拌下，将冷却的 KOH 溶液缓慢地加入上述氯化汞和碘化钾的混合液中，加水稀释至 100 mL，混匀，静置过夜，取上清液移入聚乙烯瓶中，密塞保存。

（3）氨氮标准储备液（ρ=1.00 mg/mL）：称取 3.819 g 经 100℃干燥过的优级纯氯化铵溶于水中，移入 1 000 mL 容量瓶中，稀释至刻度线。

（4）氨氮标准使用液（ρ=0.010 mg/mL）：吸取 5.00 mL 氨氮标准储备液于 500 mL 容量瓶中，用水稀释至刻度线。

五、实训操作

（一）分析测试

1．水样预处理

水样带色或浑浊以及含其他一些干扰物质，影响氨氮的测定。为此，在分析时需作适当的预处理。对较清洁的水，可采用絮凝沉淀法；对污染严重的水或工业废水，则采用蒸馏法消除干扰。

（1）絮凝沉淀法。

取 100 mL 水样于具塞量筒或比色管中，加入 1 mL 10%硫酸锌溶液和 0.1～0.2 mL 25%氢氧化钠溶液，调节 pH 至 10.5 左右，混匀。放置使其沉淀，用经无氨水充分洗涤过的中速滤纸过滤，弃去初馏液 20 mL。

（2）蒸馏法。

蒸馏装置的预处理：加 250 mL 水样于凯氏烧瓶中，加 0.25 g 轻质氧化镁和数粒玻璃珠，加热蒸馏至流出液不含氮为止，弃去瓶内残液。

分取 250 mL 水样（如氨氮含量较高，可分取适量并加水至 250 mL，使氨氮含量不超过 2.5 mg），移入凯氏烧瓶中，加数滴溴百里酚蓝指示液，用氢氧化钠溶液或盐酸溶液调节至 pH 为 7 左右。加入 0.25 g 轻质氧化镁和数粒玻璃珠，立即连接氮球和冷凝管，导管下端插入吸收液面下（以 50 mL 硼酸溶液为吸收液）。加热蒸馏，至蒸馏液达 200 mL 时，停止蒸馏，定容至 250 mL。

2．标准曲线绘制

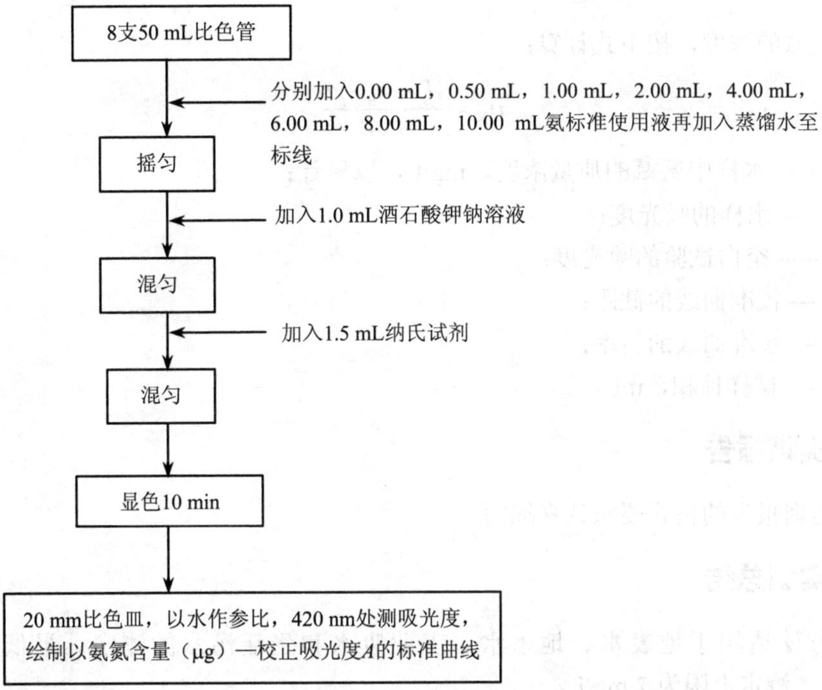

图 3-1　氨氮的测定程序

3．水样测定

分取适量经絮凝沉淀预处理后的水样（使氨氮含量不超过 0.1 mg），加入 50 mL 比色管中，稀释至标线，加入 1.0 mL 酒石酸钾钠溶液。加入 1.5 mL 纳氏试剂，混匀放置 10 min 后，同标准曲线步骤测量吸光度。

分取适量经蒸馏预处理后的馏出液，加入 50 mL 比色管中，加一定量 1 mol/L 氢氧化钠溶液以中和硼酸，稀释至标线，再按与标准曲线相同的步骤测量吸光度。

4．空白测定

以无氨水代替水样，做全程序空白测定。

（二）原始数据记录

认真填写氨氮分析（分光光度法）原始数据记录表。

（三）实训室整理

（1）将分光光度计的拉杆推至非测量挡，合上样品室盖。

（2）将仪器回零，关闭仪器电源开关，拔掉电源插头。

（3）将比色皿、比色管等器皿清洗干净，物归原处。

（4）清理实训台面和地面，保持实训室干净整洁。

（5）检查实训室用水、用电是否处于安全状态。

六、数据处理

水中氨氮的浓度，按下式计算：

$$\rho_{\mathrm{N}}=\frac{A_{\mathrm{s}}-A_{\mathrm{b}}-a}{b\times V}$$

式中：ρ_{N} —— 水样中氨氮的质量浓度，mg/L，以氮计；

A_{s} —— 水样的吸光度；

A_{b} —— 空白试验的吸光度；

a —— 校准曲线的截距；

b —— 校准曲线的斜率；

V —— 试样体积，mL。

七、实训报告

按照实训报告的格式要求认真编写。

八、实训总结

（1）方法适用于地表水、地下水、工业废水和生活污水的测定。最低检出限为 0.025 mg/L，测定上限为 2 mg/L。

（2）滤纸中常含有痕量铵盐，使用时注意用无氨水洗涤。

（3）所用的玻璃器皿应避免实训室空气中氨的玷污。

（4）配制试剂时应使用无氨水。

九、实训考核

实训考核评分标准详见氨氮测定的操作评分表。

表 3-5 氨氮分析（分光光度法）原始数据记录表

样品种类________ 分析方法____________ 分析日期______年_____月_____日

<table>
<tr><td rowspan="5">标准曲线</td><td colspan="2">标准管号</td><td>0</td><td>1</td><td>2</td><td>3</td><td>4</td><td>5</td><td>6</td><td rowspan="3">标准溶液名称及浓度：
__________</td></tr>
<tr><td rowspan="2">标液量</td><td>mL</td><td></td><td></td><td></td><td></td><td></td><td></td><td></td></tr>
<tr><td>μg</td><td></td><td></td><td></td><td></td><td></td><td></td><td></td></tr>
<tr><td colspan="2">A</td><td></td><td></td><td></td><td></td><td></td><td></td><td></td><td rowspan="2">标准曲线方程及相关系数：
____
r=________
方法检出限：
__________</td></tr>
<tr><td colspan="2">$A-A_0$</td><td></td><td></td><td></td><td></td><td></td><td></td><td></td></tr>
</table>

样品测定	样品编号	取样量/mL	定容体积/mL	样品吸光度	空白吸光度	校正吸光度	回归方程计算结果/μg	样品质量浓度/（mg/L）	计算公式：

标准化记录	仪器名称	仪器编号	显色温度/℃	显色时间	参比溶液	波长/nm	比色皿/mm	室温/℃	湿度

分析人__________　　校对人__________　　审核人__________

表 3-6　水质氨氮测定的操作评分表

班级________　学号________　姓名________　成绩________

考核日期______　开始时间______　结束时间______　考评员______

序号	考核点	分值	评分标准	扣分	得分
（一）	仪器准备	6			
1	玻璃仪器洗涤	2	玻璃仪器洗涤干净后内壁应不挂水珠，否则一次性扣 2 分		
2	分光光度计预热 20 min	2	仪器未进行预热或预热时间不够，扣 1 分 打开盖子预热，不正确扣 1 分		
3	移液管的润洗	2	润洗溶液若超过总体积的 1/3，一次性扣 0.5 分 润洗后废液应从下口排放，否则一次性扣 0.5 分 润洗少于 3 次，一次性扣 1 分		
（二）	标准系列的配制	18	标准溶液使用前没有摇匀，扣 2 分 标准溶液使用前没有稀释，扣 3 分 移液管插入液面下 1 cm 左右，不正确一次性扣 1 分 吸空或将溶液吸入吸耳球内，扣 1 分 一次吸液不成功，重新吸取的，一次性扣 1 分 将移液管中过多的储备液放回储备液瓶中，扣 2 分 每个点取液应从零分度开始，不正确一次性扣 1 分（工作液可放回剩余溶液再取液） 标准曲线取点不得少于 6 点，不符合扣 3 分 只选用一支吸量管移取标液，不符合扣 2 分 逐滴加入蒸馏水至标线操作不当，扣 1 分 混合不充分、中间未开塞，扣 1 分		
（三）	标准系列的测定	20			
1	测定前的准备	4	波长选择不正确，扣 2 分 不能正确调“0”和“100%”，扣 2 分		

序号	考核点	分值	评分标准	扣分	得分
2	测定操作	10	没有进行比色皿配套性选择，或选择不当，扣 2 分 手触及比色皿透光面，扣 1 分 加入溶液高度不正确，扣 1 分 比色皿外壁溶液处理不正确，扣 1 分 不正确使用参比溶液，扣 2 分 比色皿盒拉杆操作不当，扣 1 分 开关比色皿暗箱盖不当，扣 1 分 读数不准确，或重新取液测定，扣 1 分		
3	测定过程中仪器被溶液污染	2	比色皿放在分光光度计仪器表面，扣 1 分 比色室被洒落溶液污染或未及时彻底清理干净，扣 1 分		
4	测定后的处理	4	台面不清洁，扣 1 分 未取出比色皿及未洗涤，扣 1 分 没有倒尽控干比色皿，扣 1 分 未关闭仪器电源，扣 0.5 分 测定结束，未做使用记录，扣 0.5 分		
（四）	水样的测定	10	水样取用量不合适，扣 3 分 量取水样应使用移液管，不正确扣 2 分 稀释倍数不正确，致使吸光度超出要求范围或在第一、第二点范围内，扣 5 分		
（五）	数据记录和结果计算	12			
1	原始记录	3	数据未直接填在报告单上、数据不全、有空项，每项扣 0.5 分，可累计扣分 原始记录中，缺少计量单位每出现一次扣 0.5 分 没有进行仪器使用登记，扣 1 分		
2	结果计算	9	回归方程中 a，b 未保留 4 位有效数字，每项扣 1 分 γ 未保留到小数点后 4 位，扣 1 分 测定结果表述不正确，扣 1 分 回归方程计算错误或没有算出，扣 5 分		
（六）	文明操作	6			
1	实训台面	2	实训过程中台面、地面脏乱，一次性扣 2 分		
2	实训结束清洗仪器、试剂物品归位	2	实训结束未先清洗仪器或试剂物品未归位就完成报告，一次性扣 2 分		
3	仪器损坏	2	仪器损坏，一次性扣 2 分		
（七）	测定结果	28			
1	校准曲线线性	8	$r \geqslant 0.999\,9$，不扣分 $r = 0.999\,1 \sim 0.999\,8$，扣 8～1 分 $r < 0.999\,0$，不得分		

序号	考核点	分值	评分标准	扣分	得分
2	测定结果精密度	10	$\lvert \bar{R}_d \rvert \leqslant 0.5\%$，不扣分 $0.5\% < \lvert \bar{R}_d \rvert \leqslant 0.6\%$，扣 1 分 $0.6\% < \lvert \bar{R}_d \rvert \leqslant 0.7\%$，扣 2 分 $0.7\% < \lvert \bar{R}_d \rvert \leqslant 0.8\%$，扣 3 分，依此类推 $1.3\% < \lvert \bar{R}_d \rvert \leqslant 1.4\%$，扣 9 分 $\lvert \bar{R}_d \rvert > 1.4\%$，或测定结果少于 3 个，扣 10 分		
3	测定结果准确度	10	测定结果：测定值在 保证值±0.5%内，不扣分 保证值±0.6%内，扣 1 分 保证值±0.7%内，扣 2 分，依此类推 保证值±1.4%内，扣 9 分 保证值±1.4%外，或测定结果少于 3 个，扣 10 分		
合　计					

任务四　铅的测定

铅是可以在人体和动植物组织中蓄积的有毒金属。铅及其化合物主要损害的是人体中枢神经系统，还可以降低人体红细胞的输氧能力。铅摄入人体后，有90%以上储存于骨骼中，其余分布于肌肉组织、神经和肾脏中。急性铅中毒有便秘、腹绞痛、贫血等症状。长期接触低浓度的铅会对人体消化系统造成障碍，损伤肺中的吞噬细胞，使人体对病原体的抵抗力明显下降。此外，严重的铅污染还会降低儿童智力。

铅的冶炼、熔化、加工、铸造等工业，以蓄电池为主，包括铅包电线、铅管板、软焊条、颜料、涂料、化学试剂、药品以至化妆品等含铅物品，都被广泛应用，由此引起的铅污染是不容忽视的。

一、预习思考

（1）预习《水质　铜、锌、铅、镉的测定　原子吸收分光光度法》（GB 7475—87）。

（2）在原子吸收分析中为什么要使用空心阴极灯光源？

（3）在原子吸收光度计中为什么不采用连续光源（如钨丝灯或氘灯），而在分光光度计中则需要采用连续光源？

二、实训目的

（1）掌握原子吸收分光光度计的使用方法。

（2）掌握原子吸收分光光度法（直接法）测定铅的方法。

（3）学会标准曲线定量方法。

三、原理

样品经适当处理后，导入火焰原子化器，经原子化后，待测元素的基态原子吸收来自空心阴极灯发射的特征谱线，其吸光度与待测元素的浓度成正比，最后用标准曲线法进行定量。

四、实训准备

（一）样品的采集和保存

将水样采集到聚乙烯瓶或硬质玻璃瓶中，采样量为 250 mL。样品采集后加入硝酸保存（加入量为 1%，如果水样为中性，1 L 水样中加浓硝酸 10 mL），可以保存 14 d。

容器的洗涤方法采用Ⅲ法（HJ 493—2009 规定洗涤剂洗一次，自来水洗两次，（1∶3）硝酸荡洗一次，自来水洗三次，去离子水洗一次）。

（二）实训仪器和试剂

1．实训仪器

原子吸收分光光度计、铅空心阴极灯、50 mL 容量瓶等。

2．实训试剂

（1）铅标准储备液ρ（Pb）＝1.000 0 mg/mL：取 0.500 0 g 金属铅（99.9%）置于 100 mL 烧杯中，加（1∶1）硝酸 20 mL 使其完全溶解，冷却后再加（1∶1）硝酸 20 mL，混匀，转移到 500 mL 容量瓶中，用去离子水定容，摇匀后储于塑料瓶中。

（2）铅标准使用液ρ（Pb）＝0.100 0 mg/mL：取 10.00 mL 铅标准储备液，用 0.2%硝酸溶液定容至 100 mL。

五、实训操作

（一）分析测试

1．水样预处理

取 100 mL 水样放入 200 mL 烧瓶中，加入硝酸 5 mL，在电热板上加热消解（不要沸腾）。蒸至 10 mL 左右，加入 5 mL 硝酸和 2 mL 高氯酸，继续消解，直至 1 mL 左右。如果消解不完全，可再加入 5 mL 硝酸和 2 mL 高氯酸，继续消解，直至 1 mL 左右。取下冷却，加水溶解残渣，通过中速滤纸（预先用酸洗）滤入 100 mL 容量瓶中，用水稀释至标线（空白样也要按上述相同的程序操作）。

2．标准曲线绘制

吸取铅标准使用液 0 mL，0.50 mL，1.00 mL，3.00 mL，5.00 mL，10.00 mL，分别放入 6 个 100 mL 容量瓶中，用 0.2%硝酸溶液稀释定容。选择波长 283.3nm 铅分析线，调节空气-乙炔火焰。仪器用 0.2%硝酸溶液调零，从低浓度到高浓度的顺序依次进样，测定其吸光度。以经校正后的吸光度为纵坐标，以铅含量（μg）为横坐标，用 Excel 线性回归得到标准曲线回归方程。

3．样品测定

取一定体积水样置于 100 mL 容量瓶中，用 0.2%硝酸溶液定容。按样品测定步骤测量吸光度，扣除空白吸光度后，用校准曲线方程计算试样中铅的浓度（或仪器可以直读出试样中铅的浓度）。如水样成分复杂需进行预处理。

4．空白测定

于容量瓶中加入 100 mL 0.2%硝酸溶液，按与样品测定相同的步骤进行全程序空白试验。

（二）原始数据记录

认真填写铅的分析（原子吸收分光光度法）原始数据记录表。

（三）实训室整理

（1）工作结束熄灭火焰，应先关闭乙炔钢瓶主阀，待火焰自行熄灭后，放开乙炔电磁阀按钮（红色灯灭）即可。然后依次关闭空压机和排风。

（2）全部实训结束后，退出工作软件，关闭计算机电源，填写仪器使用记录。

（3）将容量瓶等器皿清洗干净，物归原处。

（4）清理实训台面和地面，保持实训室干净整洁。

（5）检查实训室用水、用电、用气是否处于安全状态。

六、数据处理

水样中铅的浓度按下式计算：

$$\rho = \frac{A - A_0 - a}{b \times V}$$

式中：ρ —— 水样中铅的质量浓度，mg/L；

A —— 水样的吸光度；

A_0 —— 空白试验的吸光度；

a —— 校准曲线的截距；

b —— 校准曲线的斜率；

V —— 试样体积，mL。

七、实训报告

按照实训报告的格式要求认真编写。

八、实训总结

（1）直接吸入火焰原子吸收法适用于工业废水和受污染的水中铅的测定，适用质量浓度范围为 0.2～10 mg/L。萃取火焰原子吸收法适用于清洁水和地表水中铅的测定，适用质量浓度范围为 10～200 μg/L。

（2）点火时，先输入空气，再打开乙炔钢瓶压力阀。工作结束时，先关闭乙炔钢瓶压力阀，再关闭空压机。

（3）总铅是指未经过滤的水样，但经强烈消解后测定的铅，或样品中溶解和悬浮的两部分铅的总和。溶解的铅是指未酸化的样品中能通过 0.45 μm 滤膜的部分。

（4）分析时均使用符合国家标准的分析纯化学试剂，试验用水为新制备的去离子水。

九、实训考核

实训考核评分标准详见水质铅测定操作评分表。

表 3-7 铅的分析（原子吸收分光光度法）原始数据记录表

样品种类__________ 分析方法________________分析日期______年______月______日

<table>
<tr><td rowspan="5">标准曲线</td><td colspan="2">标准管号</td><td>0</td><td>1</td><td>2</td><td>3</td><td>4</td><td>5</td><td>6</td><td rowspan="5">标准溶液名称及浓度：
____
标准曲线方程及相关系数：
____
$r=$ __________
方法检出限：
__________</td></tr>
<tr><td rowspan="2">标液量</td><td>mL</td><td></td><td></td><td></td><td></td><td></td><td></td><td></td></tr>
<tr><td>μg</td><td></td><td></td><td></td><td></td><td></td><td></td><td></td></tr>
<tr><td colspan="2">A</td><td></td><td></td><td></td><td></td><td></td><td></td><td></td></tr>
<tr><td colspan="2">$A-A_0$</td><td></td><td></td><td></td><td></td><td></td><td></td><td></td></tr>
<tr><td rowspan="4">样品测定</td><td colspan="2">样品编号</td><td>取样量/mL</td><td>定容体积/mL</td><td>样品吸光度</td><td>空白吸光度</td><td>校正吸光度</td><td>回归方程计算结果/μg</td><td>样品浓度/（mg/L）</td><td rowspan="4">计算公式：

__________</td></tr>
<tr><td colspan="2"></td><td></td><td></td><td></td><td></td><td></td><td></td><td></td></tr>
<tr><td colspan="2"></td><td></td><td></td><td></td><td></td><td></td><td></td><td></td></tr>
<tr><td colspan="2"></td><td></td><td></td><td></td><td></td><td></td><td></td><td></td></tr>
<tr><td rowspan="2">标准化记录</td><td colspan="2">仪器名称</td><td>仪器编号</td><td colspan="2">分析线波长/nm</td><td>空心阴极灯</td><td>燃气</td><td>助燃气</td><td>室温/℃</td><td>湿度</td></tr>
<tr><td colspan="2"></td><td></td><td colspan="2"></td><td></td><td></td><td></td><td></td><td></td></tr>
</table>

分析人____________ 校对人______________ 审核人________________

表 3-8 水质铅测定的操作评分表

班级____________ 学号____________ 姓名____________ 成绩____________

考核日期________ 开始时间________ 结束时间________ 考评员________

序号	考核要点	分值	评分标准	扣分	得分
（一）	仪器准备	5			
1	玻璃仪器洗涤	2	玻璃仪器洗涤干净后内壁应不挂水珠，否则一次性扣 2 分		
2	原子吸收分光光度计预热	3	仪器未进行预热或预热时间不够，扣 3 分		
（二）	标准系列的配制	15			
1	标准系列的配制	5	每个点取液应从零分度开始，出现不正确项 1 次扣 0.5 分，但不超过该项总分 4 分（工作液可放回剩余溶液中再取液，辅助试剂可在移液管吸干后从原试剂中取液） 只选用一支吸量管移取标液，不符合扣 1 分		

序号	考核要点	分值	评分标准	扣分	得分
2	溶液配制过程中的有关操作	10	标准液或其他溶液使用前未摇匀，扣 1 分 移液管未润洗或润洗方法不正确，扣 1 分 移液管插入溶液前或调节液面前未处理管尖溶液，扣 1 分 移液管管尖触底，扣 1 分 移液出现吸空现象，扣 1 分 移液管放液不规范，扣 1 分 洗瓶管尖接触容器，扣 1 分 容量瓶加水至近标线未等待，扣 1 分 容量瓶未充分混匀或中间未开塞，扣 1 分 持瓶方式不正确，扣 1 分		
（三）	原子吸收分光光度计的使用	36			
1	测定前的准备	18	开机顺序不正确，扣 2 分 空心阴极灯的选择不正确，扣 2 分 分析线波长的选择不正确，扣 2 分 灯电流的选择不符合要求，扣 2 分 空气流量的选择不正确，扣 2 分 乙炔流量的选择不正确，扣 2 分 狭缝宽度的选择不正确，扣 2 分 燃烧器高度的选择不正确，扣 2 分 燃助比的选择不正确，扣 2 分		
2	测定操作	10	试样的移取不正确，扣 3 分 没有用去离子水调节吸光度，扣 3 分 吸光度的读数不正确，扣 4 分		
3	测定后的处理	8	测定完毕后没有用去离子水喷雾，扣 2 分 测定后玻璃器皿没有清洗或没有清洗干净，扣 2 分 测定完毕后关机的顺序不正确，扣 2 分 未关闭仪器电源，扣 2 分		
（四）	数据记录和结果计算	36			
1	标准曲线取点	1	取点不少于 7 个（含试剂空白），不符合扣 1 分		
2	标准曲线的绘制	4	绘制方法错误，扣 0.5 分 坐标比例不当，扣 0.5 分 坐标有效数字不对，扣 0.5 分 缺少曲线名称、坐标、单位、回归方程、相关系数，每一项扣 0.5 分（请在扣分项上打 √）		
3	原始记录	4	数据未直接填在报告单上、数据不全、有空项，每项扣 1 分，可累计扣分 原始记录中，缺少计量单位或错误，扣 1 分 没有进行仪器使用登记，扣 2 分		

序号	考核要点	分值	评分标准	扣分	得分
4	回归方程的计算	6	没有算出回归方程或计算错误，扣 3 分 相关系数的有效数字不规范，扣 1 分 回归方程的斜率和截距未保留 4 位有效数字，每项扣 1 分		
5	标准曲线线性	10	r≥0.999 9，不扣分 r =0.999 1～0.999 8，扣 8～1 分 r<0.999，不得分		
6	测定结果	11	有效数字不正确，扣 1 分 结果计算错误，扣 5 分 平行测定的相对标准偏差超出要求，扣 5 分		
（五）	文明操作	8			
1	实训台面	4	实训过程台面、地面脏乱，一次性扣 2 分 实训后台面未清理，扣 2 分		
2	实训结束清洗仪器、试剂物品归位	2	实训结束未清洗仪器或试剂物品未归位，扣 2 分		
3	仪器损坏	2	仪器损坏，一次性扣 2 分		
合　计					

任务五　化学需氧量的测定

化学需氧量（COD）是指在一定的条件下，用强氧化剂重铬酸钾处理水样时所消耗氧化剂的量，以氧的 mg/L 来表示。

化学需氧量反映了水中受还原性物质污染的程度，水中还原性物质包括有机物、亚硝酸盐、亚铁盐、硫化物等。化学需氧量是有机物相对含量的指标之一，但只反映能被氧化的有机污染，不能反映多环芳烃、PCB、二噁英类等的污染状况。

一、预习思考

（1）预习《水质　化学需氧量的测定　重铬酸盐法》（GB 11914—89）。

（2）测定化学需氧量时，在回流过程中如溶液颜色变绿，说明什么问题？应如何处理？

（3）测定化学需氧量实训所使用的催化剂为何种物质？水样中的氯离子应如何消除？

二、实训目的

（1）熟悉回流装置的安装操作。

（2）掌握重铬酸钾法测定化学需氧量的方法。

三、原理

在强酸性溶液中，用一定量的重铬酸钾氧化水样中还原性物质，过量的重铬酸钾以试亚铁灵作指示剂，用硫酸亚铁铵溶液回滴。根据硫酸亚铁铵的用量计算出水样中还原性物质消耗氧的量。反应式如下：

$$3C + 2Cr_2O_7^{2-} + 16H^+ \longrightarrow 4Cr^{3+} + 3CO_2\uparrow + 8H_2O$$

$$6Fe^{2+} + Cr_2O_7^{2-} + 14H^+ \longrightarrow 6Fe^{3+} + 2Cr^{3+} + 7H_2O$$

四、实训准备

（一）样品的采集和保存

水样采集在玻璃瓶内，应尽快分析。不能及时分析时可加硫酸将水样酸化至 pH<2，于 4℃下存放，5 d 内分析。采样量为 500 mL。

容器的洗涤方法采用 I 法（HJ 493—2009 规定洗涤剂洗一次，自来水洗三次，蒸馏水洗一次）。

（二）实训仪器和试剂

1. 实训仪器

500 mL 全玻璃回流装置，加热装置（电炉），酸式滴定管。

2. 实训试剂

（1）重铬酸钾标准溶液[C（$1/6K_2Cr_2O_7$）=0.250 0 mol/L]：称取预先在 120℃烘干 2h 的基准或优质纯重铬酸钾 12.258g 溶于水中，移入 1 000 mL 容量瓶，稀释至标线，摇匀。

（2）试亚铁灵指示液：称取 1.485g 邻菲啰啉（$C_{12}H_8N_2 \cdot H_2O$）和 0.695 g 硫酸亚铁（$FeSO_4 \cdot 7H_2O$）溶于水中，稀释至 100 mL，储于棕色瓶中。

（3）硫酸亚铁铵标准溶液[$C(NH_4)_2Fe(SO_4)_2 \cdot 6H_2O \approx 0.1$ mol/L]：称取 39.5 g 硫酸亚铁铵溶于水中，边搅拌边缓慢加入 20 mL 浓硫酸，冷却后移入 1 000 mL 容量瓶中，加水稀释至标线，摇匀。临用前，用重铬酸钾标准溶液标定。

（4）硫酸-硫酸银溶液：加入 5 g 硫酸银于 500 mL 浓硫酸中。放置 1～2 d，不时摇动使其溶解。

五、实训操作

（一）分析测试

1. 硫酸亚铁铵溶液标定

准确吸取 10.00 mL 重铬酸钾标准溶液于 500 mL 锥形瓶中，加水稀释至 110 mL 左右，缓慢加入 30 mL 浓硫酸，摇匀。冷却后，加入 3 滴试亚铁灵指示液，用硫酸亚铁铵标准溶液滴定，溶液的颜色由黄色经蓝绿色至红褐色即为终点。记录硫酸亚铁铵溶液的用量。硫酸亚铁铵标准溶液的浓度按下式计算：

$$C = (0.250\,0 \times 10.00)/V$$

式中：C—— 硫酸亚铁铵标准溶液的浓度，mol/L；

V—— 硫酸亚铁铵标准溶液的用量，mL。

需要平行标定 3 份，求出硫酸亚铁铵溶液浓度的算术平均值。

2. 样品测定

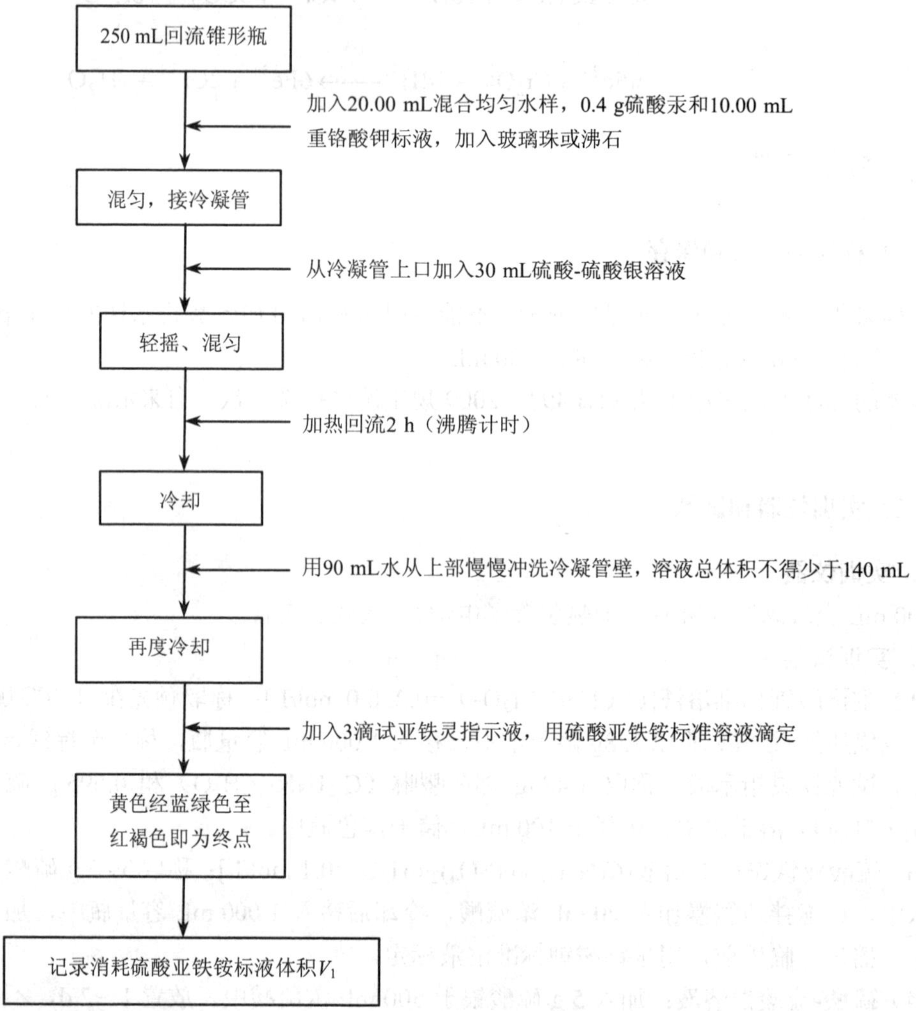

图 3-2 化学需氧量的测定程序

3. 空白测定

测定水样的同时，取 20.00 mL 重蒸馏水，按同样分析测试过程做空白测定。记录滴定空白时硫酸亚铁铵标准溶液的用量 V_0。

（二）原始数据记录

认真填写化学需氧量分析原始数据记录表。

（三）实训室整理

（1）关闭回流装置的电源开关，拔掉电源插头。

（2）将滴定管等器皿清洗干净，物归原处。

（3）清理实训台面和地面，保持实训室干净整洁。

（4）检查实训室用水、用电是否处于安全状态。

六、数据处理

化学需氧量按下式计算：

$$COD(O_2, mg/L) = \frac{(V_0 - V_1) \times C \times 8 \times 1\,000}{V}$$

式中：C —— 硫酸亚铁铵标准溶液的浓度，mol/L；

V_0 —— 滴定空白时硫酸亚铁铵标准溶液的用量，mL；

V_1 —— 滴定水样时硫酸亚铁铵标准溶液的用量，mL；

V —— 原始水样的体积，mL，

8 —— 1/2 氧的摩尔质量，g/mol。

七、实训报告

按照实训报告的格式要求认真编写。

八、实训总结

（1）方法适用于各种类型的含 COD 值大于 30 mg/L 的水样；测定上限为 700 mg/L。

（2）使用 0.4 g 硫酸汞络合氯离子的最高量可达 40 mg，如取用 20.00 mL 水样，即最高可络合 2 000 mg/L 氯离子浓度的水样。若氯离子的浓度较低，也可少加硫酸汞，使硫酸汞∶氯离子=10∶1（质量分数）。

（3）水样取用体积可为 10.00～50.00 mL，但试剂用量及浓度需按表 3-9 进行相应调整，也可得到满意的结果。

表 3-9　水样取用量和试剂用量

水样体积/mL	0.250 0 mol/L $K_2Cr_2O_7$溶液/mL	H_2SO_4-Ag_2SO_4溶液/mL	$HgSO_4$/g	$[(NH_4)_2Fe(SO_4)_2]$/（mol/L）	滴定前总体积/mL
10.0	5.0	15	0.2	0.050	70
20.0	10. 0	30	0.4	0.100	140
30.0	15.0	45	0.6	0.150	210
40.0	20.0	60	0.8	0.200	280
50.0	25.0	75	1.0	0.250	350

（4）对于化学需氧量小于 50 mg/L 的水样，应改用 0.025 00 mol/L 重铬酸钾标准溶液。回滴时用 0.01 mol/L 硫酸亚铁铵标准溶液。

（5）水样加热回流后，溶液中重铬酸钾剩余量应以加入量的 1/5～4/5 为宜。

（6）用邻苯二甲酸氢钾标准溶液检查试剂的质量和操作技术时，由于每克邻苯二甲酸氢钾的理论 COD 为 1.176 g，所以将 0.425 1 g 邻苯二甲酸氢钾（$HOOCC_6H_4COOK$）用重蒸馏水溶解于 1 000 mL 容量瓶，稀释至标线，使之成为 500 mg/L 的 COD 标准溶液。用时新配。

（7）每次实训时，应对硫酸亚铁铵标准溶液进行标定，室温较高时尤其注意其浓度的变化。

九、实训考核

实训考核评分标准详见化学需氧量测定的操作评分表。

表 3-10　化学需氧量分析原始数据记录表

样品种类＿＿＿＿＿分析方法＿＿＿＿＿＿＿＿＿分析日期＿＿＿＿年＿＿＿月＿＿＿日

<table>
<tr><td rowspan="4">硫酸亚铁铵溶液的标定</td><td>次数</td><td colspan="2">硫酸亚铁铵溶液的用量/mL</td><td colspan="2">硫酸亚铁铵溶液的浓度/（mol/L）</td><td>硫酸亚铁铵溶液的浓度均值/（mol/L）</td></tr>
<tr><td>1</td><td colspan="2"></td><td colspan="2"></td><td rowspan="3"></td></tr>
<tr><td>2</td><td colspan="2"></td><td colspan="2"></td></tr>
<tr><td>3</td><td colspan="2"></td><td colspan="2"></td></tr>
<tr><td rowspan="3">样品的测定</td><td>样品编号</td><td>取样量/mL</td><td>稀释倍数</td><td>测定空白消耗的硫酸亚铁铵溶液的用量/mL</td><td>测定水样消耗的硫酸亚铁铵溶液的用量/mL</td><td>样品浓度/（mg/L）</td></tr>
<tr><td></td><td></td><td></td><td></td><td></td><td></td></tr>
<tr><td></td><td></td><td></td><td></td><td></td><td></td></tr>
<tr><td rowspan="2">标准化记录</td><td>1/6 重铬酸钾溶液浓度/（mol/L）</td><td>硫酸亚铁铵溶液标定时间</td><td>硫酸亚铁铵溶液浓度计算公式</td><td>温度/℃</td><td>湿度</td><td>COD 计算公式</td></tr>
<tr><td></td><td></td><td></td><td></td><td></td><td></td></tr>
</table>

分析人＿＿＿＿＿＿＿　　校对人＿＿＿＿＿＿＿　　审核人＿＿＿＿＿＿＿

表 3-11　化学需氧量测定的操作评分表

班级＿＿＿＿＿＿　学号＿＿＿＿＿＿　姓名＿＿＿＿＿＿　成绩＿＿＿＿＿

考核日期＿＿＿＿＿　开始时间＿＿＿＿＿　结束时间＿＿＿＿＿　考评员＿＿＿＿＿

序号	考核点	分值	评分标准	扣分	得分
（一）	1/6 重铬酸钾标准溶液的配置	20			
1	称量前准备	2	未检查天平水平，扣 0.5 分 未调零点，扣 0.5 分 托盘未清扫，扣 1 分		

序号	考核点	分值	评分标准	扣分	得分
2	天平称量操作	8	干燥器盖子放置不正确，扣 0.5 分 用烘干的烧杯或称量瓶称量，不正确扣 0.5 分 手直接触及被称物容器或被称物容器放在台面上，扣 0.5 分 称量瓶放置不当，扣 1 分 倾出试样要回扣不正确，扣 0.5 分 称量的量不正确，扣 2 分 试样撒落，扣 2 分 读数及记录不正确，扣 1 分		
3	称量后处理	2	天平未归零，扣 0.5 分 天平内外不清洁，扣 0.5 分 未检查零点，扣 0.5 分 未做使用记录，扣 0.5 分		
4	定容操作	8	没有进行容量瓶试漏检查，扣 2 分 加水至容量瓶约 3/4 体积时没有平摇，扣 2 分 加水至近标线约 1cm 处等待 1 min，没有等待，扣 1 分 逐滴加入蒸馏水至标线操作不当，扣 1 分 未充分混匀、中间未开塞，扣 1 分 持瓶方式不正确，扣 1 分		
（二）	硫酸亚铁铵溶液的标定	22			
1	玻璃仪器洗涤	2	玻璃仪器洗涤干净后内壁应不挂水珠，否则一次性扣 2 分		
2	移液管润洗	3	润洗溶液若超过总体积的 1/3，一次性扣 0.5 分 润洗后废液应从下口排放，否则一次性扣 0.5 分 润洗少于 3 次，一次性扣 2 分		
3	移取、放出溶液	7	移液时，移液管插入液面下 1～2 cm，插入过深，一次性扣 1 分 吸空或将溶液吸入吸耳球内，一次性扣 2 分 移液时，移液管不竖直，一次性扣 1 分 放液时锥形瓶未倾斜 30°～45°，一次性扣 1 分 管尖未靠壁，一次性扣 1 分 溶液流完后未停靠 15 s，一次性扣 1 分		
4	滴定操作	10	滴定管未进行试漏或时间不足 1～2 min（总时间），扣 1 分 润洗方法不正确，扣 1 分 气泡未排除或排除方法不正确，扣 1 分 滴定前管尖残液未除去，每出现一次扣 0.5 分，可累计扣分 未双手配合或控制旋塞不正确，扣 0.5 分 操作不当造成漏液，扣 1 分 终点控制不准（非半滴到达、颜色不正确），每出现一次扣 0.5 分，可累计扣分 读数不正确，每出现一次扣 0.5 分 原始数据未及时记录在报告单上，每出现一次扣 1 分		

序号	考核点	分值	评分标准	扣分	得分
（三）	样品的测定	16			
1	取试样	3	取试样的器皿选择不正确，扣 2 分 加入重铬酸钾 10.00 mL 不正确，扣 1 分		
2	回流过程	3	加入玻璃珠或沸石，不正确扣 0.5 分 冷凝管装置安装，不正确扣 1 分 加入 30.0 mL 硫酸-硫酸银，不正确扣 0.5 分 加热回流 2 h，不正确扣 1 分		
3	滴定操作	10	冷却后，用 90 mL 水冲洗冷凝管壁，不正确扣 1 分 滴定前管尖残液未除去，每出现一次扣 0.5 分 未双手配合或控制旋塞不正确，扣 0.5 分 操作不当造成漏液，扣 2 分 终点控制不准（非半滴到达、颜色不正确），每出现一次扣 1 分 读数不正确，每出现一次扣 0.5 分 原始数据未及时记录在报告单上，每出现一次扣 1 分		
（四）	原始记录和有效数字运算	6	数据记录不正确（有效数字、单位），每出现一次扣 1 分 数据不全、有空项、字迹不工整，每出现一次扣 0.5 分 有效数字运算不规范，一次性扣 3 分		
（五）	文明操作	6			
1	实训台面	2	实训过程中台面、地面脏乱，一次性扣 2 分		
2	实训结束清洗仪器、试剂物品归位	2	实训结束未先清洗仪器或试剂物品未归位就完成报告，一次性扣 2 分		
3	仪器损坏	2	损坏仪器，一次性扣 2 分		
（六）	测定结果	30			
1	标定结果精密度	10	（极差/平均值）≤0.15%，不扣分 0.15%＜（极差/平均值）≤0.25%，扣 2.5 分 0.25%＜（极差/平均值）≤0.35%，扣 5 分 0.35%＜（极差/平均值）≤0.45%，扣 7.5 分 （极差/平均值）＞0.45%或标定结果少于 3 份，精密度不给分		
2	标定结果准确度	10	（极差/平均值）＞0.45%，或标定结果少于 3 份，准确度不给分 保证值±1s 内，不扣分 保证值±2s 内，扣 3 分 保证值±3s 内，扣 6 分 保证值±3s 外，扣 10 分		
3	测定结果准确度	10	保证值±1s 内，不扣分 保证值±2s 内，扣 3 分 保证值±3s 内，扣 7 分 保证值±3s 外，扣 10 分		
合　计					

任务六　生化需氧量的测定

生化需氧量是指在规定的条件下，好氧微生物在分解水中某些可氧化物质，尤其是有机物的生物化学氧化过程中所消耗的溶解氧量。其中也包括硫化物、亚铁等还原性无机物质氧化所消耗的氧量，但这部分通常占的比例很小。生化需氧量是反映水体被有机物污染程度的综合指标，也是研究废水的可生化降解性和生化处理效果以及生化处理废水工艺设计和动力学研究中的重要参数。

BOD_5 测定的是五日培养过程中溶解氧的损失量，故对于较清洁的水（损失量小于 7 mg/L）可以不必稀释，直接测定；对于有机物浓度较高的水则需先进行稀释，稀释倍数视有机物浓度而定。如样品中的有机物含量较少，BOD_5 的质量浓度不大于 6 mg/L，且样品中有足够的微生物，用非稀释法测定。若样品中的有机物含量较少，BOD_5 的质量浓度不大于 6 mg/L，但样品中无足够的微生物，如酸性废水、碱性废水、高温废水、冷冻保存的废水或经过氯化处理等的废水，采用非稀释接种法测定。若试样中的有机物含量较多，BOD_5 的质量浓度大于 6 mg/L，且样品中有足够的微生物，采用稀释法测定。若试样中的有机物含量较多，BOD_5 的质量浓度大于 6 mg/L，但试样中无足够的微生物，采用稀释接种法测定。

一、预习思考

（1）预习《水质　五日生化需氧量（BOD_5）的测定　稀释与接种法》（HJ 505—2009）。

（2）测定 BOD_5 时，地表水及工业废水的稀释倍数应如何确定？

（3）测定 BOD_5 时，经 5d 培养后，测其溶解氧时，当向水样中加 1 mL $MnSO_4$ 及 2 mL 碱性 KI 溶液后，瓶内出现白色絮状沉淀，这是为什么？应如何处理？

二、实训目的

（1）熟悉水样稀释接种的过程。

（2）掌握稀释与接种法测定生化需氧量的方法。

三、原理

生化需氧量是指在规定的条件下，微生物分解水中的某些可氧化的物质，特别是分解有机物的生物化学过程消耗的溶解氧。通常情况下是指水样充满完全密闭的溶解氧瓶中，在 20℃±1℃的暗处培养 5 d±4 h 或（2+5）d±4 h（先在 0～4℃的暗处培养 2 d，接着在 20℃±1℃的暗处培养 5 d），分别测定培养前后水样中溶解氧的质量浓度，由培养前后溶解氧的质量浓度之差，计算每升样品消耗的溶解氧量，以 BOD_5 形式表示。

四、实训准备

（一）样品的采集和保存

采集的样品应充满并密封于棕色玻璃瓶中，样品量不小于 1 000 mL，在 0～4℃的暗处运输和保存，并于24 h内尽快分析。24 h内不能分析，可冷冻保存（冷冻保存时避免样品瓶破裂），冷冻样品分析前需解冻、均质化和接种处理。

容器的洗涤方法采用Ⅰ法（HJ 493—2009规定洗涤剂洗一次，自来水洗三次，蒸馏水洗一次）。

（二）实训仪器和试剂

1. 实训仪器

滤膜（孔径为1.6 μm）、溶解氧瓶（带水封装置，容积250～300 mL）、1 000～2 000 mL的量筒或容量瓶、虹吸管、冰箱、带风扇的恒温培养箱、曝气装置等。便携式防水溶解氧测定仪。

2. 实训试剂

（1）水。实训用水为符合 GB/T 6682—2008规定的三级蒸馏水，且水中铜离子的质量浓度不大于0.01 mg/L，不含有氯或氯胺等物质。

（2）接种液。可购买接种微生物用的接种物质，接种液的配制和使用按说明书的要求操作。也可按以下方法获得接种液。

① 未受工业废水污染的生活污水：化学需氧量不大于300 mg/L，总有机碳不大于100 mg/L；

② 含有城镇污水的河水或湖水；

③ 污水处理厂的出水；

④ 分析含有难降解物质的工业废水时，在其排污口下游适当处取水样作为废水的驯化接种液。也可取中和或经适当稀释后的废水进行连续曝气，每天加入少量该种废水，同时加入少量生活污水，使适应该种废水的微生物大量繁殖。当水中出现大量的絮状物时，表明微生物已繁殖，可用作接种液。一般驯化过程需3～8 d。

（3）盐溶液。

磷酸盐缓冲溶液：将8.5 g磷酸二氢钾，21.75 g磷酸氢二钾，33.4 g磷酸氢二钠和1.7 g氯化铵溶于水中，稀释至1 000 mL。此溶液的pH应为7.2。

硫酸镁溶液（ρ=11.0g/L）：将22.5 g硫酸镁（$MgSO_4 \cdot 7H_2O$）溶于水中，稀释至1 000 mL。此溶液在0～4℃可稳定保存6个月，若发现任何沉淀或微生物生长应弃去。

氯化钙溶液（ρ=27.6g/L）：将27.6 g无水氯化钙溶于水，稀释至1 000 mL。此溶液在0～4℃可稳定保存6个月，若发现任何沉淀或微生物生长应弃去。

氯化铁溶液（ρ=0.15g/L）：将0.25 g氯化铁（$FeCl_3 \cdot 6H_2O$）溶于水，稀释至1 000 mL。此溶液在0～4℃可稳定保存6个月，若发现任何沉淀或微生物生长应弃去。

（4）稀释水。在5～20L玻璃瓶内装入一定量的水，控制水温在（20±1）℃。用曝气装置至少曝气1 h，使水中的溶解氧达到8 mg/L以上。临用前于每升水中加入上述四种盐溶液各1 mL，并混合均匀。稀释水的pH应为7.2，其BOD_5应小于0.2 mg/L。在曝气的过程中防止污染，特别是防止带入有机物、金属、氧化物或还原物。稀释水中氧的浓度不能过饱和，使用前需开口放置1h，且应在24h内使用。剩余的稀释水应弃去。

（5）接种稀释水。根据接种液的来源不同，每升稀释水中加入适量接种液：城市生活污水和污水处理厂出水加1～10 mL，河水或湖水加10～100 mL，将接种稀释水存放在（20

±1）℃的环境中，当天配制当天使用。接种的稀释水 pH 为 7.2，BOD_5 应小于 1.5 mg/L。

（6）盐酸溶液（C=0.5 mol/L）：将 40 mL 盐酸（ρ=1.18 g/mL）溶于水，稀释至 1 000 mL。

（7）氢氧化钠溶液（C=0.5 mol/L）：将 20 g 氢氧化钠溶于水，稀释至 1 000 mL。

（8）亚硫酸钠溶液（C=0.025 mol/L）：将 1.575 g 亚硫酸钠溶于水，稀释至 1 000 mL。此溶液不稳定，需现用现配。

（9）丙烯基硫脲硝化抑制剂（ρ=1.0 g/L）：溶解 0.20 g 丙烯基硫脲于 200 mL 水中混合，4℃保存，此溶液可稳定保存 14 d。

（10）碘化钾溶液（ρ=100 g/L）：将 10 g 碘化钾溶于水中，稀释至 100 mL。

（11）淀粉溶液（ρ=5 g/L）：将 0.50 g 淀粉溶于水中，用刚烧开的水稀释至 100 mL。

五、实训操作

（一）分析测试

1．样品预处理

（1）调节 pH。

若样品或稀释后样品 pH 不在 6～8，应用盐酸溶液（C=0.5 mol/L）或氢氧化钠溶液（C=0.5 mol/L）调节其 pH 至 6～8。

（2）去除余氯和结合氯。

若样品中含有少量余氯，一般在采样后放置 1～2h，游离氯即可消失。对在短时间内不能消失的余氯，可加入适量亚硫酸钠溶液去除样品中存在的余氯和结合氯，加入的亚硫酸钠溶液的量由下述方法确定。

取已中和好的水样 100 mL，加入（1∶1）乙酸溶液 10 mL、碘化钾溶液 1 mL，混匀，暗处静置 5 min。用亚硫酸钠溶液滴定析出的碘至淡黄色，加入 1 mL 淀粉溶液呈蓝色。再继续滴定至蓝色刚刚褪去，即为终点，记录所用亚硫酸钠溶液体积，由亚硫酸钠溶液消耗的体积，计算出水样中应加亚硫酸钠溶液的体积。

（3）样品均质化。

含有大量颗粒物、需要较大稀释倍数的样品或经冷冻保存的样品，测定前均需将样品搅拌均匀。

（4）去除藻类。

若样品中有大量藻类存在，BOD_5 的测定结果会偏高。当分析结果精度要求较高时，测定前应用滤孔为 1.6 μm 的滤膜过滤，检测报告中注明滤膜滤孔的大小。

（5）含盐量低的样品。

若样品含盐量低，非稀释样品的电导率小于 125 μS/cm 时，需加入适量相同体积的上述四种盐溶液，使样品的电导率大于 125 μS/cm。每升样品中至少需加入各种盐的体积 V 按下式计算：

$$V=(\Delta K-12.8)/113.6$$

式中：V—— 需加入各种盐的体积，mL；

ΔK—— 样品需要提高的电导率值，μS/cm。

2. 样品准备

测定前待测试样的温度达到(20±2)℃，若样品中溶解氧浓度低，需要曝气 15 min，充分振摇赶走样品中残留的空气泡；若样品中氧气过饱和，将容器 2/3 体积充满样品，用力振荡赶出过饱和氧，然后根据试样中微生物含量确定测定方法。

3. 稀释倍数确定

样品稀释的程度应使消耗的溶解氧质量浓度不小于 2 mg/L，培养后样品中剩余溶解氧质量浓度不小于2 mg/L，且试样中剩余的溶解氧的质量浓度以开始浓度的1/3～2/3 为最佳。稀释倍数可根据样品的总有机碳（TOC）、高锰酸盐指数（I_{Mn}）或化学需氧量（COD）的测定值，按照表 3-12 列出的 BOD_5 与总有机碳（TOC）、高锰酸盐指数（I_{Mn}）或化学需氧量（COD）的比值 *R* 估计 BOD_5 的期望值（*R* 与样品的类型有关），再根据表 3-13 确定稀释因子。当不能准确地选择稀释倍数时，一个样品做 2～3 个不同的稀释倍数。

由表 3-12 中选择适当的 *R* 值，按下面公式计算 BOD_5 的期望值：

$$\rho = R \cdot Y$$

式中：ρ —— 五日生化需氧量浓度的期望值，mg/L；

Y —— 总有机碳（TOC）、高锰酸盐指数（I_{Mn}）或化学需氧量（COD）的值，mg/L。

表 3-12　典型的比值 *R*

水样的类型	总有机碳 *R*（BOD_5/TOC）	高锰酸盐指数 *R*（BOD_5/I_{Mn}）	化学需氧量 *R*（BOD_5/COD）
未处理的废水	1.2～2.8	1.2～1.5	0.35～0.65
生化处理的废水	0.3～1.0	0.5～1.2	0.20～0.35

由估算出的 BOD_5 的期望值，按表 3-13 确定样品的稀释倍数。

表 3-13　BOD_5 测定的稀释倍数

BOD_5 的期望值/（mg/L）	稀释倍数	水样类型
6～12	2	河水，生物净化的城市污水
10～30	5	河水，生物净化的城市污水
20～60	10	生物净化的城市污水
40～120	20	澄清的城市污水或轻度污染的工业废水
100～300	50	轻度污染的工业废水或原城市污水
200～600	100	轻度污染的工业废水或原城市污水
400～1 200	200	重度污染的工业废水或原城市污水
1 000～3 000	500	重度污染的工业废水
2 000～6 000	1 000	重度污染的工业废水

4. 样品测定

按照表 3-12 和表 3-13 方法确定好稀释倍数。用稀释水或接种稀释水稀释样品。有可能发生硝化反应，需在每升试样培养液中加入 2 mL 丙烯基硫脲硝化抑制剂。将一定体积的试样或处理后的试样用虹吸管加入已加部分稀释水或接种稀释水的稀释容器中，加稀释水或接种稀释水至刻度，轻轻混合避免残留气泡，待测定。若稀释倍数超过 100 倍，可进行两步或多步稀释。

将试样充满两个溶解氧瓶中，使试样少量溢出，防止试样中的溶解氧质量浓度改变，使瓶中存在的气泡靠瓶壁排除。将一瓶盖上瓶盖，加上水封，在瓶盖外罩上一个密封罩，防止培养期间水封水蒸发干，在恒温培养箱中培养 5 d±4 h 或（2+5）d±4 h 后，用碘量法（电极法）测定试样中溶解氧的质量浓度。另一瓶 15 min 后测定试样在培养前溶解氧的质量浓度。

5. 空白测定

空白试液为稀释水或接种稀释水，需要时每升试样加入 2 mL 丙烯基硫脲硝化抑制剂。测定方法同样品的测定方法。

（二）原始数据记录

认真填写生化需氧量分析原始数据记录表。

（三）实训室整理

（1）将滴定管等器皿清洗干净，物归原处。

（2）清理实训台面和地面，保持实训室干净整洁。

（3）检查实训室用水、用电是否处于安全状态。

六、数据处理

稀释法和稀释接种法按下式计算样品 BOD_5 的测定结果：

$$\rho = \frac{(\rho_1 - \rho_2) - (\rho_3 - \rho_4) \cdot f_1}{f_2}$$

式中：ρ —— 五日生化需氧量质量浓度，mg/L；

ρ_1 —— 稀释水样（或接种稀释水样）在培养前的溶解氧质量浓度，mg/L；

ρ_2 —— 稀释水样（或接种稀释水样）在培养后的溶解氧质量浓度，mg/L；

ρ_3 —— 空白样在培养前的溶解氧质量浓度，mg/L；

ρ_4 —— 空白样在培养后的溶解氧质量浓度，mg/L；

f_1 —— 接种稀释水或稀释水在培养液中所占的比例；

f_2 —— 原样品在培养液中所占的比例。

七、实训报告

按照实训报告的格式要求认真编写。

八、实训总结

（1）本标准适用于地表水、工业废水和生活污水中五日生化需氧量（BOD_5）的测定。方法的检出限为 0.5 mg/L，方法的测定下限为 2 mg/L，非稀释法和非稀释接种法的测定上限为 6 mg/L，稀释与稀释接种法的测定上限为 6 000 mg/L。

（2）每一批样品做两个分析空白试样，稀释法空白试样的测定结果不能超过 0.5 mg/L，非稀释接种法和稀释接种法空白试样的测定结果不能超过 1.5 mg/L，否则应检查可能的污染来源。

（3）每一批样品要求做一个标准样品，样品的配制方法如下：取 20 mL 葡萄糖-谷氨酸标准溶液于稀释容器中，用接种稀释水稀释至 1 000 mL，测定 BOD_5，测定结果 BOD_5 应在 180～230 mg/L，否则应检查接种液、稀释水的质量。

（4）BOD_5 测定结果以氧的质量浓度（mg/L）报出。对稀释与接种法，如果有几个稀释倍数的结果满足要求，结果取这些稀释倍数结果的平均值。

（5）结果小于 100 mg/L，保留一位小数；100～1 000 mg/L，取整数位；大于 1 000 mg/L 以科学计数法报出。结果报告中应注明样品是否经过过滤、冷冻或均质化处理。

九、实训考核

实训考核评分标准详见生化需氧量测定的操作评分表。

表 3-14　生化需氧量分析原始数据记录表

样品种类＿＿＿＿＿＿ 分析方法＿＿＿＿＿＿＿＿＿＿分析日期＿＿＿＿年＿＿＿月＿＿＿日

<table>
<tr><td rowspan="5">硫代硫酸钠溶液的标定</td><td rowspan="2">次数</td><td colspan="3">滴定重铬酸钾标准溶液时硫代硫酸钠溶液的用量/mL</td><td rowspan="2">硫代硫酸钠溶液的浓度/（mol/L）</td><td rowspan="2">硫代硫酸钠溶液的平均浓度/（mol/L）</td></tr>
<tr><td>初始读数</td><td>终点读数</td><td>消耗体积</td></tr>
<tr><td>1</td><td></td><td></td><td></td><td></td><td rowspan="3"></td></tr>
<tr><td>2</td><td></td><td></td><td></td><td></td></tr>
<tr><td>3</td><td></td><td></td><td></td><td></td></tr>
</table>

<table>
<tr><td rowspan="4">样品的测定</td><td rowspan="3">样品编号</td><td rowspan="3">稀释比</td><td colspan="4">测定空白</td><td colspan="4">测定水样</td><td>样品 BOD_5 值/（mg/L）</td></tr>
<tr><td colspan="2">硫代硫酸钠溶液的用量/mL</td><td colspan="2">溶解氧质量浓度/（mg/L）</td><td colspan="2">硫代硫酸钠溶液的用量/mL</td><td colspan="2">溶解氧质量浓度/（mg/L）</td><td rowspan="3"></td></tr>
<tr><td>培养前</td><td>培养后</td><td>培养前</td><td>培养后</td><td>培养前</td><td>培养后</td><td>培养前</td><td>培养后</td></tr>
<tr><td></td><td></td><td></td><td></td><td></td><td></td><td></td><td></td><td></td><td></td></tr>
</table>

<table>
<tr><td rowspan="2">标准化记录</td><td>重铬酸钾标准溶液浓度/（mol/L）</td><td>硫代硫酸钠溶液标定时间</td><td>硫代硫酸钠溶液浓度计算公式</td><td>温度/℃</td><td>湿度</td></tr>
<tr><td></td><td></td><td></td><td></td><td></td></tr>
</table>

分析人＿＿＿＿＿＿＿＿　校对人＿＿＿＿＿＿＿＿　审核人＿＿＿＿＿＿＿＿

表 3-15　生化需氧量测定的操作评分表

班级________　学号________　姓名________　成绩________

考核日期________　开始时间________　结束时间________　考评人员________

序号	考核点	分值	评分标准	扣分	得分
（一）	实训准备	6			
1	玻璃仪器洗涤	2	玻璃仪器洗涤干净后内壁应不挂水珠，否则一次性扣2分		
2	移液管润洗	2	润洗溶液若超过总体积的1/3，扣0.5分 润洗后废液应从下口排出，不正确扣0.5分 润洗少于3次，扣1分		
3	溶解氧测定仪校准	2	按照仪器说明书的操作进行仪器的校准，未进行扣2分		
（二）	样品的预处理	6			
1	调节pH	2	测定样品或稀释后样品pH，不在6～8范围内，应调节其pH至6～8，不正确或未进行扣2分		
2	去除余氯（结合氯）	2	采样后放置1～2 h，游离氯即可消失，不正确或未进行扣2分		
3	样品均质化	2	将样品搅拌均匀，不正确或未进行扣2分		
（三）	样品的准备	8	测定待测试样的温度，应达到（20±2）℃不正确或未进行扣3分 若样品中溶解氧浓度低，需要曝气15 min，充分振摇赶走样品中残留的空气泡；若样品中氧气过饱和，将容器2/3体积充满样品，用力振荡赶出过饱和氧。不正确或未进行扣5分		
（四）	稀释倍数的确定	12	根据COD或高锰酸盐指数确定*R*值，不正确或未进行扣3分 计算ρ值（BOD_5期望值），不正确或未进行扣3分 根据ρ值和水样的类型确定稀释倍数，不正确或未进行扣3分 一个样品做2～3个不同的稀释倍数，不正确或未进行扣3分		
（五）	样品的测定	22			
1	取试样	4	稀释试样的器皿选择不正确，扣1分 虹吸法取样，不正确扣3分		
2	样品的稀释过程	6	在稀释容器中加部分稀释水（接种稀释水），不正确扣1分 用虹吸管将试样加入，不正确扣3分 加稀释水（接种稀释水）至刻度，不正确扣1分 轻轻混合避免残留气泡，不正确扣1分		

序号	考核点	分值	评分标准	扣分	得分
3	样品的测定	12	将试样充满两个溶解氧瓶中，使试样少量溢出，不正确扣2分 靠瓶壁排除瓶中存在的气泡，不正确扣1分 将一瓶盖上瓶盖，加上水封，不正确扣2分 在瓶盖外罩上一个密封罩，防止培养期间水封水蒸发干，不正确扣1分 在恒温培养箱中于（20±1）℃培养5d±4h，不正确扣2分 培养后用电极法测定试样中溶解氧的质量浓度，不正确扣2分 另一瓶15 min后测定试样在培养前溶解氧的质量浓度，不正确扣2分		
（六）	空白测定	14	空白试液为稀释水或接种稀释水，选择不正确扣2分 将空白试液充满两个溶解氧瓶中，使空白试液少量溢出，不正确扣2分 靠瓶壁排除瓶中存在的气泡，不正确扣1分 将一瓶盖上瓶盖，加上水封，不正确扣2分 在瓶盖外罩上一个密封罩，防止培养期间水封水蒸发干，不正确扣1分 在恒温培养箱中于（20±1）℃培养5d±4h，不正确扣2分 培养后用电极法测定空白试液中溶解氧的质量浓度，不正确扣2分 另一瓶 15 min 后测定空白试液在培养前溶解氧的质量浓度，不正确扣2分		
（七）	数据记录和结果计算	26			
1	原始记录	8	数据未直接填在报告单上、数据不全、有空项，每项扣1分，可累计扣分 分析、记录、校核人每缺少一项，扣2分		
2	测定结果	18	有效数字不正确，扣3分 结果计算错误，扣5分 稀释倍数确定错误，扣10分		
（八）	文明操作	6			
1	实训台面	2	实训过程中台面、地面脏乱，一次性扣2分		
2	实训结束清洗仪器、试剂物品归位	2	实训结束未清洗仪器或试剂物品未归位，扣2分		
3	仪器损坏	2	仪器损坏，一次性扣2分		
合　计					

任务七　挥发酚的测定

酚有多种化合物，一般根据酚类物质能否与水蒸气一起蒸发，分为挥发酚与不挥发酚。通常认为沸点在230℃以下的为挥发酚（属一元酚），而沸点在230℃以上的为不挥发酚。

酚类物质具有原生质毒，属高毒物质。可经皮肤、黏膜、呼吸道和口腔等多种途径进入人体。酚及其化合物所引起的病理变化主要取决于浓度，低浓度时能使细胞变性，产生不同程度的头昏、头痛、精神不安等神经症状，以及食欲不振、吞咽困难、流涎、呕吐和腹泻等慢性消化道症状。高浓度时能使蛋白质凝固，会引起急性中毒，甚至造成昏迷和死亡。

酚除具有毒性外，还有恶臭，尤其是当它同水中游离氯结合时，可产生使人厌恶的氯酚臭，其嗅觉阈为0.01 mg/L。

环境中的酚主要来自炼焦、炼油、制取煤气、造纸、合成氨、木材防腐和化工等废水。

一、预习思考

（1）预习《水质　挥发酚的测定　4-氨基安替比林分光光度法》（HJ 503—2009）。

（2）水样中的余氯会干扰测定吗？如何消除？

（3）为什么在采集后的样品中应及时加入磷酸？

二、实训目的

（1）掌握分光光度计的使用方法。

（2）掌握4-氨基安替比林分光光度法-直接光度法测定挥发酚的步骤。

（3）学会标准曲线定量方法。

三、原理

用蒸馏法将挥发性酚类化合物蒸馏出，并与干扰物质和固定剂分离。由于酚类化合物的挥发速度是随馏出液体积变化而变化，因此，馏出液体积必须与试样体积相等。被蒸馏出的酚类化合物于pH为10.0±0.2的介质中，在铁氰化钾的存在下，与4-氨基安替比林（4-AAP）反应，生成橙红色的安替比林染料，显色后，在30 min内，于510 nm波长下测定吸光度。反应式如下：

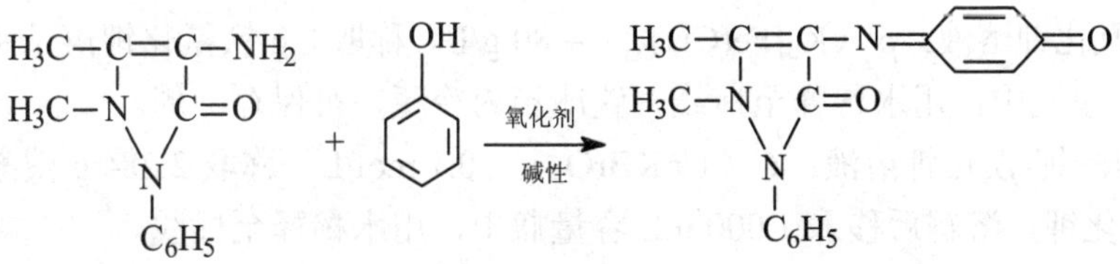

四、实训准备

（一）样品的采集和保存

在样品采集现场，用淀粉-碘化钾试纸检测样品中有无游离氯等氧化剂的存在，若试纸变蓝，应及时加入过量硫酸亚铁去除。

样品采集量应大于 500 mL，储于硬质玻璃瓶中。采集后的样品应及时加磷酸酸化至pH 约为 4.0，并加适量硫酸铜，使样品中硫酸铜浓度约为 1 g/L，以抑制微生物对酚类的生物氧化作用。采集后的样品应在 4℃下冷藏，24 h 内进行测定。

（二）实训仪器和试剂

1．实训仪器

可见分光光度计、20 mm 比色皿、50 mL 具塞比色管等。

2．实训试剂

（1）无酚水：可按照下列两种方法进行制备。无酚水应储于玻璃瓶中，取用时，应避免与橡胶制品（橡皮塞或乳胶管等）接触。

① 于每升水中加入 0.2 g 经 200℃活化 30 min 的活性炭粉末，充分振摇后，放置过夜，用双层中速滤纸过滤。

② 加氢氧化钠使水呈强碱性，并加入高锰酸钾至溶液呈紫红色，移入全玻璃蒸馏器中加热蒸馏，收集馏出液备用。

（2）氨水：ρ（$NH_3 \cdot H_2O$）=0.90 g/mL。

（3）盐酸：ρ（HCl）=1.19 g/mL。

（4）（1∶9）磷酸溶液。

（5）（1∶4）硫酸溶液。

（6）氢氧化钠溶液：ρ（NaOH）=100 g/L。称取氢氧化钠 10 g 溶于水，稀释至 100 mL。

（7）pH=10.7 缓冲溶液：称取 20 g 氯化铵（NH_4Cl）溶于 100 mL 氨水中，密塞，置冰箱中保存。为避免氨的挥发所引起 pH 的改变，应注意在低温下保存，且取用后立即加塞盖严，并根据使用情况适量配制。

（8）4-氨基安替比林溶液：ρ（$C_{11}H_{13}N_3O$）=20 g/L 称取 2 g 4-氨基安替比林溶于水中，溶解后移入 100 mL 容量瓶中，用水稀释至标线，应进行提纯，收集滤液后置冰箱中冷藏，可保存 7 d。

（9）铁氰化钾溶液：ρ（$K_3[Fe(CN)_6]$）= 80 g/L。称取 8 g 铁氰化钾溶于水，溶解后移入 100 mL 容量瓶中，用水稀释至标线。置冰箱内冷藏，可保存一周。

（10）溴酸钾-溴化钾溶液：C（1/6$KBrO_3$）= 0.1 mol/L。称取 2.784 g 溴酸钾溶于水，加入 10 g 溴化钾，溶解后移入 1 000 mL 容量瓶中，用水稀释至标线。

（11）硫代硫酸钠溶液：C（$Na_2S_2O_3$）≈ 0.012 5 mol/L。称取 3.1 g 硫代硫酸钠，溶于煮沸放冷的水中，加入 0.2 g 碳酸钠，溶解后移入 1 000 mL 容量瓶中，用水稀释至标线。临用前进行标定。

（12）淀粉溶液：ρ = 0.01g/mL。称取 1 g 可溶性淀粉，用少量水调成糊状，加沸水至

100 mL，冷却后，移入试剂瓶中，置冰箱内冷藏保存。

（13）精制苯酚：取苯酚（C_6H_5OH）于具有空气冷凝管的蒸馏瓶中，加热蒸馏，收集182～184℃的馏出部分，馏分冷却后应为无色晶体，储于棕色瓶中，于冷暗处密闭保存。

（14）酚标准储备液：ρ（C_6H_5OH）≈ 1.00 g/L。称取 1.00g 精制苯酚，溶解于无酚水中，移入 1 000 mL 容量瓶中，用无酚水稀释至标线。进行标定。置冰箱内冷藏，可稳定保存一个月。

（15）酚标准使用液：ρ（C_6H_5OH）= 10.0 mg/L。取适量酚标准储备液用无酚水稀释至 100 mL 容量瓶中，使用时当天配制。

（16）甲基橙指示液：ρ（甲基橙）=0.5 g/L。称取 0.1 g 甲基橙溶于水，溶解后移入 200 mL 容量瓶中，用水稀释至标线。

（17）淀粉-碘化钾试纸：称取 1.5 g 可溶性淀粉，用少量水搅成糊状，加入 200 mL 沸水，混匀，放冷，加 0.5 g 碘化钾和 0.5 g 碳酸钠，用水稀释至 250 mL，将滤纸条浸渍后，取出晾干，盛于棕色瓶中，密塞保存。

五、实训操作

（一）分析测试

1．酚储备液标定

吸取 10.00 mL 酚储备液于 250 mL 碘量瓶中，加无酚水稀释至 100 mL，然后加 10.0 mL 0.1 mol/L 溴酸钾-溴化钾溶液，并立即加入 5 mL 浓盐酸，密塞，徐徐摇匀，于暗处放置 15 min，加入 1 g 碘化钾，密塞，摇匀，放置暗处 5 min，用硫代硫酸钠溶液滴定至淡黄色，加入 1 mL 淀粉溶液，继续滴定至蓝色刚好褪去，记录用量。同时以无酚水代替酚储备液做空白试验，记录硫代硫酸钠溶液用量。

酚储备液浓度按下式计算：

$$\rho=\frac{(V_1-V_2)\times C\times 15.68}{V}$$

式中：ρ—— 酚储备液质量浓度，mg/L；

V_1—— 空白试验中硫代硫酸钠溶液的用量，mL；

V_2—— 滴定酚储备液时硫代硫酸钠溶液的用量，mL；

C—— 硫代硫酸钠溶液摩尔浓度，mol/L；

V—— 试样体积，mL；

15.68 —— 苯酚（$1/6C_6H_5OH$）摩尔质量，g/mol。

2．水样预处理

取 250 mL 样品移入 500 mL 全玻璃蒸馏器中，加 25 mL 无酚水，加数粒玻璃珠以防暴沸，再加数滴甲基橙指示液，若试样未显橙红色，则需继续补加磷酸溶液。

连接冷凝器，加热蒸馏，收集馏出液 250 mL 至容量瓶中。蒸馏过程中，若发现甲基橙红色褪去，应在蒸馏结束后，放冷，再加 1 滴甲基橙指示液。若发现蒸馏后残液不呈酸性，则应重新取样，增加磷酸溶液加入量，进行蒸馏。

3．标准曲线绘制

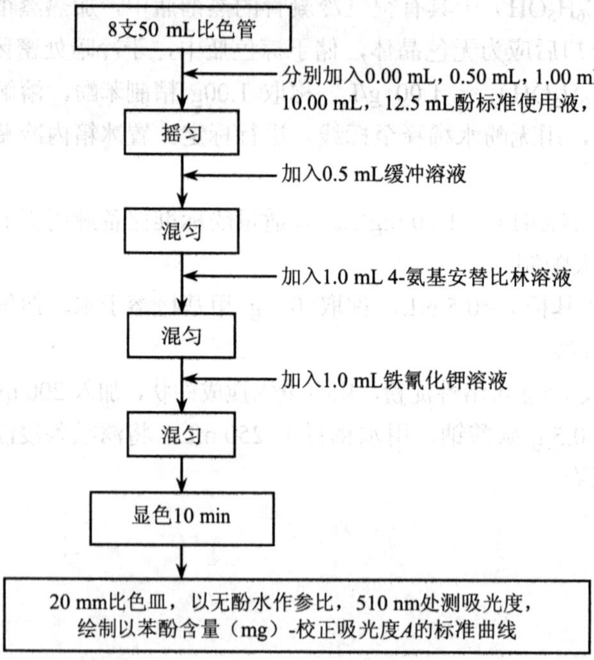

图 3-3　酚测定程序

4．水样测定

分取馏出液 50.00 mL 加入 50 mL 比色管中，加 0.5 mL 缓冲溶液，混匀，此时 pH 为 10.0±0.2，加 1.0 mL 4-氨基安替比林溶液，混匀，再加 1.0 mL 铁氰化钾溶液，充分混匀后，密塞，放置 10 min。于 510 nm 波长下，用光程为 20 mm 的比色皿，以无酚水为参比，于 30 min 内测定溶液的吸光度值。

5．空白测定

用无酚水代替水样，做全程序空白测定。空白应与试样同时测定。

（二）原始数据记录

认真填写挥发酚分析（分光光度法）原始数据记录表。

（三）实训室整理

（1）将分光光度计的拉杆推至非测量挡，合上样品室盖。

（2）将仪器回零，关闭仪器电源开关，拔掉电源插头。

（3）将比色皿、比色管等器皿清洗干净，物归原处。

（4）清理实训台面和地面，保持实训室干净整洁。

（5）检查实训室用水、用电是否处于安全状态。

六、数据处理

试样中挥发酚的浓度（以苯酚计），按下式计算：

$$\rho = \frac{A_s - A_b - a}{b \times V} \times 1\,000$$

式中：ρ—— 水样中酚的质量浓度，mg/L，以氮计；

A_s—— 水样的吸光度；

A_b—— 空白试验的吸光度；

a—— 校准曲线的截距；

b—— 校准曲线的斜率；

V—— 试样体积，mL。

当计算结果小于 1 mg/L 时，保留到小数点后 3 位；大于等于 1 mg/L 时，保留 3 位有效数字。

七、实训报告

按照实训报告的格式要求认真编写。

八、实训总结

（1）方法适用于地表水、地下水、饮用水、工业废水和生活污水中挥发酚的测定。工业废水和生活污水宜用直接分光光度法测定，检出限为 0.01 mg/L，测定下限为 0.04 mg/L，测定上限为 2.50 mg/L。地表水、地下水和饮用水宜用萃取分光光度法测定，检出限为 0.000 3 mg/L，测定下限为 0.001 mg/L，测定上限为 0.04 mg/L。对于浓度高于测定上限的样品，可适当稀释后进行测定。

（2）4-氨基安替比林的质量直接影响空白试验的吸光度值和测定结果的精密度。必要时，可按下述步骤进行提纯。

将 100 mL 配制好的 4-氨基安替比林溶液置于干燥烧杯中，加入 10 g 硅镁型吸附剂（佛罗里硅土，60～100 目，600℃烘制 4 h），用玻璃棒充分搅拌，静置片刻，将溶液在中速定量滤纸上过滤，收集滤液，置于棕色试剂瓶内，于 4℃下保存。

九、实训考核

实训考核评分标准见水质挥发酚测定的操作评分表。

表 3-16 挥发酚分析（分光光度法）原始数据记录表

样品种类________ 分析方法____________分析日期_____年____月____日

<table>
<tr><td rowspan="5">标准曲线</td><td colspan="2">标准管号</td><td>0</td><td>1</td><td>2</td><td>3</td><td>4</td><td>5</td><td>6</td><td>7</td><td rowspan="5">标准溶液名称及浓度：
____
标准曲线方程及相关系数：
____
r= ______
方法检出限：
________</td></tr>
<tr><td rowspan="2">标液量</td><td>mL</td><td></td><td></td><td></td><td></td><td></td><td></td><td></td><td></td></tr>
<tr><td>μg</td><td></td><td></td><td></td><td></td><td></td><td></td><td></td><td></td></tr>
<tr><td colspan="2">A</td><td></td><td></td><td></td><td></td><td></td><td></td><td></td><td></td></tr>
<tr><td colspan="2">$A-A_0$</td><td></td><td></td><td></td><td></td><td></td><td></td><td></td><td></td></tr>
</table>

样品测定	样品编号	取样量/mL	定容体积/mL	样品吸光度	空白吸光度	校正吸光度	回归方程计算结果/μg	样品浓度/（mg/L）	计算公式：
									________

标准化记录	仪器名称	仪器编号	显色温度/℃	显色时间	参比溶液	波长/nm	比色皿/mm	室温/℃	湿度

分析人__________ 校对人__________ 审核人__________

表 3-17 水质挥发酚测定的操作评分表

班级__________ 学号__________ 姓名__________ 成绩__________

考核日期________ 开始时间________ 结束时间________ 考评员________

序号	考核点	分值	评分标准	扣分	得分
（一）	仪器准备	4			
1	玻璃仪器洗涤	2	玻璃仪器洗涤干净后内壁应不挂水珠，否则一次性扣 2 分		
2	分光光度计预热 20 min	2	仪器未进行预热或预热时间不够，扣 1 分 打开盖子预热，不正确扣 1 分		
（二）	标准系列的配制	20	标准溶液使用前没有摇匀，扣 2 分 润洗溶液若超过总体积的 1/3，一次性扣 1 分 润洗后废液应从下口排放，否则一次性扣 1 分 润洗少于 3 次，一次性扣 2 分 移液管插入液面下 1 cm 左右，不正确一次性扣 1 分 吸空或将溶液吸入吸耳球内，扣 2 分 一次吸液不成功，重新吸取的，一次性扣 1 分 将移液管中过多的储备液放回储备液瓶中，扣 2 分 每个点取液应从零分度开始，不正确一次性扣 1 分（工作液可放回剩余溶液再取液） 标准曲线取点不得少于 6 点，不符合扣 3 分 只选用一支吸量管移取标液，不符合扣 2 分 逐滴加入蒸馏水至标线操作不当，扣 1 分 混合不充分、中间未开塞，扣 1 分		
（三）	标准系列的测定	20			
1	测定前的准备	4	波长选择不正确，扣 2 分 不能正确调“0”和“100%”，扣 2 分		
2	测定操作	10	没有进行比色皿配套性选择或选择不当，扣 2 分 手触及比色皿透光面，扣 1 分 加入溶液高度不正确，扣 1 分 比色皿外壁溶液处理不正确，扣 1 分 不正确使用参比溶液，扣 2 分		

序号	考核点	分值	评分标准	扣分	得分
2	测定操作	10	比色皿盒拉杆操作不当，扣 1 分 开关比色皿暗箱盖不当，扣 1 分 读数不准确或重新取液测定，扣 1 分		
3	测定过程中仪器被溶液污染	2	比色皿放在分光光度计仪器表面，扣 1 分 比色室被洒落溶液污染或未及时彻底清理干净，扣 1 分		
4	测定后的处理	4	台面不清洁，扣 1 分 未取出比色皿及未洗涤，扣 1 分 没有倒尽控干比色皿，扣 1 分 未关闭仪器电源，扣 0.5 分 测定结束未做使用记录，扣 0.5 分		
（四）	水样的测定	10	水样取用量不合适，扣 3 分 量取水样应使用移液管，不正确扣 2 分 稀释倍数不正确，致使吸光度超出要求范围或在第一点范围内，扣 5 分		
（五）	数据记录和结果计算	12			
1	原始记录	3	数据未直接填在报告单上、数据不全、有空项，每项扣 0.5 分，可累计扣分 原始记录中缺少计量单位或错误，每出现一次扣 0.5 分 没有进行仪器使用登记，扣 1 分		
2	结果计算	9	回归方程中 a，b 未保留 4 位有效数字，每项扣 1 分 r 未保留到小数点后 4 位，扣 1 分 测定结果表述不正确，扣 1 分 回归方程计算错误或没有算出，扣 5 分		
（六）	文明操作	6			
1	实训台面	2	实训过程中台面、地面脏乱，一次性扣 2 分		
2	实训结束清洗仪器、试剂物品归位	2	实训结束未先清洗仪器或试剂物品未归位就完成报告，一次性扣 2 分		
3	仪器损坏	2	仪器损坏，一次性扣 2 分		
（七）	测定结果	28			
1	校准曲线线性	8	$r \geqslant 0.9999$，不扣分 $r = 0.9991 \sim 0.9998$，扣 8～1 分 $r < 0.9990$，不得分		
2	测定结果精密度	10	$\lvert \bar{R}_d \rvert \leqslant 0.5\%$，不扣分 $0.5\% < \lvert \bar{R}_d \rvert \leqslant 0.6\%$，扣 1 分 $0.6\% < \lvert \bar{R}_d \rvert \leqslant 0.7\%$，扣 2 分 $0.7\% < \lvert \bar{R}_d \rvert \leqslant 0.8\%$，扣 3 分，依此类推 $1.3\% < \lvert \bar{R}_d \rvert \leqslant 1.4\%$，扣 9 分 $\lvert \bar{R}_d \rvert > 1.4\%$，或测定结果少于 3 个，扣 10 分		
3	测定结果准确度	10	测定结果测定值在 保证值±0.5%内，不扣分 保证值±0.6%内，扣 1 分 保证值±0.7%内，扣 2 分，依此类推 保证值±1.4%内，扣 9 分 保证值±1.4%外，或测定结果少于 3 个，扣 10 分		
合　计					

工业废水监测报告

项目名称：工厂废水监测

监测类别：废水监测

报告日期：　　年　　月　　日

1．监测内容

____

2．监测项目

____

3．监测分析方法及方法来源

监测项目的监测方法、方法来源、使用仪器及检出限见表1。

表1　环境监测方法及方法来源

项目	监测方法	方法来源	使用仪器	检出限

4．监测结果

废水监测结果见表2。

表2　废水监测结果　　单位：

样点编号	采样位置	监测日期	温度/℃	监测项目1	监测项目2	监测项目3	……

环境监测点位示意图

报告编制人：__________日　期：__________

审　核　人：__________日　期：__________

项目四
城镇污水处理厂水质监测

任务一 城镇污水处理厂水质监测方案的制定

一、实训目的

水质监测是每座污水处理厂每日例行的工作，其目的是保证污水处理厂的正常运行，监控污水处理厂的出水水质，考核污水处理厂工艺运行效果，严格控制未达标水质的排放。通过制定污水处理厂水质监测方案，使学生掌握污水处理厂采样点位置的设置、水样采集及保存方法，掌握水样采集器具的使用方法，掌握污水处理厂主要的水质监测指标及相应的分析测定方法，了解这些指标对污水处理厂运行管理的指导作用。

二、水质监测的对象

城市污水处理厂水质监测的对象为污水处理厂进、出水，以及各个工艺单元的进、出水或混合液。

三、水样的采集和保存方法

1. 水样采集

水样采集是通过采集很少的一部分来反映被采样水体的整体全貌。城市污水处理厂水质监测水样的采集方法主要有人工采样和自动采样两种。

人工采样根据所采水样的深度，分为浅水采样和深层水采样。浅水采样是利用容器或用聚乙烯塑料筒直接采集。深层水采样主要是利用专制的深层水采样器采集，也可将聚乙烯筒固定在支架上，沉入要求的深度进行采集。

自动采样是借助自动采样器进行自动采样。自动采样器可以按照一定的时间间隔瞬时采样，也可以按照流量比例进行采样。

2. 水样种类

用于污水处理厂水质监测的水样按其代表性分为瞬时水样和混合水样。

瞬时水样代表采样地点采样瞬间的水质状况。只有当被采集水样的组分在相当长的时间或在相当大空间范围内相对稳定的情况下，瞬时水样才具有代表性。当被采水样的组分随时间变化时，应在适宜的时间间隔内采集瞬时水样，分别进行分析，测出水质变化程度、频率和周期；当被采集水样的组分随空间变化时，应在各个相应的采样点同时采集瞬时水样。

混合水样是指在一段时间内，间隔一定的时间在同一采样点所采集的瞬时水样混合后的水样。混合水样代表一段时间间隔内的水质状况。混合水样常用于平均浓度的分析。城市污水处理厂出水的水质分析常采用混合水样。对于进水和出水随时间变化的城市污水处理厂，为了取得更有代表性的水样，可以根据水量的变化采集相应比例体积的瞬时水样，并最终加以混合，分析平均浓度。

污水处理厂采集水样的频率至少 2 h 一次，将 24 h 的水样混合后进行监测分析。也可根据构筑物运转需要而采集瞬时水样。

3．水样保存方法

所采集的水样如果不能及时进行监测必须放在避光阴凉的地方，防止灰尘、小动物等进入，有条件的可置于冰箱内，以保持水样的原状。

不能及时完成分析的水样，则应根据不同监测项目的要求，采取适宜的保存方法，保存方法参考《水质采样　样品的保存和管理技术规定》（HJ 493—2009）。水样最长储存时间一般为：清洁水样 72 h；轻污染水样 48 h；严重污染水样 12 h。

四、水质监测项目与方法

污水处理厂的水质监测分为化学分析和感官判断两种。在污水处理厂的运行过程中，操作人员可以通过对感官指标的观测判断进水水质是否正常，各构筑物是否正常运行。污水处理厂常用的感官指标包括：进出水的颜色、气味、泡沫、气泡及水温等。

城市污水处理厂常规化学监测指标包括：进出水的 pH、生化需氧量（BOD_5）、化学需氧量（COD_{Cr}）、总固体（TS）、悬浮固体（SS）、溶解氧（DO）、氨氮（NH_3-N）、亚硝酸盐氮（NO_2^--N）、硝酸盐氮（NO_3^--N）、总氮（TN）、总磷（TP）及碱度等。

分析方法依据《地表水和废水监测技术规范》（HJ/T 91—2002）以及环境保护部出版的《水和废水分析方法（第四版）》。

五、监测结果分析与评价

对监测数据进行分析，评价污水处理厂的运行效果，对污水处理厂的维护管理提出合理化建议。

六、实训报告

按照污水处理厂水质监测方案的制定实训报告的格式要求认真编写。

表 4-1　污水处理厂水质监测方案的制定实训报告

<table>
<tr><td>班级</td><td></td><td>姓名</td><td></td><td>学号</td><td></td></tr>
<tr><td>实训时间</td><td></td><td>实训地点</td><td></td><td>成绩</td><td></td></tr>
<tr><td colspan="6">批改意见：

教师签字：</td></tr>
</table>

实训目的	

水样的保存

水样的保存方法

序号	待测项目	容器类别	保存方法
1			
2			
3			
4			
5			
6			
7			
8			

监测项目及监测频率

城市污水处理厂水质监测项目与监测频率

工艺单元	取样位置	检测项目	取样频率	水样类型
一级处理	进水			
	出水			
	污泥			
二级处理	混合液			
	回流污泥			
	二沉池出水			
厌氧消化	消化进泥			
	消化池			
	消化出泥			
	消化上清液			
	沼气池			

分析方法的确定

监测项目的分析方法及检出下限表

序号	监测项目	分析方法	检出限	方法来源
1				
2				

结果分析与评价	

任务二　悬浮物的测定

悬浮物（SS）又称不可滤残渣，是指不能通过孔径为 0.45 μm 滤膜的固体物。许多江河由于水土流失使水中悬浮物大量增加。地表水中存在悬浮物使水体浑浊，降低透明度，影响水生生物的呼吸和代谢，甚至造成鱼类窒息死亡。悬浮物多时，还可能造成河道阻塞。因此，在水和废水处理中，测定悬浮物具有特定意义。造纸、皮革、冲渣、选矿、湿法粉碎和喷淋除尘等工业操作中产生大量含无机、有机的悬浮物废水。

一、预习思考

（1）预习《水质　悬浮物的测定　重量法》（GB 11901—89）。

（2）测定悬浮物时应如何确定取样的体积？

（3）用两种不同孔径的滤膜测定同一水样的悬浮物时，其结果是否一样？

二、实训目的

（1）熟悉过滤和称量操作。

（2）掌握重量法测定悬浮物的方法。

三、原理

水质中的悬浮物是指水样通过 0.45 μm 的滤膜，截留在滤膜上并于 103～105℃烘干至恒重的固体物质。

四、实训准备

（一）样品的采集和保存

盛装水样的聚乙烯瓶或硬质玻璃瓶。容器的洗涤方法采用 Ⅰ 法（HJ 493—2009 规定洗涤剂洗一次，自来水洗三次，蒸馏水洗一次）。装样前，先用采集的水样冲洗 3 次，在注入具有代表性的水样 500～1 000 mL，盖严瓶盖。值得注意的是，漂浮或浸没的不均匀固体物质不属于悬浮物质，应从水样中除去。

采集的水样应尽快测定，如需放置，应储存于4℃的冰箱内，但最长不能超过7 d，同时不能加入任何保护剂，以免造成组成的变化。

（二）实训仪器

烘箱、分析天平、干燥器、孔径为0.45 μm滤膜、吸滤瓶、真空泵、内径为30～50 mm称量瓶。

五、实训操作

（一）样品测定

（1）将滤膜放在称量瓶中，打开瓶盖，在103～105℃烘干2 h，取出放入干燥器，冷却后盖好瓶盖称重，直至恒重（两次称量相差不超过0.2 mg）。

（2）去除漂浮物后振荡水样，量取均匀适量的水样（使悬浮物大于2.5 mg），用称至恒重的滤膜过滤；用蒸馏水洗残渣3～5次。如样品中含油脂，用10 mL石油醚分两次淋洗残渣。

（3）小心取下滤膜，放入原称量瓶内，在103～105℃烘箱中，打开瓶盖烘干2 h，取出放入干燥器中，冷却后盖好盖称重，直至恒重为止（两次称量相差不超过0.4 mg）。

（二）原始数据记录

认真填写悬浮物分析原始数据记录表。

（三）实训室整理

（1）关闭真空泵、烘箱、天平的电源开关，拔掉电源插头。

（2）将玻璃器皿清洗干净，物归原处。

（3）清理实训台面和地面，保持实训室干净整洁。

（4）检查实训室用水、用电是否处于安全状态。

六、数据处理

水中悬浮物浓度按下式计算：

$$\rho = \frac{(A-B)\times 10^6}{V}$$

式中：ρ —— 悬浮物质量浓度，mg/L；

A —— 悬浮物+滤膜+称量瓶重量，g；

B —— 滤膜+称量瓶重量，g；

V —— 试样体积，mL。

七、实训报告

按照实训报告的格式要求认真编写。

八、实训总结

（1）方法适用于地表水、地下水、生活污水和工业废水中悬浮物的测定。最低检出浓度为 4 mg/L。

（2）树叶、木棒、水草等杂质应先从水中除去。

（3）废水黏度高时，可加 2～4 倍蒸馏水稀释，振荡均匀，待沉淀物下降后再过滤。

九、实训考核

实训考核评分标准详见悬浮物测定的操作评分表。

表 4-2　悬浮物分析原始数据记录表

样品种类＿＿＿＿＿＿　分析方法＿＿＿＿＿＿＿＿＿分析日期＿＿＿＿年＿＿＿月＿＿＿日

<table>
<tr><td rowspan="3">样品编号</td><td rowspan="3">取样量/mL</td><td colspan="4">称重/g</td><td rowspan="3">样品重量/g</td><td rowspan="3">分析结果/（g/mL）</td><td rowspan="6">计算公式：
＿＿＿＿＿＿</td></tr>
<tr><td colspan="2">始重（称量瓶+滤膜）</td><td colspan="2">末重（称量瓶+滤膜+悬浮物）</td></tr>
<tr><td>1</td><td>2（恒重）</td><td>1</td><td>2（恒重）</td></tr>
<tr><td></td><td></td><td></td><td></td><td></td><td></td><td></td><td></td></tr>
<tr><td></td><td></td><td></td><td></td><td></td><td></td><td></td><td></td></tr>
<tr><td></td><td></td><td></td><td></td><td></td><td></td><td></td><td></td></tr>
<tr><td rowspan="2">标准化记录</td><td colspan="2">仪器名称</td><td colspan="2">仪器编号</td><td colspan="2">室温</td><td colspan="2">湿度</td></tr>
<tr><td colspan="2"></td><td colspan="2"></td><td colspan="2"></td><td colspan="2"></td></tr>
</table>

分析人＿＿＿＿＿＿＿＿　校对人＿＿＿＿＿＿　审核人＿＿＿＿＿＿＿

表 4-3　水质悬浮物测定的操作评分表

班级＿＿＿＿＿＿＿　学号＿＿＿＿＿＿＿　姓名＿＿＿＿＿＿＿　成绩＿＿＿＿＿＿＿

考核日期＿＿＿＿＿　开始时间＿＿＿＿＿　结束时间＿＿＿＿＿　考评员＿＿＿＿＿

序号	考核点	分值	评分标准	扣分	得分
（一）	称量	18			
1	分析天平称量前准备	4	未检查天平水平，扣 2 分 托盘未清扫，扣 2 分		

序号	考核点	分值	评分标准	扣分	得分
2	分析天平称量操作	9	干燥器盖子放置不正确，扣1分 手直接触及被称物容器或被称物容器放在台面上，扣2分 称量瓶放置不当，扣1分 称量时称量瓶应盖盖子，不正确扣2分 开关天平门操作不当，扣1分 读数及记录不正确，扣2分		
3	称量后处理	5	不关天平门，扣1分 天平内外不清洁，扣1分 未检查零点，扣1分 凳子未归位，扣1分 未做使用记录，扣1分		
（二）	烘干操作	12	103～105℃下烘干，不正确扣3分 在烘箱里烘干时，称量瓶盖子应打开，并放置于称量瓶旁，不正确扣2分 放在干燥器里冷却至室温，不正确扣3分 称量恒重，不正确扣4分		
（三）	水样测定	20	水样要搅拌均匀，不正确扣5分 用量筒量取水样，不正确扣5分 水样的取用量不合适，扣10分		
（四）	过滤操作	16	使用滤膜或中速定量滤纸，不正确扣2分 过滤装置安装不合理，扣4分 倾倒溶液时要用玻璃棒引流，不正确扣2分 玻璃棒应低于滤纸边缘并倾斜，不正确扣2分 烧杯没有沿玻璃棒向上提起，不正确扣2分 玻璃棒放回烧杯操作，不正确扣2分 洗涤烧杯3～4次，不正确扣2分		
（五）	原始数据记录和结果的表述	10	数据未直接填在记录单上、数据不全、有空项，每项扣2分，可累计扣分 原始记录中，缺少计量单位或错误，每出现一次扣2分 测定结果表述不正确，扣5分		
（六）	文明操作	6			
1	实训台面	2	实训过程中台面、地面脏乱，一次性扣2分		
2	实训结束清洗仪器、试剂物品归位	2	实训结束未先清洗仪器或试剂物品未归位就完成报告，一次性扣2分		
3	仪器损坏	2	仪器损坏，一次性扣2分		
（七）	测定结果的准确度	18	测定结果测定值在 保证值±1s内，不扣分 保证值±2s内，扣6分 保证值±3s内，扣12分 保证值±3s外，扣18分		
合　计					

任务三　总氮的测定

总氮是指水体中所有含氮化合物中的氮含量，反映水体富营养化程度的重要指标之一。总氮是衡量水质的重要指标，总氮是有机氮和无机氮的和。

一、预习思考

（1）预习《水质　总氮的测定　碱性过硫酸钾消解紫外分光光度法》（HJ 636—2012）。

（2）过硫酸钾氧化-紫外分光光度法测定总氮的过程中，过硫酸钾起什么作用？

（3）紫外分光光度计和可见分光光度计有什么区别？

二、实训目的

（1）掌握紫外分光光度计的使用方法。

（2）掌握过硫酸钾氧化-紫外分光光度法测定总氮的方法。

（3）学会标准曲线法定量方法。

三、原理

在60℃以上水溶液中，过硫酸钾分解产生硫酸氢钾和原子态氧，分解出的原子态氧在120～124℃下，可使水样中含氮化合物的氮元素转化为硝酸盐，消解后的溶液用紫外分光光度计于220 nm与275 nm波长处测量吸光度，按公式 $A=A_{220}-2A_{275}$ 计算吸光度值，从而计算总氮的含量。

60℃以上的水溶液中过硫酸钾分解，反应式如下：

$$K_2S_2O_8+H_2O \longrightarrow 2KHSO_4+O^*$$

$$KHSO_4 \longrightarrow K^+ + HSO_4^-$$

$$HSO_4^- \longrightarrow H^+ + SO_4^{2-}$$

四、实训准备

（一）样品的采集和保存

水样采集在聚乙烯瓶或玻璃瓶内。水样采集后立即放入冰箱中或低于4℃条件下保存，不得超过 24 h。否则要用硫酸酸化至 pH≤2，并尽快测定。容器的洗涤方法采用Ⅰ法（HJ 493—2009规定洗涤剂洗一次，自来水洗三次，蒸馏水洗一次）。采样量为250 mL。

（二）实训仪器和试剂

1．实训仪器

紫外分光光度计、压力蒸汽消毒器或民用压力锅（压力在1.1～1.3 kg/cm^2，相应温度为 120～124℃)、25 mL 具塞比色管等。

2．实训试剂

（1）无氨水：每升蒸馏水中加 0.1 mL 硫酸，在全玻璃蒸馏器中重蒸馏，弃去 50 mL 初馏液，接取其余馏出液于具塞磨口玻璃瓶中，密塞保存。

（2）碱性过硫酸钾溶液：称取 40 g 过硫酸钾和 15 g 氢氧化钠，溶于无氨水中，稀释至 1 000 mL。存放在聚乙烯瓶内，可储存一周。

（3）硝酸钾标准储备液（ρ=100 μg/mL）：称取 0.721 8 g 经 105～110℃烘干 3 h 的优级纯硝酸钾，溶于无氨水中，移入 1 000 mL 容量瓶中，稀释至刻度线。加入 2 mL 三氯甲烷保护剂，至少可稳定 6 个月。

（4）硝酸钾标准使用液（ρ=10 μg/mL）：将标准储备液用无氨水稀释至 10 倍。

五、实训操作

（一）分析测试

1．标准曲线绘制

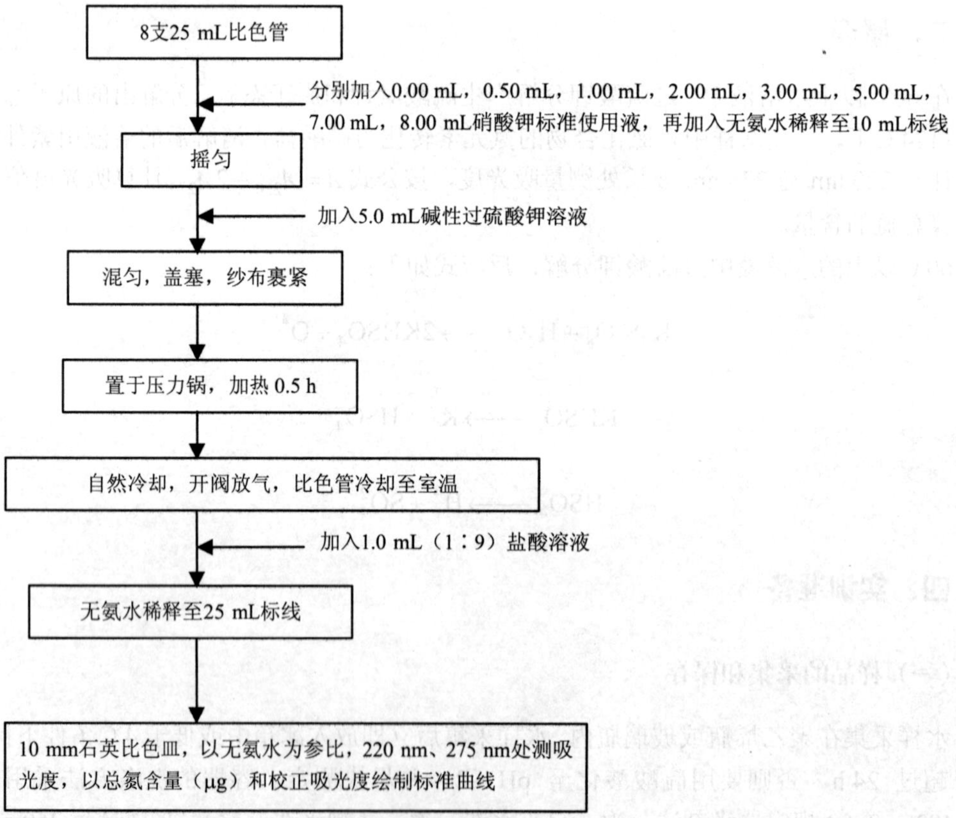

图 4-1 总氮的测定程序

2．水样测定

取 10.00 mL 水样（或适量水样，使氮含量为 20～80 μg）。按标准曲线相应步骤进行操作。用标准曲线回归方程进行计算，得出水样的总氮含量。

3. 空白测定

以无氨水代替水样，按标准曲线的相同步骤测定。

（二）原始数据记录

认真填写总氮原始数据记录表。

（三）实训室整理

（1）将分光光度计的拉杆推至非测量挡，合上样品室盖。

（2）仪器回零，关闭仪器电源开关，拔掉电源插头。

（3）比色皿、比色管等器皿清洗干净，物归原处。

（4）清理实训台面和地面，保持实训室干净整洁。

（5）检查实训室用水、用电是否处于安全状态。

六、数据处理

水中总氮的浓度，按下式计算：

$$\rho_N = \frac{A_s - A_b - a}{b \times V}$$

式中：ρ_N—— 水样中总氮的质量浓度，mg/L，以氮计；

A_s—— 水样的吸光度；

A_b—— 空白试验的吸光度；

a—— 标准曲线的截距；

b—— 标准曲线的斜率；

V—— 试样体积，mL。

七、实训报告

按照实训报告的格式要求认真编写。

八、实训总结

（1）方法适用于湖泊、水库、江河水中总氮的测定。最低检出限为 0.05 mg/L，测定上限为 4 mg/L。

（2）水样中含有六价铬和三价铁对测定有干扰，可加入 5%盐酸羟胺溶液 1～2 mL 消除。

（3）碳酸盐和碳酸氢盐对测定有干扰，可加入一定量的盐酸消除。

（4）使用压力蒸汽消毒器或民用压力锅时，冷却后再打开盖子。

（5）玻璃器皿可用 10%盐酸溶液浸洗，用蒸馏水冲洗后，再用无氨水冲洗。

九、实训考核

实训考核评分标准详见总氮测定的操作评分表。

表 4-4 总氮分析原始数据记录表

样品种类__________ 分析方法_______________分析日期______年_____月_____日

<table>
<tr><td rowspan="7">标准曲线</td><td colspan="2">标准管号</td><td>0</td><td>1</td><td>2</td><td>3</td><td>4</td><td>5</td><td>6</td><td>7</td><td rowspan="7">标准溶液名称及浓度：
____
标准曲线方程及相关系数：
____
$r=$ ________
方法检出限：
__________</td></tr>
<tr><td rowspan="2">标液量</td><td>mL</td><td></td><td></td><td></td><td></td><td></td><td></td><td></td><td></td></tr>
<tr><td>μg</td><td></td><td></td><td></td><td></td><td></td><td></td><td></td><td></td></tr>
<tr><td colspan="2">A_{220}</td><td></td><td></td><td></td><td></td><td></td><td></td><td></td><td></td></tr>
<tr><td colspan="2">A_{275}</td><td></td><td></td><td></td><td></td><td></td><td></td><td></td><td></td></tr>
<tr><td colspan="2">$A_{220}-2A_{275}$</td><td></td><td></td><td></td><td></td><td></td><td></td><td></td><td></td></tr>
<tr><td colspan="2">$A-A_0$</td><td></td><td></td><td></td><td></td><td></td><td></td><td></td><td></td></tr>
</table>

<table>
<tr><td rowspan="3">样品测定</td><td rowspan="2">样品编号</td><td rowspan="2">取样量/mL</td><td rowspan="2">定容体积/mL</td><td colspan="2">A_{220}</td><td colspan="2">A_{275}</td><td colspan="2">$A_{220}-2A_{275}$</td><td rowspan="2">$A-A_0$</td><td rowspan="2">样品质量/μg</td><td rowspan="2">样品质量浓度/（mg/L）</td><td rowspan="3">计算公式：
__________</td></tr>
<tr><td>样品</td><td>空白</td><td>样品</td><td>空白</td><td>样品</td><td>空白</td></tr>
<tr><td></td><td></td><td></td><td></td><td></td><td></td><td></td><td></td><td></td><td></td><td></td><td></td></tr>
</table>

<table>
<tr><td rowspan="2">标准化记录</td><td>仪器名称</td><td>仪器编号</td><td>显色温度/℃</td><td>显色时间</td><td>参比溶液</td><td>波长/nm</td><td>比色皿/mm</td><td>室温/℃</td><td>湿度</td></tr>
<tr><td></td><td></td><td></td><td></td><td></td><td></td><td></td><td></td><td></td></tr>
</table>

分析人__________ 校对人__________ 审核人__________

表 4-5 水质总氮测定的操作评分表

班级________ 学号________ 姓名________ 成绩________

考核日期______ 开始时间______ 结束时间______ 考评员______

序号	考核点	分值	评分标准	扣分	得分
（一）	仪器准备	6			
1	玻璃仪器洗涤	2	玻璃仪器洗涤干净后内壁应不挂水珠，否则一次性扣 2 分		
2	分光光度计预热 20 min	2	仪器未进行预热或预热时间不够，扣 1 分 打开盖子预热，不正确扣 1 分		
3	移液管的润洗	2	润洗溶液若超过总体积的 1/3，一次性扣 0.5 分 润洗后废液应从下口排放，否则一次性扣 0.5 分 润洗少于 3 次，一次性扣 1 分		

序号	考核点	分值	评分标准	扣分	得分
（二）	标准系列的配制	18	标准溶液使用前没有摇匀，扣 2 分 标准溶液使用前没有稀释，扣 3 分 移液管插入液面下 1 cm 左右，不正确一次性扣 1 分 吸空或将溶液吸入吸耳球内，扣 1 分 一次吸液不成功，重新吸取的，一次性扣 1 分 将移液管中过多的储备液放回储备液瓶中，扣 2 分 每个点取液应从零分度开始，不正确一次性扣 1 分（工作液可放回剩余溶液再取液） 标准曲线取点不得少于 6 点，不符合扣 3 分 只选用一支吸量管移取标液，不符合扣 2 分 逐滴加入蒸馏水至标线操作不当，扣 1 分 混合不充分、中间未开塞，扣 1 分		
（三）	标准系列的测定	20			
1	测定前的准备	4	波长选择不正确，扣 2 分 不能正确调“0”和“100%”，扣 2 分		
2	测定操作	10	没有进行比色皿配套性选择或选择不当，扣 2 分 手触及比色皿透光面，扣 1 分 加入溶液高度不正确，扣 1 分 比色皿外壁溶液处理不正确，扣 1 分 不正确使用参比溶液，扣 2 分 比色皿盒拉杆操作不当，扣 1 分 开关比色皿暗箱盖不当，扣 1 分 读数不准确或重新取液测定，扣 1 分		
3	测定过程中仪器被溶液污染	2	比色皿放在分光光度计仪器表面，扣 1 分 比色室被洒落溶液污染或未及时彻底清理干净，扣 1 分		
4	测定后的处理	4	台面不清洁，扣 1 分 未取出比色皿及未洗涤，扣 1 分 没有倒尽控干比色皿，扣 1 分 未关闭仪器电源，扣 0.5 分 测定结束，未做使用记录，扣 0.5 分		
（四）	水样的测定	10	水样取用量不合适，扣 3 分 量取水样应使用移液管，不正确扣 2 分 稀释倍数不正确，致使吸光度超出要求范围或在第一、第二点范围内，扣 5 分		
（五）	数据记录和结果计算	12			
1	原始记录	3	数据未直接填在报告单上、数据不全、有空项，每项扣 0.5 分，可累计扣分 原始记录中缺少计量单位或错误，每出现一次扣 0.5 分 没有进行仪器使用登记，扣 1 分		

序号	考核点	分值	评分标准	扣分	得分
2	结果计算	9	回归方程中 a，b 未保留 4 位有效数字，每项扣 1 分 r 未保留到小数点后 4 位，扣 1 分 测定结果表述不正确，扣 1 分 回归方程计算错误或没有算出，扣 5 分		
（六）	文明操作	6			
1	实训台面	2	实训过程中台面、地面脏乱，一次性扣 2 分		
2	实训结束清洗仪器、试剂物品归位	2	实训结束未先清洗仪器或试剂物品未归位就完成报告，一次性扣 2 分		
3	仪器损坏	2	仪器损坏，一次性扣 2 分		
（七）	测定结果	28			
1	校准曲线线性	8	$r \geqslant 0.9999$，不扣分 $r = 0.9991 \sim 0.9998$，扣 8～1 分 $r < 0.9990$，不得分		
2	测定结果精密度	10	$\lvert \bar{R}_d \rvert \leqslant 0.5\%$，不扣分 $0.5\% < \lvert \bar{R}_d \rvert \leqslant 0.6\%$，扣 1 分 $0.6\% < \lvert \bar{R}_d \rvert \leqslant 0.7\%$，扣 2 分 $0.7\% < \lvert \bar{R}_d \rvert \leqslant 0.8\%$，扣 3 分，依此类推 $1.3\% < \lvert \bar{R}_d \rvert \leqslant 1.4\%$，扣 9 分 $\lvert \bar{R}_d \rvert > 1.4\%$，或测定结果少于 3 个，扣 10 分		
3	测定结果准确度	10	测定结果测定值在 保证值±0.5%内，不扣分 保证值±0.6%内，扣 1 分 保证值±0.7%内，扣 2 分，依此类推 保证值±1.4%内，扣 9 分 保证值±1.4%外，或测定结果少于 3 个，扣 10 分		
			合　计		

任务四　石油类的测定

石油类是指在规定条件下能被特定溶剂萃取并被测量的所有物质，包括被溶剂从酸化的样品中萃取并在试验过程中不挥发的所有物质。水体中的石油类主要来自工业废水和生活污水。工业废水中石油类（各种烃类的混合物）污染物主要来自原油的开采、加工、运输以及各种炼制油的使用等行业，一般以浮油、分散油、乳化油、溶解油四种形态存在。石油类碳氢化合物漂浮于水体表面，将影响空气与水体界面氧的交换；分散于水中以及吸附于悬浮微粒上或以乳化状态存在于水中的油，可被微生物氧化分解，将消耗水中的溶解氧，使水质恶化。

一、预习思考

（1）预习《水质　石油类和动植物油类的测定　红外分光光度法》（HJ 637—2012）。

（2）测定过程中空白值偏高，影响因素有哪些？如何降低？

（3）红外分光光度计和紫外可见分光光度计有什么不同？

二、实训目的

（1）掌握红外分光光度计的使用方法。

（2）掌握红外分光光度法测定石油类的方法。

三、原理

用四氯化碳萃取样品中的油类物质，然后将萃取液用硅酸镁吸附，去除动、植物油等极性物质后，测定石油类。石油类的含量由波数分别为 2 930 cm^{-1}（CH_2基团中 C—H 键的伸缩振动）、2 960 cm^{-1}（CH_3基团中 C—H 键的伸缩振动）和 3 030 cm^{-1}（芳香环中 C—H 键的伸缩振动）谱带处的吸光度 A_{2930}、A_{2960}和 A_{3030}进行计算。

四、实训准备

（一）样品的采集和保存

油类物质要单独采样，不允许在实验室内再分样。采样时，应连同表层水一并采集，并在样品瓶上做一标记，用以确定样品体积。当只测定水中乳化状态和溶解性油类物质时，应避开漂浮在水体表面的油膜层，在水面下 20～50 cm 处取样。当需要报告一段时间内油类物质的平均浓度时，应在不同时间间隔内分别采样后分别测定。

选用硬质玻璃瓶盛装水样，采集地表水和地下水时选用 1 000 mL 样品瓶，采集工业废水和生活污水时选用 500 mL 样品瓶。容器的洗涤方法采用Ⅱ法（HJ 493—2009 规定洗涤剂洗一次，自来水洗二次，（1∶3）HNO_3 荡洗一次，自来水洗三次，蒸馏水洗一次）。

样品如不能在 24 h 内测定，采样后应加盐酸酸化至 pH≤2，并于 2～5℃下冷藏保存，3d 内测定。

（二）实训仪器和试剂

1. 实训仪器

（1）红外分光光度计、旋转振荡器、聚四氟乙烯旋塞分液漏斗、G-1 型 40 mL 玻璃砂芯漏斗等。

（2）吸附柱：内径 10 mm，长约 200 mm 的玻璃柱。出口处填塞少量用四氯化碳浸泡并晾干后的玻璃棉，将硅酸镁缓缓倒入玻璃柱中，边倒边轻轻敲打，填充高度约为 80 mm。

2. 实训试剂

（1）四氯化碳：在 2 800～3 100 cm^{-1}之间扫描，不应出现锐峰，其吸光度值应不超过 0.12（40 mm 比色皿、空气池做参比）。

（2）无水硫酸钠：在 550℃下加热 4 h，冷却后装入磨口玻璃瓶中，置于干燥器内贮存。

（3）硅酸镁（60～100 目）：取硅酸镁于瓷蒸发皿中，置于马弗炉内 550℃下加热 4 h，在炉内冷却至约 200℃后，移入干燥器中冷却至室温，于磨口玻璃瓶内保存。使用时，称取适量的硅酸镁于磨口玻璃瓶中，根据硅酸镁的重量，按 6%（*m*/*m*）比例加入适量的蒸馏水，密塞并充分振荡数分钟，放置约 12 h 后使用。

（4）正十六烷标准储备液（ρ=1 000 mg/L）：称取 0.100 0 g 正十六烷（光谱纯）于 100 mL 容量瓶中，用四氯化碳定容，摇匀。

（5）异辛烷标准储备液（ρ=1 000 mg/L）：称取 0.100 0 g 异辛烷（光谱纯）于 100 mL 容量瓶中，用四氯化碳定容，摇匀。

（6）苯标准储备液（ρ=1 000 mg/L）：称取 0.100 0 g 苯（光谱纯）于 100 mL 容量瓶中，用四氯化碳定容，摇匀。

五、实训操作

（一）分析测试

1．样品的制备——工业废水或生活污水

将 500.0 mL（1 000 mL）样品转移至 1 000 mL（2 000 mL）分液漏斗中，量取 50.0 mL（25.0 mL）四氯化碳洗涤样品瓶后，全部转移至分液漏斗中。振荡 3 min，并经常开启旋塞排气，静置分层后，将下层有机相转移至已加入 5.0 g（3.0 g）无水硫酸钠的具塞磨口锥形瓶中，摇动数次。如果无水硫酸钠全部结晶成块，需要补加无水硫酸钠，静置。将上层水相全部转移至 1 000 mL（2 000 mL）量筒中，测量样品体积并记录。

将萃取液分为两份，一份可直接测定总油。另一份加入 5.0 g（3.0 g）硅酸镁，置于旋转振荡器上，以 180～200 r/min 的速度连续振荡 20 min，静置沉淀后，上清液经玻璃砂芯漏斗过滤至具塞磨口锥形瓶中，用于测定石油类。

注意，若样品为地表水或地下水时，应使用括号内数据进行操作。

2．样品测定

将经硅酸镁吸附后的萃取液转移至 40 mm 比色皿中，以四氯化碳做参比溶液，于 2 930 cm^{-1}、2 960 cm^{-1} 和 3 030 cm^{-1} 处测量其吸光度 A_{2930}、A_{2960} 和 A_{3030}，从而计算石油类的浓度。

3．空白试验

以蒸馏水代替水样，按照样品制备与测定相同步骤，做全程序空白试验，其测定结果应低于检出限。

4．校正系数的测定

分别量取 2.00 mL 正十六烷标准储备液、2.00 mL 异辛烷标准储备液和 10.00 mL 苯标准储备液于 3 个 100 mL 容量瓶中，用四氯化碳定容至标线，摇匀。正十六烷、异辛烷和苯标准溶液的浓度分别为 20 mg/L、20 mg/L 和 100 mg/L。

用四氯化碳做参比溶液，使用 40 mm 比色皿，分别测量正十六烷、异辛烷和苯标准溶液在 2 930 cm^{-1}、2 960 cm^{-1}、3 030 cm^{-1} 处的吸光度 A_{2930}、A_{2960}、A_{3030}。按下式联立计算校正系数 X、Y、Z：

$$\rho = X \cdot A_{2\,930} + Y \cdot A_{2\,960} + Z(A_{3\,030} - \frac{A_{2\,930}}{F})$$

式中：ρ——四氯化碳中总油的含量，mg/L；

$A_{2\,930}$、$A_{2\,960}$、$A_{3\,030}$——各对应波数下测得的吸光度；

X、Y、Z——与各种 C—H 键吸光度相对应的系数；

F——脂肪烃对芳香烃影响的校正因子，即正十六烷在 2 930 cm^{-1} 与 3 030 cm^{-1} 处的吸光度之比。

对于正十六烷和异辛烷而言，其芳香烃含量为零，即 $A_{3030} - \frac{A_{2930}}{F} = 0$。

（二）原始数据记录

认真填写石油类分析（红外分光光度法）原始数据记录表。

（三）实训室整理

（1）将样品室内比色皿取出，合上样品室盖。
（2）关闭计算机、仪器电源开关。
（3）将比色皿等器皿清洗干净，物归原处。
（4）清理实训台面和地面，保持实训室干净整洁。
（5）检查实训室用水、用电是否处于安全状态。

六、数据处理

样品中石油类的浓度，按下式计算：

$$\rho = [X \cdot A_{2\,930} + Y \cdot A_{2\,960} + Z(A_{3\,030} - \frac{A_{2\,930}}{F})] \cdot \frac{V_0 \cdot D}{V_W}$$

式中：ρ —— 样品中石油类的浓度，mg/L；

X、Y、Z、F —— 校正系数；

$A_{2\,930}$、$A_{2\,960}$、$A_{3\,030}$ —— 各对应波数下测得经硅酸镁吸附后滤出液的吸光度；

V_0 —— 萃取溶剂的体积，mL；

V_W —— 样品体积，mL；

D —— 萃取液稀释倍数。

七、实训报告

按照实训报告的格式要求认真编写。

八、实训总结

（1）方法适用于地表水、地下水、工业废水和生活污水中石油类和动植物油类的测定。当样品体积为 1 000 mL，萃取液体积为 25 mL，使用 40 mm 比色皿时，检出限为 0.01 mg/L，测定下限为 0.04 mg/L；当样品体积为 500 mL，萃取液体积为 50 mL，使用 40 mm 比色皿时，检出限为 0.04 mg/L，测定下限为 0.16 mg/L。

（2）当萃取液中油类化合物浓度大于仪器的测定上限时，应在硅酸镁吸附前稀释萃取液。

（3）样品制备过程中，吸附分离也可采用吸附柱法，即取适量的萃取液流过硅酸镁吸附柱，弃去前 5 mL 滤出液，余下部分接入锥形瓶中，用于测定石油类。

（4）若红外分光光度计出厂时设定了校正系数，可直接按下述方法进行校正系数的检验。

以四氯化碳为溶剂，分别配制石油类标准溶液的浓度为 2 mg/L、5 mg/L、20 mg/L、50 mg/L、100 mg/L。

用四氯化碳做参比溶液，使用 40 mm 比色皿，于 2 930 cm^{-1}、2 960 cm^{-1}、3 030 cm^{-1} 处分别测量上述石油类标准溶液的吸光度 $A_{2\,930}$、$A_{2\,960}$、$A_{3\,030}$，按照下式计算测定浓度。

$$\rho = X \cdot A_{2\,930} + Y \cdot A_{2\,960} + Z(A_{3\,030} - \frac{A_{2\,930}}{F})$$

如果测定值与标准值的相对误差在±10%以内，则校正系数可采用，否则重新测定校正系数并检验，直至符合条件为止。

九、实训考核

实训考核评分标准详见石油类测定的操作评分表。

表 4-6　石油类测定原始数据记录表

样品种类__________　分析方法______________分析日期______年_____月_____日

<table>
<tr><td rowspan="6">样品测定</td><td rowspan="2">样品编号</td><td colspan="2">样品前处理</td><td rowspan="2">萃取液体积/mL</td><td rowspan="2">定容体积/mL</td><td rowspan="2">稀释倍数</td><td colspan="3">样品吸光度</td><td rowspan="2">石油类浓度/(mg/L)</td></tr>
<tr><td>样品体积/mL</td><td>萃取溶剂体积/mL</td><td>3 030 cm⁻¹</td><td>2 960 cm⁻¹</td><td>2 930 cm⁻¹</td></tr>
<tr><td></td><td></td><td></td><td></td><td></td><td></td><td></td><td></td><td></td><td></td></tr>
<tr><td></td><td></td><td></td><td></td><td></td><td></td><td></td><td></td><td></td><td></td></tr>
<tr><td></td><td></td><td></td><td></td><td></td><td></td><td></td><td></td><td></td><td></td></tr>
<tr><td></td><td></td><td></td><td></td><td></td><td></td><td></td><td></td><td></td><td></td></tr>
<tr><td rowspan="4">标准化记录</td><td colspan="2">仪器名称</td><td colspan="2">仪器编号</td><td>萃取液名称</td><td>扫描次数</td><td>参比溶液</td><td>比色皿/mm</td><td>室温/℃</td><td>湿度</td></tr>
<tr><td colspan="2"></td><td colspan="2"></td><td></td><td></td><td></td><td></td><td></td><td></td></tr>
<tr><td colspan="6" rowspan="2">计算公式：</td><td colspan="4">校正系数</td></tr>
<tr><td>X=</td><td>Y=</td><td>Z=</td><td>F=</td></tr>
</table>

分析人____________　校对人____________　审核人____________

表 4-7 石油类测定的操作评分表

班级______ 学号______ 姓名______ 成绩______

考核日期______ 开始时间______ 结束时间______ 考评员______

序号	考核点	分值	评分标准	扣分	得分
（一）	仪器准备	4			
1	玻璃仪器洗涤	2	玻璃仪器洗涤干净后内壁应不挂水珠，否则一次性扣 2 分		
2	分光光度计预热 20 min	2	仪器未进行预热或预热时间不够，扣 1 分 打开盖子预热，扣 1 分		
（二）	样品的制备	36			
1	萃取操作	18	未用四氯化碳洗涤样品瓶，扣 2 分 分液漏斗活塞不应涂凡士林，不正确，扣 1 分 分液漏斗的拿取方法不正确，扣 2 分 振摇过程中未开启活塞排气，扣 3 分 未待静置分层即放液，扣 3 分 放液时分液漏斗颈未紧靠锥形瓶内壁，扣 1 分 上层水相转移损失，扣 2 分 量筒读数及记录不正确，扣 4 分		
2	吸附操作	18	吸附剂选择不正确，扣 4 分 吸附剂加入量不正确，扣 4 分 振荡时间不够，扣 3 分 振荡频率不正确，扣 3 分 振荡后未静置，扣 2 分 上清液未全部转移至过滤装置，扣 2 分		
（三）	红外分光光度计的使用	32			
1	测定前的准备	10	开机顺序不正确，扣 2 分 未进行初始化，扣 2 分 扫描波长范围选择不正确，扣 2 分 未设置扫描参数或设置不正确，扣 2 分 未设置扫描次数，扣 2 分		
2	测定操作	15	用水洗涤比色皿或比色皿未控干，扣 2 分 比色皿光程选择不正确，扣 1 分 手触及比色皿透光面，扣 1 分 加入溶液高度不正确，扣 1 分 比色皿外壁溶液处理不正确，扣 1 分 开关样品室不当，扣 1 分 测定时未关闭样品室盖，扣 1 分 未进行背景测定，扣 1 分 参比溶液选择不正确，扣 2 分 吸光度读数不准确，或重新取液测定，扣 4 分		
3	测定过程中仪器被溶液污染	2	比色皿放在分光光度计仪器表面，扣 1 分 样品室被洒落溶液污染或未及时彻底清理干净，扣 1 分		
4	测定后的处理	5	测定后未取出比色皿及未洗涤，扣 2 分 没有倒尽控干比色皿，扣 1 分 测定结束关机顺序不正确，扣 1 分 未关闭仪器电源，扣 1 分		
（四）	校正系数的测定	8	标准溶液配制过程中移液管操作不规范，扣 1 分 标准溶液配制过程中容量瓶操作不规范，扣 1 分 校正系数计算错误，扣 6 分		

序号	考核点	分值	评分标准	扣分	得分
（五）	数据记录和结果计算	14			
1	原始记录	3	数据未直接填在报告单上、数据不全、有空项，每项扣0.5分，可累计扣分，但不超过2分 没有进行仪器使用登记，扣1分		
2	测定结果	11	有效数字不正确，扣1分 计算结果错误，扣3分 平行测定的相对标准偏差超出要求，扣7分		
（六）	文明操作	6			
1	实训台面	2	实训过程中台面、地面脏乱，一次性扣2分		
2	实训结束清洗仪器、试剂物品归位	2	实训结束未清洗仪器或试剂物品未归位，扣2分		
3	仪器损坏	2	仪器损坏，一次性扣2分		
合　计					

任务五　阴离子表面活性剂的测定

阴离子表面活性剂是普通合成洗涤剂的主要活性成分，使用最广泛的阴离子表面活性剂是直链烷基苯磺酸钠（LAS），由于其性质、性能和价格方面的优势，广泛存在于环境中。LAS对人体黏膜和皮膜有刺激作用，可引起皮炎。当水体中的活性剂含量为0.5 mg/L时，会聚集在水和其他微粒表面，产生泡沫或发生乳化现象，从而阻断水中氧气的交换，导致了水质的恶化，并对水生生物造成危害；当含量为10 g/L时，鱼类难以生存。阴离子洗涤剂已成为当前水污染重要的指标之一，其主要来自洗涤剂生产废水和工业、洗发业的洗涤水，以及生活污水。

《水质　阴离子表面活性剂的测定　亚甲蓝分光光度法》（GB 7494—87）采用LAS作为标准物，其烷基碳链在C10～C13，平均碳数为12，平均分子量为344.4。

一、预习思考

（1）预习《水质　阴离子表面活性剂的测定　亚甲蓝分光光度法》（GB 7494—87）。

（2）为什么本测定方法采用氯仿为参比溶液？

（3）水样中哪些物质会对测定产生干扰？如何消除？

二、实训目的

（1）掌握分光光度计的使用方法。

（2）掌握亚甲蓝分光光度法测定阴离子表面活性剂的步骤。

（3）学会标准曲线定量方法。

三、原理

阳离子染料亚甲蓝与阴离子表面活性剂作用，生成蓝色的盐类，统称亚甲基蓝活性物质（MBAS）。该生成物可被氯仿萃取，其色度与浓度成正比，用分光光度计在波长 652 nm 处测量氯仿层的吸光度。

四、实训准备

（一）样品的采集和保存

取样和保存样品应使用清洁的玻璃瓶，并事先经甲醇清洗过。短期保存建议冷藏在 4℃冰箱中，如果样品需保存超过 24 h，则应采取保护措施。加入 1%（*V*/*V*）的 40%（*V*/*V*）甲醛溶液后，水样可以保存 4 天；用氯仿饱和水样，水样的保存期可长达 8 天。

（二）实验仪器和试剂

1．实训仪器

可见分光光度计（配有 5 mm、10 mm、20 mm 比色皿）、250 mL 聚四氟乙烯（PTFE）活塞分液漏斗、索氏抽提器等。

2．实训试剂

（1）氢氧化钠（NaOH）：1 mol/L。

（2）硫酸（H_2SO_4）：0.5 mol/L。

（3）氯仿（$CHCl_3$）。

（4）直链烷基苯磺酸钠贮备溶液。

称取 0.100 g 标准物 LAS（平均分子量 344.4），准确至 0.001 g，溶于 50 mL 水中，转移到 100 mL 容量瓶中，稀释至标线并混匀。每毫升含 1.00 mg LAS。保存于 4℃冰箱中。如需要，每周配制一次。

（5）直链烷基苯磺酸钠标准溶液。

准确吸 10.00 mL 直链烷基苯磺酸钠贮备溶液于 1 000 mL 容量瓶中，用水稀释至 1 000 mL。每毫升含 10.0 μg LAS，需要当天配制。

（6）亚甲蓝溶液。

先称取 50.0 g 一水磷酸二氢钠（$NaH_2PO_4 \cdot H_2O$）溶于 300 mL 水中，转移到 1 000 mL 容量瓶内，缓慢加入 6.8 mL 浓硫酸（H_2SO_4，ρ=1.84 g/mL），摇匀。另称取 30.0 mg 亚甲蓝（指示剂级），用 50 mL 水溶解后也移入容量瓶，用水稀释至标线，摇匀。此溶液贮存于棕色试剂瓶中。

（7）洗涤液。

称取 50.0 g 一水磷酸二氢钠（$NaH_2PO_4 \cdot H_2O$）溶于 300 mL 水中，转移到 1 000 mL 容量瓶中，缓慢加入 6.8 mL 浓硫酸（H_2SO_4，ρ=1.84 g/mL），用水稀释至标线。

（8）酚酞指示剂溶液。

将 1.0 g 酚酞溶于 50.0 mL 乙醇[C_2H_5OH，95%（*V*/*V*）]中，边搅拌边加入 50.0 mL 水，滤去形成的沉淀。

（9）玻璃棉或脱脂棉。

在索氏抽提器中用氯仿提取 4 h 后，取出干燥，保存在清洁的玻璃瓶中待用。

五、实训操作

（一）分析测试

1．水样预处理

本方法目的是测定水样中溶解态的阴离子表面活性剂。在测定前，应将水样预先经中速定性滤纸过滤以去除悬浮物。吸附在悬浮物上的表面活性剂不计在内。

2．标准曲线绘制

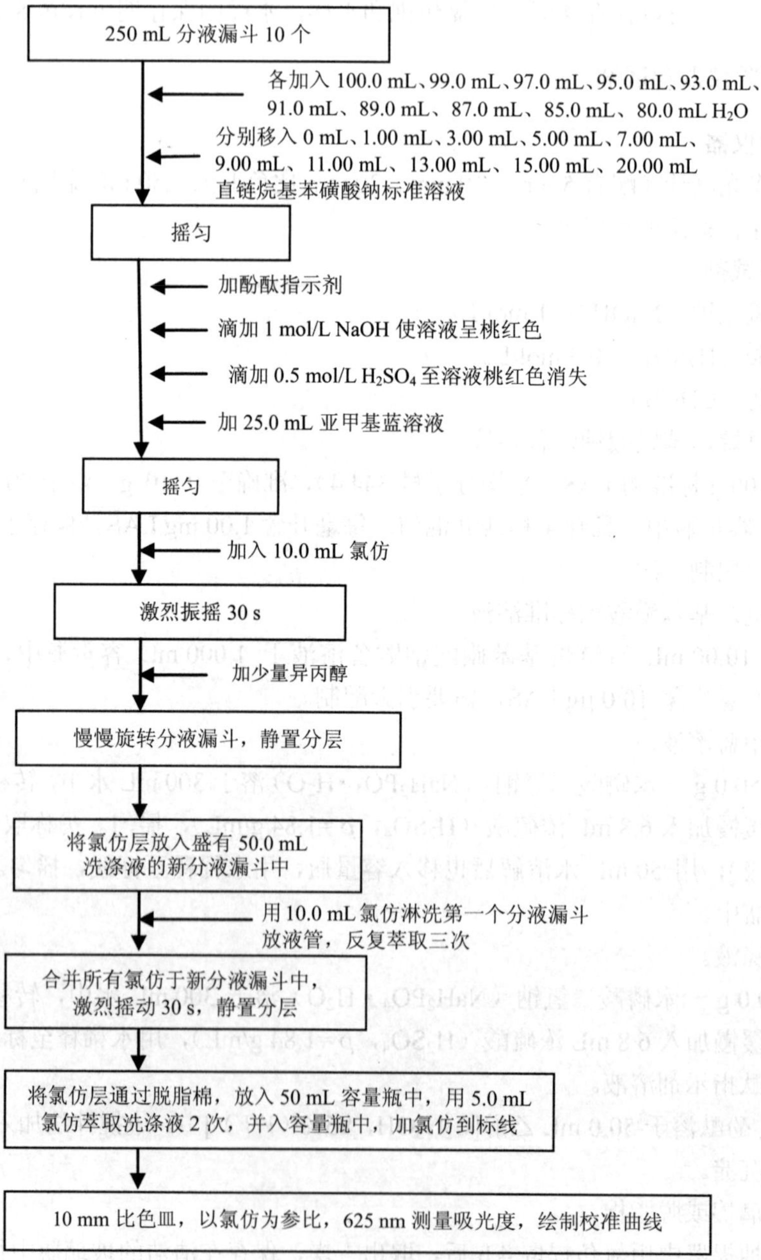

图 4-2　阴离子表面活性剂的测定程序

3. 水样测定

将预处理后的水样以酚酞为指示剂，逐滴加入 1 mol/L 的 NaOH 至溶液呈桃红色，再滴加 0.5 mol/L H_2SO_4 到桃红色消失，后续操作同标准曲线测定过程。

4. 空白测定

用 100 mL 水代替试样。在试验条件下，每 10 mm 光程长空白试验的吸光度不应超过 0.02，否则应仔细检查设备和试剂是否有污染。

（二）原始数据记录

按照分光光度法原始数据记录表的格式要求认真填写。

（三）实训室整理

（1）将分光光度计的拉杆推至非测量挡，合上样品室盖。

（2）仪器回零，关闭仪器电源开关，拔掉电源插头。

（3）比色皿、比色管等器皿清洗干净，物归原处。

（4）清理实训台面和地面，保持实训室干净整洁。

（5）检查实训室用水、用电是否处于安全状态。

六、数据处理

用亚甲基蓝活性物质（MBAS）报告结果，以 LAS 计，平均分子量为 344.4。水样中阴离子表面活性剂的浓度，按下式计算：

$$\rho = \frac{m}{v}$$

式中：ρ——水样中亚甲基蓝活性物质（MBAS）的浓度，mg/L；

m——从校准曲线上读取的表观 LAS 质量，μg；

v——水样的体积，mL。

计算结果精确到小数点后三位。

七、实训报告

按照实训报告的格式要求认真编写。

八、实训总结

（1）方法的适用范围：本方法适用于测定饮用水、地面水、生活污水及工业废水中的低浓度亚甲基蓝活性物质（MBAS），亦即阴离子表面活性物质。在实验条件下，主要被测物是 LAS、烷基磺酸钠和脂肪醇硫酸钠。

当采用 10 mm 光程的比色皿，试份体积为 100 mL 时，本方法的最低检出浓度为 0.05 mg/L LAS，检测上限为 2.0 mg/L LAS。

（2）每次测定前，需振荡容量瓶内氯仿萃取液，并以此溶液洗比色皿三次后测定；每次测定结束后，用氯仿溶液清洗比色皿。

九、实训考核

实训考核评分标准详见阴离子表面活性剂测定的操作评分表。

表 4-8 阴离子表面活性剂测定原始数据记录表

样品种类__________ 分析方法__________________分析日期______年______月______日

标准曲线	标准管号		0	1	2	3	4	5	标准溶液名称及浓度：____________
	标液量	mL							
		μg							标准曲线方程及相关系数：____________
	A								
	$A-A_0$								r= __________ 方法检出限：____________

样品测定	样品编号	取样量/mL	定容体积/mL	样品吸光度	空白吸光度	校正吸光度	回归方程计算结果/μg	样品浓度/(mg/L)	计算公式：____________

标准化记录	仪器名称	仪器型号	显色温度/℃	显色时间	参比溶液	波长/nm	比色皿/mm	室温/℃	湿度

分析人______________ 校对人______________ 审核人______________

表 4-9　阴离子表面活性剂测定的操作评分表

班级＿＿＿＿＿＿＿学号＿＿＿＿＿＿＿　姓名＿＿＿＿＿＿＿　成绩＿＿＿＿＿＿＿

考核日期＿＿＿＿＿　开始时间＿＿＿＿＿　结束时间　＿＿＿＿＿　考评员＿＿＿＿＿

序号	考核点	分值	评分标准	扣分	得分
（一）	仪器准备	6			
1	玻璃仪器洗涤	2	玻璃仪器洗涤干净后内壁应不挂水珠，否则一次性扣 2 分		
2	分光光度计预热 20 min	2	仪器未进行预热或预热时间不够，扣 1 分 打开盖子预热，不正确扣 1 分		
3	移液管的润洗	2	润洗溶液若超过总体积的 1/3，一次性扣 0.5 分 润洗后废液应从下口排放，否则一次性扣 0.5 分 润洗少于 3 次，一次性扣 1 分		
（二）	标准系列的配制	18	移液管插入液面下 1cm 左右，不正确，一次性扣 1 分 吸空或将溶液吸入吸耳球内，扣 1 分 一次吸液不成功，重新吸取的，一次性扣 1 分 每个点取液应从零分度开始，不正确，一次性扣 1 分（工作液可放回剩余溶液再取液） 标准曲线取点不得少于 6 点，不符合，扣 3 分 只选用一支吸量管移取标液，不符合，扣 2 分 混合不充分、中间未开塞，扣 1 分 分液漏斗的使用不正确，扣 5 分 酚酞指示剂颜色判断不正确，扣 3 分		
（三）	标准系列的测定	28			
1	测定前的准备	4	波长选择不正确，扣 2 分 不能正确调“0”和“100%”，扣 2 分		
2	测定操作	14	没有进行比色皿配套性选择，或选择不当，扣 2 分 手触及比色皿透光面，扣 2 分 加入溶液高度不正确，扣 2 分 比色皿外壁溶液处理不正确，扣 2 分 不正确使用参比溶液，扣 2 分 比色皿盒拉杆操作不当，扣 1 分 开关比色皿暗箱盖不当，扣 1 分 读数不准确或重新取液测定，扣 2 分		
3	测定过程中仪器被溶液污染	4	比色皿放在分光光度计仪器表面，扣 2 分 比色室被洒落溶液污染或未及时彻底清理干净，扣 2 分		
4	测定后的处理	6	台面不清洁，扣 1 分 未取出比色皿及未洗涤，扣 2 分 没有倒尽控干比色皿，扣 1 分 未关闭仪器电源，扣 1 分 测定结束，未做使用记录，扣 1 分		

序号	考核点	分值	评分标准	扣分	得分
（四）	水样的测定	10	水样取用量不合适，扣 3 分 量取水样应使用移液管，不正确，扣 2 分 稀释倍数不正确，致使吸光度超出要求范围或在第一、第二点范围内，扣 5 分		
（五）	数据记录和结果计算	14			
1	原始记录	4	数据未直接填在报告单上、数据不全、有空项，每项扣 0.5 分，可累计扣分 原始记录中，缺少计量单位或错误，每出现一次扣 0.5 分 没有进行仪器使用登记，扣 1 分		
2	结果计算	10	回归方程中 a，b 未保留 4 位有效数字，每项扣 1 分 r 未保留到小数点后 4 位，扣 1 分 测定结果表述不正确，扣 2 分 回归方程计算错误或没有算出，扣 5 分		
（六）	文明操作	6			
1	实训台面	2	实训过程中台面、地面脏乱，一次性扣 2 分		
2	实训结束清洗仪器、试剂物品归位	2	实训结束未先清洗仪器或试剂物品未归位就完成报告，一次性扣 2 分		
3	仪器损坏	2	仪器损坏，一次性扣 2 分		
（七）	测定结果	18			
1	校准曲线线性	8	$r \geqslant 0.9999$，不扣分 $r = 0.9991 \sim 0.9998$，扣 8～1 分 $r < 0.9990$，不得分		
2	测定结果精密度	10	$\lvert \bar{R}_d \rvert \leqslant 0.5\%$，不扣分 $0.5\% < \lvert \bar{R}_d \rvert \leqslant 0.6\%$，扣 1 分 $0.6\% < \lvert \bar{R}_d \rvert \leqslant 0.7\%$，扣 2 分 $0.7\% < \lvert \bar{R}_d \rvert \leqslant 0.8\%$，扣 3 分，依此类推 $1.3\% < \lvert \bar{R}_d \rvert \leqslant 1.4\%$，扣 9 分 $\lvert \bar{R}_d \rvert > 1.4\%$，扣 10 分		

任务六　粪大肠菌群的测定

粪大肠菌群是总大肠菌群中的一部分，主要来自粪便。在 44.5℃温度下能生长并发酵乳糖能产酸产气的大肠菌群称为粪大肠菌群。城市污水既包括人们生活排出的洗浴污水、粪尿，也包括公共设施排出的废水，如医院废水、工业废水等。这些污、废水都有可能带来大量的病毒和致病菌。由于病菌类别多样，对每一种病菌进行分析又十分复杂，因此通常采用最有代表性的粪大肠菌群指标反映水的卫生质量。

一、预习思考

（1）预习《水质　粪大肠菌群数的测定》（HJ/T 347—2007）。

（2）了解滤膜法测定及滤膜法测定的适用范围。

二、实训目的

（1）掌握滤膜法测定粪大肠菌群的原理。

（2）掌握滤膜法测定粪大肠菌群的步骤。

（3）了解粪大肠菌群对评价水质状况的重要性。

三、实训原理

滤膜是一种微孔性薄膜。将水样注入已灭菌的放有滤膜（孔径 0.45 μm）的滤器中，经过抽滤，细菌被截留在膜上，然后将滤膜贴于 M-FC 培养基上，在 44.5℃下进行培养，计数滤膜上生长的此特性的菌落数，计算出每升水样中含有粪大肠菌群数。

四、培养基和试剂

（一）培养基

1．M-FC 培养基制备

将表 4-10 培养基中的成分（除苯胺蓝和玫瑰色酸外）置于蒸馏水中加热溶解，调节 pH 为 7.4，分装于小烧瓶内，每瓶 100 mL，在 115℃下灭菌 20 min。储于冰箱中备用。临用前，按上述配方比例，用灭菌吸管分别加入已煮沸灭菌的 1%苯胺蓝溶液 1 mL 及新配制的 1%玫瑰色酸溶液（溶于 0.2 mol/L 氢氧化钠液中）1 mL，混合均匀。加热溶解前，加入 1.2%～1.5%琼脂可制成固体培养基。如培养物中杂菌不多，则培养基中不加玫瑰色酸亦可。

表 4-10　M-FC 培养基成分

名称	数量	名称	数量	名称	数量
胰胨	10 g	乳糖	12.5 g	1%玫瑰色酸溶液（溶于 0.2 mol/L 氢氧化钠溶液中）	10 mL
蛋白胨	5 g	氯化钠	5 g	1%苯胺蓝水溶液	10 mL
酵母浸膏	3 g	胆盐三号	1.5 g	蒸馏水	1 000 mL

2．培养基存放

在密封瓶中的脱水培养基成品要存放在大气湿度低、温度低于 30℃的暗处，存放时应避免阳光直接照射，并且要避免杂菌侵入和液体蒸发。当培养液颜色变化或体积变化明显时废弃不用。

（二）试剂

本实训所用试剂除另有注明外，均为符合国家标准的分析纯化学试剂，实训用水为新制备的去离子水。

五、实训步骤

1．水样量选择

根据细菌受检验的特征和水样中预测的细菌密度而定。如未知水样中粪大肠菌的密度，就应按表 4-11 所列体积过滤水样，得知水样的粪大肠杆菌密度。先估计出适合在滤膜上计数所应使用的体积，然后再取这个体积的 1/10 和 10 倍，分别过滤。理想的水样体积是一片滤膜上生长 20～60 个粪大肠菌群菌落，总菌落数不得超过 200 个。使用的水样量可参考表 4-11（打“×”项）。

表 4-11　水样量

水样种类	检测方法	接种量/mL								
		100	50	10	1	0.1	10^{-2}	10^{-3}	10^{-4}	10^{-5}
较清洁的湖水	滤膜法	×	×	×						
一般的江水	滤膜法		×	×	×					
城市内的河水	滤膜法				×	×	×			
城市原污水	滤膜法					×	×	×		

2．滤膜及滤器灭菌

将滤膜放入烧杯中，加入蒸馏水，置于沸水浴中煮沸灭菌三次，每次 15 min。前两次煮沸后需更换水洗涤 2～3 次，以除去残留溶剂。也可在 121℃下灭菌 10 min，后迅速将蒸汽放出，这样可以尽量减少滤膜上凝集的水分。滤器、接液瓶和垫圈分别用纸包好，在使用前先经 121℃高压蒸汽灭菌 30 min。滤器灭菌也可用点燃的酒精棉球火焰灭菌。

3．过滤装置安装

以无菌操作把滤器装置依照图 4-3 装好。

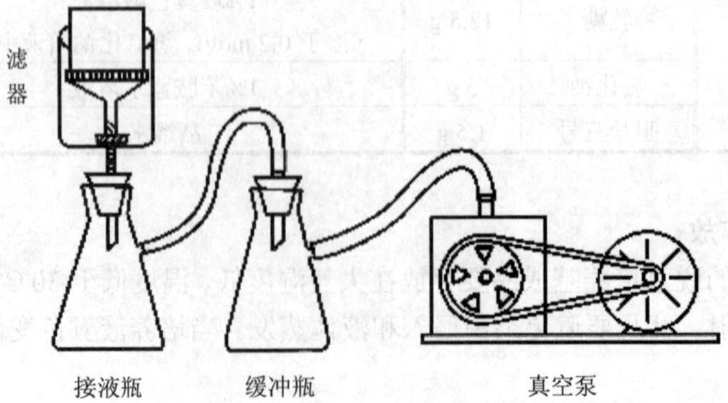

图 4-3　无菌操作滤器装置

4．过滤

用无菌镊子夹取灭菌滤膜边缘，将粗糙面向上，贴放在已灭菌的滤床上，稳妥地固定好滤器。将适量的水样注入滤器中，加盖，开动真空泵即可抽滤除菌。

5．培养

使用 M−FC 培养基。不含琼脂的培养基使用已用 M-FC 培养基饱和的无菌吸收垫。将滤过水样的滤膜置于琼脂或吸收垫表面。将培养皿紧密盖好后，置于能准确恒温于（44.5±0.5）℃的恒温培养箱中，经（24±2）h 培养。

六、结果计算

粪大肠菌群菌落在 M−FC 培养基上呈蓝色或蓝绿色，其他非粪大肠菌群菌落呈灰色、淡黄色或无色。在正常情况下，由于温度和玫瑰酸盐试剂的选择性作用，在 M-FC 培养基上很少见到非粪大肠菌群菌落。必要时可将可疑菌落接种于 EC 培养液，（44.5±0.5）℃培养（24±2）h，如产气则证实为粪大肠菌群。

计数呈蓝色或蓝绿色的菌落，计算出每升水样中的粪大肠菌群数。

$$\text{粪大肠菌群菌落数（个/L）}=\frac{\text{滤膜上生长的粪大肠菌群菌落数}\times 1\,000}{\text{过滤水样量（mL）}}$$

七、实训报告

按照实训报告的格式要求认真编写。

任务七　活性污泥性质的测定

一、实训目的

活性污泥法是以活性污泥为主体的污水微生物处理技术，它是利用人工培养和驯化的微生物群体去氧化分解污水中可以生物降解的有机污染物，通过生物化学反应，改变这些有机污染物的性质，把它们从污水中分离从而使污水得到净化的方法。活性污泥法是目前应用最广泛的一种污水人工处理方法。高质量的活性污泥应具有良好的吸附性能、较高的生物活性、较好的沉降及浓缩性能。通过学习活性污泥性质的测定使学生掌握混合液悬浮固体浓度（MLSS）、污泥沉降比（SV_{30}）的测定方法及污泥体积指数（SVI）的计算。并且能够利用测定结果来评价污水处理厂的处理效果和运行状况。

二、混合液悬浮固体浓度（MLSS）测定

MLSS 是指曝气池中单位体积活性污泥混合液中悬浮物的质量，单位为 mg/L。MLSS 是计量曝气池中活性污泥浓度的指标，由于测定简便，往往以它作为粗略计量活性污泥微生物的指标。采用好氧活性污泥法处理城市污水时，曝气池中的 MLSS 一般维持 2 000～4 000 mg/L。

（一）实训仪器

真空抽滤装置、烘箱、干燥器、滤纸等。

（二）分析测试

（1）将滤纸在 103～105℃烘干 2 h，取出，冷却到室温后称重，反复操作直至获得恒重（两次称量相差不超过 0.000 5 g），记录重量为 m_0。

（2）取曝气池混合液 100 mL，用称至恒重的滤纸过滤。

（3）小心取下滤纸，放在 103～105℃烘箱中，烘 2 h 后取出，放冷后称重，直到恒重为止，记录重量为 m_1。

（4）计算得到曝气池的 MLSS 值。

$$\mathrm{MLSS(mg/L)}=\frac{(m_1-m_0)\times 1\,000}{V}$$

三、污泥沉降比（SV_{30}）测定

污泥沉降比是指取 1 000 mL 曝气池泥水混合液置于量筒中，静止沉降 30 min 后污泥所占体积，单位为 mL/L。污泥沉降比是测定污泥沉降性能最为简便的方法。对于一定浓度的活性污泥来说，SV_{30} 越小，说明污泥沉降性能越好。对同一类污泥来说，其浓度越高，SV_{30} 值越大。传统的活性污泥处理系统，SV_{30} 一般为 15%～30%。

四、污泥体积指数（SVI）测定

污泥体积指数（SVI）简称污泥指数，是指曝气池中活性污泥混合液经 30 min 沉降后，1 g 干污泥所占的体积（以 mL 计），即：

$$\mathrm{SVI}=\frac{\text{混合液30 min后污泥沉降体积(mL/L)}}{\text{混合液污泥浓度(g/L)}}$$

污泥指数是判断污泥沉降性能的常用参数，能较好地反映活性污泥的松散程度。污泥指数过低，说明泥粒细小、紧密、无机物多，污泥缺乏活性和吸附能力；污泥指数过高，说明污泥将要膨胀或已膨胀，污泥不易沉淀，影响污水的处理效果。一般认为，SVI 为 100～150，污泥沉降性能良好，SVI 大于 200 时，污泥膨胀，沉降性能差。

五、结果分析与评价

对监测数据进行分析处理，根据计算结果评价曝气池内活性污泥的质量，进一步评价污水处理厂的运行状况。

六、实训报告

按照实训报告的格式要求认真编写。

城镇污水处理厂水质监测报告

项目名称：　城镇污水处理厂水质监测

监测类别：　废水监测

报告日期：　　　年　　月　　日

1．监测内容

____

2．监测项目

____

3．监测分析方法及方法来源

监测项目的监测方法、方法来源、使用仪器及检出限见表1。

表1 环境监测方法及方法来源

项目	监测方法	方法来源	使用仪器	检出限/（mg/L）

4．监测结果

水质监测结果见表2。

表2 水质监测结果 单位：

样点编号	采样位置	监测日期	温度/℃	监测项目1	监测项目2	监测项目3	……

环境监测点位示意图

报告编制人____________日 期____________

审 核 人____________日 期____________

项目五

环境空气质量监测

任务一　校园空气质量监测方案的制定

一、实训目的

（1）在资料收集、现场调查的基础上，掌握监测项目的确定。

（2）掌握监测分析方法的选择。

（3）掌握采样点布设、采样方法、采样时间与采样频次的确定。

（4）合理书写校园空气质量监测方案，做到内容完整，表述准确。

（5）培养团结协作精神及处理实际问题的能力。

二、资料收集和现场调查

空气中的污染物具有随时间、空间变化大的特点。污染源的分布、排放量及地形、地貌、气象等条件都会影响空气污染物的时空分布及其浓度。

1. 校园空气污染源调查

主要调查校园内及其周边空气污染源类型、数量、位置、排放的主要污染物、排放方式及其排放量，污染源所用原料、燃料、消耗量，为空气环境监测项目、采样时间等选择提供依据。

2. 气象资料收集

主要收集校园所在地气象站（台）近年的气象数据，包括风向、风速、气温、气压、降水量、相对湿度等。

3. 收集以往的校园空气质量监测资料

三、监测项目的确定

通过对校园空气环境的分析，根据《环境空气质量标准》（GB 3095—2012）和校园空气污染源排放的特征污染物来确定监测项目，其中《环境空气质量标准》中规定的基本项目有 SO_2、NO_2、CO、O_3、PM_{10}、$PM_{2.5}$。

四、监测分析方法的确定

根据《环境空气质量标准》（GB 3095—2012）和《环境空气质量手工监测技术规范》

（HJ/T 194—2005）进行分析方法的选择，应选用国家环境保护标准、环境保护行业标准规定的方法。选择分析方法时，还应考虑监测对象的浓度水平和分析方法的检出限。

五、样品采集

1. 监测点布设

环境空气质量监测的布点方法主要有功能区布点法、网格布点法、同心圆布点法和扇形布点法。根据污染源的位置、排放方式及当地的地形、地貌、气象等条件，结合校园环境各功能区的要求，可采用以一种布点方法为主，兼用其他方法的综合布点法。监测点位的布设原则和要求按《环境空气质量监测点位布设技术规范（试行）》（HJ 664—2013）的规定执行。各监测点具体位置应在总平面布置图上注明。

2. 采样时间和采样频次

（1）SO_2、NO_2、CO、O_3、NO_x 的 1 小时平均浓度：每小时至少有 45 min 的采样时间。

（2）O_3 的 8 小时平均浓度：每 8 小时至少有 6 小时平均浓度值。

（3）SO_2、NO_2、CO、PM_{10}、$PM_{2.5}$、NO_x 的24小时平均浓度：每日至少有20小时平均浓度值或采样时间；TSP、B[*a*]P、Pb的24小时平均浓度：每日应有24小时的采样时间。

3. 采样方法

采集空气的方法有直接采样法和富集（浓缩）采样法。当空气中的被测组分浓度较高，或者选用的监测方法灵敏度高时，可选用直接采样法；当空气中的污染物质浓度比较低，直接采样不能满足分析方法检出限的要求时，需采用富集采样法。采样结束后，填写空气采样原始数据记录表（气态污染物现场采样记录表）。

六、监测分析

分析用的各种试剂和纯水的质量必须符合分析方法的要求。监测样品应及时分析，否则必须按监测项目的要求保存，并在规定的期限内分析完毕。每批样品应做全程空白样，实验室内进行质控样、平行样或加标回收样品的测定。

七、监测结果处理与评价

各污染物项目的数据统计结果按照 GB/T 8170—2008 中规则进行修约，浓度单位及保留小数位数要求如下：SO_2、NO_2、PM_{10}、$PM_{2.5}$、O_3、TSP 和 NO_x 的计算结果（$\mu g/m^3$）保留到整数位；Pb、B[*a*]P 的计算结果（$\mu g/m^3$）分别保留 2 位、4 位小数；CO 的计算结果（mg/m^3）保留 1 位小数；超标倍数保留 2 位小数。

单项目评价：以 GB 3095—2012 中污染物的浓度限值为依据，对各监测项目的评价指标进行达标情况判断，超标的监测项目计算其超标倍数。多项目综合评价达标是指评价时段内所有基本评价项目均达标。多项目综合评价的结果包括：空气质量达标情况、超标污染物及超标倍数（按照大小顺序排列）。通过分析校园空气质量现状，找出造成校园空气质量变化的原因，提出改善校园空气质量的建议及措施。

八、实训报告

按照空气质量监测方案的制定实训报告的格式要求认真编写。

表 5-1 空气采样原始数据记录表

（气态污染物现场采样记录表）

采样地点______________污染物名称______________

采样方法______________采样仪器型号______________

采样日期	样品编号	采样时间			气温/℃	大气压/kPa	采样流量/（L/min）	采样体积 V_s/m^3	天气状况
		开始	结束	累计/min					
备注									

采样人__________ 记录人__________ 校核人__________

表 5-2 空气质量监测方案的制定实训报告

班级		姓名		学号	
实训时间		实训地点		成绩	
批改意见： 教师签字：					
实训目的					
基础资料的收集	校园空气污染源排放调查表				

校园空气污染源排放调查表

污染源名称	数量	位置	原辅材料	排放的主要污染物	废气排放量	排放方式	排气筒高度	治理措施

校园周边汽车尾气排放调查表

路段		××大街	××路	××路	××街
车流量/（辆/h）	大型车				
	中型车				
	小型车				

基础资料的收集

气象资料收集内容

项目	收集内容
风向	主导风向、次主导风向及频率等
风速	年平均风速、最大风速、最小风速、年静风频率等
气温	年平均气温、最高气温、最低气温等
降水量	平均年降水量、每日最大降水量等
相对湿度	年平均相对湿度

监测点位的布设

监测点设置情况表

序号	监测点位名称
1	
2	

监测点位平面分布图

监测点位平面分布图

监测项目的确定

监测项目选择表

基本项目	
其他项目	

分析方法的确定

监测项目的分析方法及检出下限表

序号	监测项目	分析方法	标准代码	检出下限
1				
2				

监测结果统计	

校园环境空气监测结果统计表

监测项目	测点名称	是否达标	1 小时平均			8 小时平均			24 小时平均		
			标准值	监测结果	超标倍数	标准值	监测结果	超标倍数	标准值	监测结果	超标倍数

空气质量评价及合理化建议	

任务二　PM_{10}和$PM_{2.5}$的测定

PM_{10}指悬浮在空气中，空气动力学当量直径≤10 μm 的颗粒物；$PM_{2.5}$指悬浮在空气中，空气动力学当量直径≤2.5 μm 的颗粒物。环境空气中PM_{10}和$PM_{2.5}$手工测定的分析方法为《环境空气　PM_{10}和$PM_{2.5}$的测定　重量法》（HJ 618—2011）。《环境空气颗粒物（$PM_{2.5}$）手工监测方法（重量法）技术规范》（HJ 656—2013）对$PM_{2.5}$的测定也作了相应的要求。

一、预习思考

（1）重量法测定PM_{10}和$PM_{2.5}$的原理。

（2）样品采集前应准备哪些工作？

（3）如何正确安装滤膜？

（4）采样结束后，滤膜如何处理？无效的滤膜有何特征？

（5）滤膜称量的要点有哪些？

（6）何为标准滤膜及如何使用标准滤膜？

二、实训目的

（1）掌握分析天平的使用方法。

（2）掌握重量法测定环境空气中的PM_{10}和$PM_{2.5}$。

三、原理

分别通过具有一定切割特性的采样器，以恒速抽取定量体积的空气，使环境空气中$PM_{2.5}$和PM_{10}被截留在已知质量的滤膜上，根据采样前后滤膜的重量差和采样体积，计算出$PM_{2.5}$和PM_{10}的质量浓度。方法检出限为 10 μg/m^3（以感量 0.1 mg 分析天平，样品负载量为 1.0 mg，采集 108 m^3空气样品计）。

四、仪器和材料

（1）中流量采样器：采气流量为 100 L/min，配有PM_{10}切割器和$PM_{2.5}$切割器。

（2）滤膜：可根据监测目的选用玻璃纤维滤膜、石英滤膜等无机滤膜或聚四氟乙烯、聚氯乙烯、聚丙烯、混合纤维素等有机滤膜。滤膜对 0.3 μm 标准粒子的截留效率不低于99%。

（3）恒温恒湿箱：箱内空气温度在 15～30℃范围内可调，控温精度±1℃；箱内空气相对湿度应控制在 45%～55%。恒温恒湿箱可连续工作。

（4）分析天平：感量 0.1 mg 或 0.01 mg。

（5）温度计：测量范围−30～50℃，精度：±0.5℃。

（6）气压计：测量范围 50～107 kPa，精度：±0.1 kPa。

（7）湿度计：测量范围 10%～100% RH，精度：±5% RH。

五、实训操作

（一）样品采集

1．采样前准备

（1）切割器清洗：切割器应定期清洗，一般情况下累计采样 168 h 应清洗一次，如遇扬尘、沙尘暴等恶劣天气，应及时清洗。

（2）环境温度检查和校准：每次采样前检查一次，若采样器的环境温度测量示值误差超过±2℃，应对采样器进行温度校准。

（3）环境大气压检查和校准：每次采样前检查一次，若采样器的环境大气压测量示值误差超过±1 kPa，应对采样器进行压力校准。

（4）气密性检查：应定期检查，检查周期通常为一个月，操作方法可参见 HJ 656—2013 附录 A。

（5）采样流量检查：一般情况下累计采样 168 h 检查一次，若流量测量误差超过采样器设定流量的±2%，应对采样流量进行校准。采样流量校准方法参见 HJ 656—2013 附录 B。

（6）滤膜检查：滤膜应边缘平整、厚薄均匀、无毛刺，无污染，不得有针孔或任何破损。有机滤膜检查方法参见 HJ 656—2013 附录 C。

（7）采样前空白滤膜称量：按[（三）样品称量]将滤膜进行平衡处理至恒重，称量，记录称量环境条件和滤膜质量，将称量后的滤膜放入滤膜保存盒中备用。

2．样品采集

（1）采样环境。

① 采样器入口距地面或采样平台的高度不低于 1.5 m。

② 当多台中流量采样器平行采样时，相互之间的距离为 1 m 左右。

③ 若测定交通枢纽处 PM_{10} 和 $PM_{2.5}$，采样点应布置在距人行道边缘外侧 1 m 处。

④ 采样不宜在风速大于 8 m/s 等天气条件下进行。

（2）采样时间。

① 测定 PM_{10} 和 $PM_{2.5}$ 日平均浓度，每日采样时间应不少于 20 h。

② 采样时间应保证滤膜上的颗粒物负载量不少于称量天平检定分度值的 100 倍。

（3）采样方法。

① 采样时，将已编号并称量过的滤膜毛面朝进气方向，用镊子放入洁净滤膜夹内的滤网上，将滤膜牢固压紧至不漏气。

② 将滤膜夹正确放入采样器中，设置采样时间等参数，启动采样器采样。

③ 采样结束后，用镊子取出滤膜，将有尘面两次对折，放入滤膜保存盒中，并做好采样记录。

（4）空白滤膜的配置。

将空白滤膜和采样滤膜一起运送至采样地点，不采样并保持和采样滤膜相同的时间，与采样后的滤膜一起运回实验室，并一起进行恒重、称量。空白滤膜前、后两次称量质量之差应远小于采样滤膜上的颗粒物负载量，否则此批次采样监测数据无效。

（二）样品保存

滤膜采集后，应尽快平衡称量；如不能及时平衡称量，应在 4℃条件下密闭冷藏保存，最长不超过 30 d。

（三）样品称量

1．滤膜平衡条件

将滤膜放在恒温恒湿箱中平衡 24 h，平衡条件为：温度取 15～30℃中任意一点，相对湿度控制在 45%～55%范围内，记录平衡温度与湿度。应确保滤膜与空白滤膜平衡条件一致。

2．天平室称量条件

天平室温、湿度条件应与恒温恒湿箱保持一致。

3．滤膜称量

滤膜平衡后用分析天平进行称量，记录滤膜质量和编号等信息。滤膜首次称量后，在相同条件平衡 1 h 后需再次称量。以两次称量结果的平均值作为滤膜称重值。对于 PM_{10} 和 $PM_{2.5}$ 颗粒物样品滤膜，两次重量之差分别小于 0.4 mg 或 0.04 mg 为满足恒重要求，超出以上范围则该滤膜作废。

4．滤膜称量质量控制

（1）标准滤膜的制作：取空白滤膜若干张，在恒温恒湿箱内，按平衡条件平衡 24 h，称重。每张滤膜非连续称量 10 次以上，计算 10 次称量结果的平均值作为该张滤膜的原始质量，上述滤膜称为“标准滤膜”，标准滤膜的 10 次称量应在 30 min 内完成。

（2）标准滤膜的使用：每批次称量采样滤膜同时，应称量至少一张“标准滤膜”。若标准滤膜的称量结果在原始质量±0.5 mg（中流量采样）范围内，则认为该批次滤膜称量合格；否则应检查称量环境条件是否符合要求并重新称量该批次滤膜。

（四）原始记录

认真填写 PM_{10} 和 $PM_{2.5}$ 现场采样记录表、滤膜平衡及称量记录表。

（五）实训室整理

（1）将分析天平回零，关闭仪器，拔掉电源插头，填写仪器使用记录。

（2）将空气采样器放回原处，填写仪器使用记录。

六、数据处理

空气中 PM_{10} 和 $PM_{2.5}$ 的浓度按下式计算：

$$\rho = \frac{W_1 - W_0}{V_s} \times 10^6$$

式中：ρ——PM_{10} 或 $PM_{2.5}$ 的浓度，μg/m³；

W_1 —— 采样后滤膜的质量，g；

W_0 —— 空白滤膜的质量，g；

V_s —— 标准状态下（273.15 K，101.325 kPa）的采样体积，m³。

计算结果保留到整数位。

七、实训报告

按照实训报告的格式要求认真编写。

八、实训总结

（1）采样器每次使用前需进行环境温度检查和校准、环境大气压检查和校准，定期进行切割器清洗、气密性检查和流量检查。

（2）滤膜使用前均需进行检查，不得有针孔或任何缺陷。

（3）要经常检查采样头是否漏气。当滤膜安装正确，采样系统无漏气时，采样后滤膜上颗粒物与四周白边之间界限应清晰；若出现界线模糊时，则表明有漏气，应检查滤膜安装是否正确，或者更换滤膜密封垫、滤膜夹。该滤膜样品作废。

（4）采样过程中应配置空白滤膜。

（5）称量前应检查分析天平的基准水平，并根据需要进行调节。为确保稳定性，分析天平应尽量处于长期通电状态。

（6）滤膜称量前应有编号，但不能直接标记在滤膜上；称量前应首先打开分析天平屏蔽门，至少保持 1 min，使分析天平称量室内温、湿度与外界达到平衡；称量时应消除静电影响并尽量缩短操作时间；称量过程中应同时称量标准滤膜进行称量环境条件的质量控制；采样前后，滤膜称量应使用同一台分析天平。

（7）当 PM_{10} 或 $PM_{2.5}$ 含量很低时，采样时间不能过短。对于感量为 0.1 mg 和 0.01 mg 的分析天平，滤膜上颗粒物负载量应分别大于 1 mg 和 0.1 mg，以减少称量误差。

九、实训考核

实训考核评分标准详见空气中 PM_{10} 和 $PM_{2.5}$ 测定的操作评分表。

表 5-3　PM_{10} 和 $PM_{2.5}$ 现场采样记录表

采样地点＿＿＿＿＿＿　采样日期＿＿＿＿＿＿　采样器型号＿＿＿＿＿＿

天气状况＿＿＿＿＿＿　相对湿度＿＿＿＿＿＿

环境温度检查		环境大气压检查		流量检查	
采样器环境温度/℃	实际环境温度/℃	采样器环境大气压/kPa	实际环境大气压/kPa	采样流量/（L/min）	实际流量/（L/min）

采样器编号	滤膜编号	采样时间			累计工况体积/m^3	累计标况体积/ m^3
		开始	结束	累计/min		
异常情况说明及处置						

采样人＿＿＿＿＿＿　审核人＿＿＿＿＿＿　日期＿＿＿＿＿＿

表 5-4　滤膜平衡及称量记录表

日期＿＿＿＿＿＿　地点＿＿＿＿＿＿　天平型号与编号＿＿＿＿＿＿

滤膜材质＿＿＿＿＿＿　采样滤膜编号＿＿＿＿＿＿　空白滤膜编号＿＿＿＿＿＿

次数	滤膜平衡条件				天平室称量条件			
					空白滤膜		滤膜	
	温度/℃	湿度/%	开始时间	结束时间	温度/℃	湿度/%	温度/℃	湿度/%
采样前第一次								
采样前第二次								
采样后第一次								
采样后第二次								

次数	滤膜称量				标准滤膜检查			结论
	滤膜/g	平均值/g	空白滤膜/g	平均值/g	编号	原始质量/g	本次质量/g	
采样前第一次								
采样前第二次								
采样后第一次								
采样后第二次								

称量人＿＿＿＿＿＿　审核人＿＿＿＿＿＿　日期＿＿＿＿＿＿

表 5-5 空气中 PM_{10} 和 $PM_{2.5}$ 测定的操作评分表

班级__________ 学号__________ 姓名__________ 成绩__________

考核日期__________ 开始时间__________ 结束时间__________ 考评员__________

序号	考核点	分值	评分标准	扣分	得分
（一）	采样前准备	14	未检查和校准环境温度，扣 2 分 未检查和校准环境大气压，扣 2 分 未检查滤膜，扣 2 分 空白滤膜的平衡条件为：温度 15～30℃、相对湿度 45%～55%，不正确扣 4 分 空白滤膜在恒温恒湿箱内平衡 24 h，不正确扣 4 分		
（二）	分析天平称量前准备	10	未清理分析天平的称量室，扣 2 分 未检查分析天平的基准水平，扣 4 分 称量前未打开分析天平屏蔽门，至少保持 1 min，扣 2 分 天平室温、湿度条件与恒温恒湿箱不一致，扣 2 分		
（三）	分析天平称量操作（不允许重称）	16	平衡后的滤膜用镊子取出，不正确扣 4 分 滤膜未放在分析天平称量室中央，扣 2 分 称量时未关闭分析天平屏蔽门，扣 2 分 滤膜上的颗粒物撒落，扣 4 分 采样前后滤膜称量未使用同一台分析天平，扣 4 分		
（四）	分析天平称量后处理	8	未关闭分析天平屏蔽门，扣 2 分 未将分析天平回零，扣 2 分 未填写分析天平使用记录，扣 2 分 凳子未归位，扣 2 分		
（五）	样品采集	30	采样环境选择不合理，扣 2 分 滤膜不得弯曲或折叠，不正确扣 2 分 滤膜毛面朝进气方向，不正确扣 4 分 用镊子将滤膜放在滤网上，不正确扣 2 分 将滤膜夹放入采样器中，不正确扣 4 分 设置采样器相关参数，不正确扣 4 分 采样结束后，用镊子取出滤膜，不正确扣 4 分 将滤膜有尘面两次对折，不正确扣 4 分 未配置空白滤膜，扣 4 分		
（六）	样品称量	12	滤膜平衡条件与空白滤膜相同，不正确扣 4 分 滤膜未进行两次平衡，扣 4 分 滤膜称量时未使用标准滤膜，扣 4 分		
（七）	原始数据记录和数据处理	10	数据未直接填在记录单上，每出现一次扣 2 分 数据不全、有空项、字迹不工整，每出现一次扣 2 分 有效数字运算不规范，一次性扣 3 分 计算结果不正确，扣 3 分		
合计					

任务三　降尘的测定

一、预习思考

（1）重量法测定降尘的原理。
（2）降尘采样点设置有哪些要求？
（3）用乙二醇作收集液有何作用？
（4）降尘样品收集的时间。
（5）测定降尘总量时，准备瓷坩埚的要点。
（6）降尘结果如何表示？

二、实训目的

（1）掌握分析天平的使用方法。
（2）掌握重量法测定大气降尘。

三、原理

大气降尘是指在空气环境条件下，靠重力自然沉降在集尘缸中的颗粒物。降尘的监测采用重量法（GB/T 15265—94），即空气中可沉降的颗粒物，沉降在装有乙二醇水溶液为收集液的集尘缸内，经蒸发、干燥、称量后，计算降尘量。测定结果以每月（30 d 计）沉降于单位面积上的颗粒物质量表示[即 t/（km^2·30d）]，方法检出限为 0.2 t/（km^2·30 d）。

四、仪器和试剂

1．仪器

（1）集尘缸：内径（15±0.5）cm，高 30 cm 的圆筒形玻璃缸，缸底应平整。
（2）瓷坩埚：100 mL。
（3）搪瓷盘。
（4）电热板：2 000 W（具调温分挡开关）。
（5）马弗炉。
（6）分析天平：感量 0.1 mg。
（7）淀帚：在玻璃棒的一端，套上一小段乳胶管，然后用止血夹夹紧，放在（105±5）℃的干燥箱中，烘 3 h 后使乳胶管黏合在一起，剪掉未黏合的部分制得，用来扫除尘粒。

2．试剂

乙二醇（$C_2H_6O_2$）：分析纯。

五、实训操作

（一）样品采集

1. 采样点设置

① 应选择集尘缸不易损坏的地方，且易于操作者更换集尘缸。通常设在矮建筑物的屋顶，必要时可设在电线杆上，集尘缸应距离电线杆 0.5 m 为宜。

② 采样地点附近不应有高大建筑物及高大树木，并避开局部污染源。

③ 集尘缸放置高度应距离地面 5～12 m。在某一区域内采样，各采样点集尘缸的放置高度尽力保持在大致相同的高度。若放置屋顶平台上，采样口应距平台 1～1.5 m，以避免平台扬尘的影响。

④ 集尘缸的支架应稳定并坚固，以防止被风吹倒或摇摆。

⑤ 在清洁区设置对照点。

2. 样品收集

（1）放缸前的准备：于集尘缸中加入 50～80 mL 乙二醇，以占满缸底为准，加水量视当地的气候情况而定。如冬季和夏季加 50 mL，其他季节可加 100～200 mL。加好后，罩上塑料袋，直到把缸放在采样点的固定架上再把塑料袋取下，开始收集样品。记录放缸地点、缸号和时间（年、月、日、时）。

（2）样品收集：按月定期更换集尘缸一次（30 d±2 d）。取缸时应核对地点、缸号，并记录取缸时间（月、日、时），罩上塑料袋，带回实训室。取换缸的时间规定为月底前后 5 d 内完成。在夏季多雨季节，应注意缸内积水情况，为防水满溢出应及时更换新缸，采集的样品合并后测定。

（二）样品分析

1. 瓷坩埚准备

将瓷坩埚洗净、编号，在（105±5）℃烘箱内烘 3 h，取出放入干燥器内，冷却 50 min，在分析天平上称量，再烘 50 min，冷却 50 min，再称量，直至恒重（两次重量之差小于 0.4 mg），此值为 W_0。

然后将其置于马弗炉内在 600℃灼烧 2 h，待炉内温度降至 300℃以下时取出，放入干燥器中，冷却 50 min，称量。再在 600℃下灼烧 1 h，冷却，再称量，直至恒重，此值为 W_b。

2. 降尘总量测定

首先用尺子测量集尘缸的内径（按不同方向至少测定三处，取其算术平均值），然后用光洁的镊子将落入缸内的树叶、昆虫等异物取出，并用水将附着在上面的细小尘粒冲洗下来后扔掉，用淀帚把缸壁擦洗干净，将缸内溶液和尘粒全部转入 500 mL 烧杯中，在电热板上蒸发，使体积浓缩到 10～20 mL，冷却后用水冲洗杯壁，并用淀帚把杯壁上的尘粒擦洗干净，将溶液和尘粒全部转移到已恒重的 100 mL 瓷坩埚中，放在搪瓷盘里，在电热板上蒸发至干（溶液少时注意不要迸溅），然后放入烘箱于（105±5）℃烘干，按上述称量空瓷坩埚方法称量至恒重。此值为 W_1。

3．降尘总量中可燃物测定

将上述已测过降尘总量的瓷坩埚放入马弗炉中，在 600℃灼烧 3 h，待炉内温度降至 300℃以下时取出，放入干燥器中，冷却 50 min，称量。再在 600℃下灼烧 1 h，冷却，称量至恒重，此值为 W_2。

4．试剂空白测定

将与采样操作等量的乙二醇水溶液，放入 500 mL 烧杯中，在电热板上蒸发浓缩至 10～20 mL，然后将其转移至已恒重的瓷坩埚内，将瓷坩埚放在搪瓷盘中，再放在电热板上蒸发至干，于（105±5）℃烘干，再按上述瓷坩埚准备的操作步骤称量至恒重，减去瓷坩埚的重量 W_0，即为 W_c。然后放入马弗炉内在 600℃灼烧，再按瓷坩埚准备的操作步骤称量至恒重，减去瓷坩埚的质量 W_b，即为 W_d。测定 W_c、W_d 时所用乙二醇水溶液与加入集尘缸的乙二醇水溶液应是同一批溶液。

（三）原始记录

认真填写降尘现场采样记录表、降尘总量测定记录表。

（四）实训室整理

（1）将分析天平回零，关闭仪器，拔掉电源插头，填写仪器使用记录。
（2）将集尘缸、瓷坩埚等清洗干净，放回原处。
（3）清理实训台面和地面，保持实训室干净整洁。
（4）检查实训室用水、用电是否处于安全状态。

六、数据处理

（1）按下式计算降尘总量：

$$M=\frac{W_1-W_0-W_c}{S\cdot n}\times 30\times 10^4$$

式中：M —— 降尘总量，t/（km^2·30 d）；
W_1 —— 降尘、瓷坩埚、乙二醇水溶液蒸干，并在（105±5）℃恒重后的重量，g；
W_0 —— 瓷坩埚在（105±5）℃恒重后的重量，g；
W_c —— 与采样操作等量的乙二醇水溶液蒸干，并在（105±5）℃恒重后的重量，g；
S —— 集尘缸缸口面积，cm^2；
n —— 采样天数（准确至 0.1 d）。

（2）降尘中可燃物的量按下式计算：

$$M_1=\frac{(W_1-W_0-W_c)-(W_2-W_b-W_d)}{S\cdot n}\times 30\times 10^4$$

式中：M_1 —— 降尘中可燃物含量，t/（km^2·30 d）；
W_2 —— 降尘、瓷坩埚、乙二醇水溶液蒸发残渣于 600℃灼烧后的重量，g；
W_b —— 瓷坩埚于 600℃灼烧后的重量，g；
W_d —— 与采样操作等量的乙二醇水溶液蒸发残渣于 600℃灼烧后的重量，g；
其他符号与上式相同，计算结果保留一位小数。

七、实训报告

按照实训报告的格式要求认真编写。

八、实训总结

（1）大气降尘指可沉降的颗粒物，应除去树叶、枯枝、鸟粪、昆虫、花絮等干扰物。

（2）每一个样品所使用的烧杯、瓷坩埚等必须编号一致，并与其相对应集尘缸的缸号一并及时填入记录表中。

（3）瓷坩埚在烘箱、马弗炉及干燥器中，应分离放置，不可重叠。

（4）蒸发浓缩要在通风柜中进行，注意保持柜内清洁，防止异物落入烧杯内影响测定，样品在瓷坩埚中浓缩时，不要用水洗涤坩埚壁，否则将在乙二醇与水的界面上发生剧烈沸腾使溶液溢出。当浓缩至 20 mL 以内时应降低温度并间歇性地徐徐摇动，使降尘黏附在瓷坩埚壁上，避免样品溅出。

（5）尽量选择缸底比较平的集尘缸，可以减少乙二醇的用量。

（6）在室温较高时，冷却 50 min～1 h，使坩埚冷却至室温方可称量。

表 5-6　降尘采样原始数据记录表

采样点名称	样品编号	集尘缸编号	集尘缸缸口面积/cm^2	放缸时间(年、月、日、时)	取缸时间(月、日、时)	采样天数/d	备注

采样人______________　送样人______________　接样人______________

表 5-7　降尘总量测定记录表

采样点名称__________　集尘缸编号__________　集尘缸缸口面积/cm^2__________

分析方法__________　分析日期__________

样品编号	瓷坩埚称重/g				（瓷坩埚+降尘）称重/g				空白称重/g			降尘重量/g	降尘总量/[t/（km^2·30 d）]
	编号	1	2	恒重	编号	1	2	恒重	1	2	恒重		

分析人______________　校对人______________　审核人______________

任务四　二氧化硫的测定

环境空气中二氧化硫的手工监测方法有《环境空气　二氧化硫的测定　甲醛吸收-副玫瑰苯胺分光光度法》（HJ 482—2009）、《环境空气　二氧化硫的测定　四氯汞盐吸收-副玫瑰苯胺分光光度法》（HJ 483—2009）。以下依据 HJ 482—2009。

一、预习思考

（1）测定空气中 SO_2，主要干扰物有哪些？如何消除？

（2）配制亚硫酸钠溶液时，为何加入少量的 EDTA-2Na（乙二胺四乙酸二钠）？

（3）PRA 做显色剂时，为何要对其进行提纯？

（4）二氧化硫标准储备溶液的标定方法。

（5）样品采集时的采气流量、采样时间和温度控制。

（6）何为现场空白？

（7）加入 PRA 时，在操作上有何要求？

（8）显色温度、显色时间的控制。

（9）用过的比色管和比色皿如何洗涤？

二、实训目的

（1）掌握分光光度计的使用方法。

（2）学会标准曲线定量方法。

（3）掌握甲醛法测定二氧化硫的步骤。

三、原理

1. 测定原理

二氧化硫被甲醛缓冲溶液吸收后，生成稳定的羟甲基磺酸加成化合物。在样品溶液中加入氢氧化钠使加成化合物分解，释放出的二氧化硫与副玫瑰苯胺、甲醛作用，生成紫红色化合物，用分光光度计在 577 nm 处测定。

2. 适用范围

（1）当使用 10 mL 吸收液，采样体积为 30 L 时，测定空气中二氧化硫的检出限为 0.007 μg/m^3，测定下限为 0.028 μg/m^3，测定上限为 0.667 μg/m^3。

（2）当使用 50 mL 吸收液，采样体积为 288 L，试份为 10 mL 时，测定空气中二氧化硫的检出限为 0.004 μg/m^3，测定下限为 0.014 μg/m^3，测定上限为 0.347 μg/m^3。

3. 干扰与消除

（1）氮氧化物：加入氨磺酸钠。

（2）臭氧：采样后放置一段时间，臭氧可自行分解。

（3）某些金属离子：加入磷酸和环已二胺四乙酸二钠盐可消除或减小某些金属离子的干扰。在 10 mL 样品中存在 50 μg 钙、镁、铁、镍、镉、铜等离子及 5 μg 二价锰离子时不干扰测定。当 10 mL 样品溶液中含有 10 μg 二价锰离子时，可使样品的吸光度降低 27%。

四、仪器和试剂

1. 所用仪器

（1）空气采样器：流量范围 0.1～1.0 L/min，采样器应定期在采样前进行气密性检查和流量校准。

（2）可见光分光光度计。

（3）多孔玻板吸收瓶：10 mL 多孔玻板吸收瓶，用于短时间采样；50 mL 多孔玻板吸收瓶，用于 24 h 连续采样。

（4）恒温水浴器：0～40℃，控制精度为±1℃。

（5）10 mL 具塞比色管。

2．试剂配制

（1）环己二胺四乙酸二钠溶液，*C*（CDTA-2Na）= 0.050 mol/L：称取 1.82 g 反式 1,2-环己二胺四乙酸二钠，加入 1.50 mol/L 的氢氧化钠溶液 6.5 mL，溶解后用水稀释至 100 mL。

（2）甲醛缓冲吸收储备液：吸取 36%～38%的甲醛溶液 5.5 mL 和 0.050 mol/L 的 CDTA-2Na 溶液 20.00 mL；称取 2.04 g 邻苯二甲酸氢钾，溶解于少量水中；将 3 种溶液合并，用水稀释至 100 mL，储于冰箱，可保存 1 年。

（3）甲醛缓冲吸收液：取 5 mL 储备液于 500 mL 容量瓶，用水稀释至标线。临用现配。

（4）NaOH 溶液，*C*（NaOH）= 1.50 mol/L。

（5）氨磺酸钠溶液，ρ（NaH_2NSO_3）=6.0 g/L：称取 0.60 g 氨磺酸于烧杯中，加入 1.50 mol/L 氢氧化钠溶液 4.0 mL，搅拌至完全溶解后稀释至 100 mL，摇匀。此溶液密封保存可使用 10 d。

（6）碘储备液，*C*（$1/2I_2$） = 0.10 mol/L：称取 12.7 g 碘（I_2）于烧杯中，加入 40 g 碘化钾和 25 mL 水，搅拌至完全溶解，用水稀释至 1 000 mL，储存于棕色细口瓶中。

（7）碘溶液，*C*（$1/2I_2$） = 0.010 mol/L：量取碘储备液 50 mL，用水稀释至 500 mL，储于棕色细口瓶中。

（8）淀粉溶液，ρ=5.0 g/L：称取 0.5 g 可溶性淀粉，用少量水调成糊状，慢慢倒入 100 mL 沸水中，继续煮沸至溶液澄清，冷却后储于试剂瓶中，临用现配。

（9）碘酸钾基准溶液，*C*（1/6 KIO_3） = 0.100 0 mol/L：称取 3.566 7 g 碘酸钾（KIO_3，优级纯，经 110℃干燥 2 h）溶解于水，移入 1 000 mL 容量瓶中，用水稀释至标线，摇匀。

（10）（1∶9）盐酸溶液。

（11）硫代硫酸钠标准储备液，*C*（$Na_2S_2O_3$） = 0.10 mol/L：称取 25.0 g 硫代硫酸钠（$Na_2S_2O_3\cdot 5H_2O$），溶解于 1 000 mL 新煮沸并已冷却的水中，加入 0.20 g 无水碳酸钠，储于棕色细口瓶中，放置一周后备用。若溶液呈现浑浊，必须过滤。标定方法如下：

吸取 3 份 0.100 0 mol/L 碘酸钾标准溶液 20.00 mL 分别置于 250 mL 碘量瓶中，加 70 mL 新煮沸并已冷却的水，加入 1 g 碘化钾，摇匀至完全溶解后，加入（1∶9）盐酸溶液 10 mL，立即盖好瓶塞，摇匀。于暗处放置 5 min 后，用硫代硫酸钠标准储备液滴定溶液至浅黄色，加入 2 mL 淀粉溶液，继续滴定溶液至蓝色刚好褪去为终点。硫代硫酸钠标准溶液的浓度按下式计算：

$$C = \frac{0.100\,0 \times 20.00}{V}$$

式中：*C*—— 硫代硫酸钠标准溶液的浓度，mol/L；

V—— 滴定所消耗硫代硫酸钠标准溶液的体积，mL。

（12）硫代硫酸钠标准溶液，*C*（$Na_2S_2O_3$）= 0.01±0.000 01 mol/L：取 50.0 mL 硫代硫酸钠储备液，置于 500 mL 容量瓶中，用新煮沸并已冷却的水稀释至标线，摇匀。

（13）乙二胺四乙酸二钠溶液（EDTA-2Na），ρ=0.50 g/L：称取 0.25 g 乙二胺四乙酸

二钠盐，溶解于 500 mL 新煮沸并已冷却的水中，临用现配。

（14）亚硫酸钠溶液，ρ（Na_2SO_3）=1 g/L：称取 0.2 g 亚硫酸钠（Na_2SO_3），溶解于 200 mL EDTA-2Na 溶液中，缓缓摇匀以防充氧，使其溶解。放置 2～3 h 后标定。此溶液每毫升相当于 320～400 μg 二氧化硫。标定方法如下：

① 取 6 个 250 mL 碘量瓶（A_1、A_2、A_3、B_1、B_2、B_3），分别加入 50.0 mL 碘溶液。在 A_1、A_2、A_3 内各加入 25 mL 水，在 B_1、B_2 内加入 25.00 mL 亚硫酸钠溶液盖好瓶盖。

② 立即吸取 2.00 mL 亚硫酸钠溶液加到 1 个已装有 40～50 mL 甲醛缓冲吸收储备液的 100 mL 容量瓶中，并用甲醛缓冲吸收储备液稀释至标线、摇匀。此溶液即为二氧化硫标准储备溶液，在 4～5℃下冷藏，可稳定 6 个月。

③ 紧接着再吸取 25.00 mL 亚硫酸钠溶液加入 B_3 内，盖好瓶塞。

④ A_1、A_2、A_3、B_1、B_2、B_3 6 个瓶子于暗处放置 5 min 后，用硫代硫酸钠标准溶液滴定至浅黄色，加 5 mL 淀粉指示剂，继续滴定至蓝色刚刚消失。平行滴定所用硫代硫酸钠标准溶液的体积之差应不大于 0.05 mL。

二氧化硫标准储备溶液的质量浓度按下式计算：

$$\rho=\frac{(\overline{V_0}-\overline{V})\times C\times 32.02\times 1\,000}{25.00}\times\frac{2.0}{100}$$

式中：ρ——二氧化硫标准储备溶液的质量浓度，μg/mL；

$\overline{V_0}$——空白滴定所消耗硫代硫酸钠标准溶液的体积，mL；

$\overline{V}$——样品滴定所消耗硫代硫酸钠标准溶液的体积，mL；

C——硫代硫酸钠标准溶液的浓度，mol/L；

32.02——1/2 SO_2 的摩尔质量。

（15）二氧化硫标准溶液，ρ（Na_2SO_3）= 1.00 μg/mL：用甲醛缓冲吸收液将二氧化硫标准储备溶液稀释成每毫升含 1.0 μg 二氧化硫的标准溶液。此溶液用于绘制标准曲线，在 4～5℃下冷藏，可稳定 1 个月。

（16）盐酸副玫瑰苯胺（简称 PRA，即副品红或对品红）储备液：ρ=0.2 g/100 mL。

（17）PRA 溶液，ρ=0.000 50 g/mL：吸取 25.00 mL PRA 储备液于 100 mL 容量瓶中，加入 30 mL 85%的浓磷酸和 12 mL 浓盐酸，用水稀释至标线，摇匀。放置过夜后使用，避光密封保存。

（18）盐酸-乙醇清洗液：由 3 份（1∶4）盐酸和 1 份 95%乙醇混合配制而成，用于清洗比色管和比色皿。

五、实训操作

（一）样品采集

（1）短时间采样：采用内装 10 mL 吸收液的 U 形多孔玻板吸收瓶，以 0.5 L/min 的流量采气 45～60 min。采样时吸收液温度应保持在 23～29℃。

（2）24 h 连续采样：用内装 50 mL 吸收液的多孔玻板吸收瓶，以 0.2 L/min 的流量连续采样 24 h，采样时吸收液温度应保持在 23～29℃。

（3）现场空白：将装有吸收液的采样管带到采样现场，除了不采气之外，其他环境条件与样品相同。

（二）样品保存

（1）样品采集、运输和储存过程中应避免阳光照射。

（2）放置在室内的 24 h 连续采样器，进气口应连接符合要求的空气质量集中采样管路系统，以减少二氧化硫进入吸收瓶前的损失。

（三）分析测试

1．校准曲线绘制

（1）取 16 支 10 mL 具塞比色管，分 A、B 两组，每组 7 支，分别对应编号。A 组按表 5-8 配制标准溶液系列。

表 5-8　二氧化硫标准溶液系列

管号	0	1	2	3	4	5	6
二氧化硫标准溶液/mL	0.00	0.50	1.00	2.00	5.00	8.00	10.00
甲醛缓冲吸收液/mL	10.00	9.50	9.00	8.00	5.00	2.00	0.00
二氧化硫含量/（μg/10 mL）	0.00	0.50	1.00	2.00	5.00	8.00	10.00

（2）往 A 组各管分别加入 6.0 g/L 的氨磺酸钠溶液 0.5 mL 和 0.5 mL 1.50 mol/L 的 NaOH 溶液，摇匀；往 B 组各管加入 1.00 mL 0.000 50 g/mL 的 PRA 溶液。

（3）将 A 组各管的溶液迅速地全部倒入对应编号并盛有 PRA 溶液的 B 管中，立即具塞混匀后放入恒温水浴中显色。在波长 577 nm 处，用 10 mm 比色皿，以水为参比测量吸光度。以空白校正后各管的吸光度为纵坐标，以二氧化硫的质量浓度（μg/10 mL）为横坐标，用最小二乘法建立校准曲线的回归方程。

（4）显色温度与室温之差应不超过 3℃，根据不同季节和环境条件按表 5-9 选择显色温度与显色时间。

表 5-9　二氧化硫显色温度与显色时间对照表

显色温度/℃	10	15	20	25	30
显色时间/min	40	25	20	15	5
稳定时间/min	35	25	20	15	10
试剂空白吸光度（A_0）	0.030	0.035	0.040	0.050	0.060

2．样品测定

（1）样品溶液中如有浑浊物，则应离心分离除去。

（2）样品放置 20 min，以使臭氧分解。

（3）短时间采样：将吸收瓶中样品溶液全部移入 10 mL 比色管中，用少量甲醛缓冲吸收液洗涤吸收瓶，倒入比色管中，并用吸收液稀释至标线，加入 6.0 g/L 的氨磺酸钠溶液 0.5 mL，摇匀，放置 10 min 以消除氮氧化物的干扰，以下步骤同校准曲线的绘制。

（4）连续 24h 采样：将吸收瓶中样品溶液移入 50 mL 比色管（或容量瓶）中，用少量甲醛缓冲吸收液洗涤吸收瓶，倒入比色管中，并用吸收液稀释至标线。吸取适量样品溶液（视浓度高低而决定取 2～10 mL）于 10 mL 比色管中，再用吸收液稀释至标线，加入 6.0 g/L 的氨磺酸钠溶液 0.5 mL，混匀，放置 10 min 以除去氮氧化物的干扰，以下步骤同校准曲线的绘制。

（四）原始记录

认真填写气态污染物现场采样记录表、分光光度法原始数据记录表。

（五）实训室整理

（1）将分光光度计的拉杆推至非测量挡，合上样品室盖，填写仪器使用记录。
（2）将比色皿、比色管等器皿清洗干净，物归原处。
（3）将空气采样器放回原处，填写仪器使用记录。
（4）清理实训台面和地面，保持实训室干净整洁。
（5）检查实训室用水、用电是否处于安全状态。

六、数据处理

按下式计算空气中 SO_2 浓度：

$$\rho(\mathrm{SO_2},\ \mu\mathrm{g/m^3})=\frac{A-A_0-a}{V_s\times b}\times\frac{V_t}{V_a}$$

式中：A —— 样品溶液的吸光度；
A_0 —— 试剂空白溶液的吸光度；
a —— 校准曲线的截距（一般要求小于 0.005）；
b —— 校准曲线的斜率，吸光度 · 10 mL/μg；
V_t —— 样品溶液的总体积，mL；
V_a —— 测定时所取样品溶液体积，mL；
V_s —— 换算成标准状况下（273.15 K，101.325 kPa）的采样体积，m^3。
计算结果应保留到整数位。

七、实训报告

按照实训报告的格式要求认真编写。

八、实训总结

（1）采样时吸收液的温度在 23～29℃时，吸收效率为 100%；10～15℃时，吸收效率偏低 5%；高于 33℃或低于 9℃时，吸收效率偏低 10%。

（2）每批样品至少测定两个现场空白样。

（3）如果样品溶液的吸光度超过校准曲线的上限，可用试剂空白液稀释，在数分钟内再测定吸光度，但稀释倍数不要大于 6。

（4）显色温度低，显色慢，稳定时间长。显色温度高，显色快，稳定时间短。操作人员必须了解显色温度、显色时间和稳定时间的关系，严格控制反应条件。

（5）测定样品时的温度与绘制校准曲线时的温度之差不应超过 2℃。

（6）在给定条件下校准曲线斜率应为 0.042±0.004，试剂空白吸光度（A_0）在显色规定条件下波动范围不超过±15%。

（7）用过的比色管和比色皿应及时用盐酸-乙醇清洗液浸洗，否则红色难以洗净。六价铬能使紫红色络合物褪色，产生负干扰，故应避免用硫酸-铬酸洗液洗涤玻璃器皿。若已用硫酸-铬酸洗液洗涤过，则需用（1∶1）盐酸溶液浸洗，再用水充分洗涤。

九、实训考核

实训考核评分标准详见二氧化硫测定的操作评分表。

表 5-10 空气采样原始数据记录表

任务名称__________方法依据__________任务编号（小组号）__________

采样地点________测定项目________采样方法________采样仪器型号________

采样日期	样品编号	采样时间			气温/℃	大气压/kPa	采样流量/（L/min）	采样体积 V_s/m^3	天气状况
		开始	结束	累计/min					
备注									

采样人__________ 记录人__________ 校核人__________

表 5-11 二氧化硫分析（分光光度法）原始数据记录表

样品种类________ 分析方法__________ 分析日期____年____月____日

	标准管号		0	1	2	3	4	5	6	标准溶液名称及浓度：________
标准曲线	标液量	mL								
		μg								校准曲线方程及相关系数：________
	A									r=________
	$A-A_0$									方法检出限：________

样品测定	样品编号	取样量/mL	定容体积/mL	样品吸光度	空白吸光度	校正吸光度	回归方程计算结果/μg	样品浓度/（$\mu g/m^3$）	计算公式：

标准化记录	仪器名称	仪器编号	显色温度/℃	显色时间/min	参比溶液	波长/nm	比色皿/mm	室温/℃	湿度/%

分析人________________　校对人________________　审核人________________

表 5-12　空气中二氧化硫测定的操作评分表

班级____________　学号____________　姓名____________　成绩____________

考核日期__________　开始时间__________　结束时间__________　考评员__________

序号	考核点	分值	评分标准	扣分	得分
（一）	仪器准备	6			
1	玻璃仪器洗涤	2	玻璃仪器洗涤干净后内壁应不挂水珠，否则一次性扣 1 分 吸收瓶清洗、烘干，不正确扣 1 分		
2	分光光度计预热 20 min	2	未进行预热或预热时间不够，扣 1 分 打开盖子或放入黑体预热，不正确扣 1 分		
3	移液管润洗	2	润洗溶液若超过总体积的 1/3，一次性扣 0.5 分 润洗后废液应从下口排放，否则一次性扣 0.5 分 润洗少于 3 次，一次性扣 1 分		
（二）	样品采集	16	加入 10.00 mL 甲醛吸收液至吸收瓶，不正确扣 2 分 将吸收瓶、干燥瓶和采样器连接好，不正确扣 3 分 采样器参数的设定不正确，扣 3 分 吸收液温度保持在 23～29℃，不正确扣 3 分 未做 2 个现场空白，扣 2 分 样品采集、运输和储存过程中应避免阳光照射，不正确扣 3 分		

序号	考核点	分值	评分标准	扣分	得分
（三）	标准系列配制	16	每个点取液应从零分度开始，出现不正确项一次扣 1 分，但不超过该项总分 16 分（工作液可放回剩余溶液中再取液） 标准曲线取点不得少于 6 点，不符合扣 2 分 只选用一支吸量管移取标液，不符合扣 2 分 试剂加入顺序和加入量不正确，扣 2 分 倒加试剂操作不正确，扣 3 分 混合不充分、中间未开塞，扣 2 分 恒温水浴显色不正确，扣 2 分 显色温度、显色时间选择不当，扣 3 分		
（四）	样品测定	10	样品放置 20 min，不正确扣 2 分 用少量甲醛缓冲吸收液洗涤吸收瓶不正确，扣 2 分 用吸收液稀释至标线不正确，扣 2 分 加入氨磺酸钠溶液，摇匀，放置 10 min，不正确扣 2 分 稀释倍数不正确，致使吸光度超出要求范围或在第一点范围内，扣 2 分		
（五）	分光光度计使用	20			
1	测定前准备	4	波长选择不正确，扣 2 分 不能正确调“0”和“100%”，扣 2 分		
2	测定操作	10	没有进行比色皿配套性选择，或选择不当，扣 2 分 手触及比色皿透光面，扣 1 分 加入溶液高度不正确，扣 1 分 比色皿外壁溶液处理不正确，扣 1 分 参比溶液使用不正确，扣 2 分 比色皿盒拉杆操作不当，扣 1 分 开关比色皿暗箱盖不当，扣 1 分 读数不准确，或重新取液测定，扣 1 分		
3	测定过程中仪器被溶液污染	2	比色皿放在分光光度计仪器表面，扣 1 分 比色室洒落溶液，扣 1 分		
4	测定后处理	4	台面不清洁，扣 1 分 未取出比色皿及洗涤干净，扣 1 分 没有倒尽控干比色皿，扣 1 分 未关闭仪器电源，扣 0.5 分 未填写仪器使用记录，扣 0.5 分		
（六）	数据记录和处理	12			
1	原始记录	3	数据未直接填在报告单上、数据不全、有空项，每项扣 0.5 分，可累计扣分 原始记录中缺少计量单位，每出现一次扣 0.5 分		

序号	考核点	分值	评分标准	扣分	得分
2	回归方程	7	没有采用最小二乘法处理数据，扣 1 分 a、b 计算不正确，每一项扣 1 分 没有计算相关系数，扣 1 分 没有算出回归方程，扣 3 分		
3	有效数字运算	2	有效数字运算不规范，一次性扣 2 分		
（七）	测定结果	14			
1	校准曲线线性	4	$r \geqslant 0.9999$，不扣分 $r=0.9991 \sim 0.9998$，扣 0.5～4 分 $r < 0.9990$，不得分		
2	测定结果精密度	5	$\vert \bar{R}_d \vert \leqslant 0.5\%$，不扣分 $0.5\% < \vert \bar{R}_d \vert \leqslant 0.6\%$，扣 0.5 分 $0.6\% < \vert \bar{R}_d \vert \leqslant 0.7\%$，扣 1 分 $0.7\% < \vert \bar{R}_d \vert \leqslant 0.8\%$，扣 1.5 分，依此类推 $1.3\% < \vert \bar{R}_d \vert \leqslant 1.4\%$，扣 4.5 分 $\vert \bar{R}_d \vert > 1.4\%$，扣 5 分		
3	测定结果准确度	5	测定值在 保证值±0.5%内，不扣分 保证值±0.6%内，扣 0.5 分 保证值±0.7%内，扣 1 分，依此类推 保证值±1.4%内，扣 4.5 分 保证值±1.4%外，扣 5 分		
（八）	文明操作	6			
1	实训台面	2	实训过程中台面、地面脏乱，一次性扣 2 分		
2	实训结束清洗仪器、试剂物品归位	2	实训结束未先清洗仪器或试剂物品未归位就完成报告，一次性扣 2 分		
3	仪器损坏	2	仪器损坏，一次性扣 2 分		
合　计					

任务五　氮氧化物的测定

空气中氮氧化物的手工监测方法为《环境空气　氮氧化物（一氧化氮和二氧化氮）的测定　盐酸萘乙二胺分光光度法》（HJ 479—2009）。

一、预习思考

（1）盐酸萘乙二胺分光光度法测定空气中 NO_x 的方法原理。

（2）测定空气中 NO_x，主要干扰物有哪些？如何消除？

（3）样品采集时的采气流量、采样时间和温度控制。

（4）样品采集、运输及存放过程中为何要避光保存？

（5）Saltzman 实验系数、氧化系数 K。

二、实训目的

（1）掌握分光光度计的使用方法。

（2）学会标准曲线定量方法。

（3）掌握盐酸萘乙二胺分光光度法测定 NO_x 的操作。

三、原理

1. 测定原理

空气中的 NO_2 被串联的第一支吸收瓶中的吸收液吸收并反应生成粉红色偶氮染料。空气中的 NO 不与吸收液反应，通过氧化管时被酸性高锰酸钾溶液氧化为 NO_2，被串联的第二支吸收瓶中的吸收液吸收并反应生成粉红色偶氮染料。生成的偶氮染料在波长 540 nm 处的吸光度与 NO_2 的含量成正比。分别测定第一支和第二支吸收瓶中样品的吸光度，计算两支吸收瓶内 NO_2 和 NO 的质量浓度，二者之和即为氮氧化物的质量浓度（以 NO_2 计）。

2. 适用范围

方法检出限为 0.36 μg/10 mL 吸收液，测定环境空气中氮氧化物（NO_x）的测量范围为 24～2 000 μg/m^3。当吸收液体积为 10 mL，采样体积为 24 L 时，空气中 NO_x 的检出限为 15 μg/m^3；当吸收液体积为 50 mL，采样体积 288 L 时，检出限为 6 μg/m^3。

3. 干扰与消除

（1）空气中 SO_2 浓度为 NO_x 浓度 30 倍时，对 NO_2 的测定产生负干扰。

（2）空气中过氧乙酰硝酸酯（PAN）对 NO_2 的测定产生正干扰。

（3）空气中 O_3 浓度超过 250 μg/m^3 时，对 NO_2 的测定产生负干扰。采样时在采样瓶入口端串接一段 15～20 cm 长的硅橡胶管，可排除干扰。

四、仪器和试剂

1. 所用仪器

（1）空气采样器：流量范围 0.1～1.0 L/min，采气流量为 0.4 L/min 时，相对误差小于±5%。

（2）可见光分光光度计。

（3）棕色多孔玻板吸收瓶：10 mL 多孔玻板吸收瓶，用于短时间采样；50 mL 多孔玻板吸收瓶，用于 24 h 连续采样。

（4）氧化瓶：可装 5 mL、10 mL 或 50 mL 酸性高锰酸钾溶液的洗气瓶，液柱高度不能低于 80 mm。

（5）具塞比色管：10 mL 用于短时间采样；50 mL 用于 24 h 连续采样。

2. 试剂配制

（1）冰乙酸。

（2）盐酸羟胺溶液，ρ=0.2～0.5 g/L。

（3）硫酸溶液，C（1/2 H_2SO_4）=1 mol/L：取 15 mL 浓硫酸（ρ=1.84 g/mL），缓缓加入 500 mL 水中，搅拌均匀，冷却备用。

（4）酸性高锰酸钾溶液，ρ（$KMnO_4$）=25 g/L：称取 25 g 高锰酸钾于 1 000 mL 烧杯中，加入 500 mL 水，微热使其全部溶解，然后加入 1 mol/L 硫酸溶液 500 mL，混匀，贮于棕色试剂瓶中。

（5）*N*-（1-萘基）乙二胺盐酸盐贮备液，ρ [$C_{10}H_7NH(CH_2)_2NH_2 \cdot 2HCl$]=1.00 g/L：称取 0.50 g *N*-（1-萘基）乙二胺盐酸盐于 500 mL 容量瓶中，用水稀释至刻度线。此溶液贮于密封的棕色试剂瓶中，在冰箱中冷藏可稳定保存 3 个月。

（6）显色液：称取 5.0 g 对氨基苯磺酸[$NH_2C_6H_4SO_3H$]，溶于约 200 mL 40～50℃热水中，将溶液冷却至室温，全部移入 1 000 mL 容量瓶中，加入 50 mL *N*-（1-萘基）乙二胺盐酸盐贮备液和 50 mL 冰乙酸，用水稀释至刻度线。此溶液于密闭的棕色瓶中，在 25℃以下暗处存放，可稳定 3 个月。若溶液呈现淡红色，应弃之重配。

（7）吸收液：临用时将显色液和水按 4∶1（*V*/*V*）混合。吸收液的吸光度应小于等于 0.005。

（8）亚硝酸钠标准贮备液，ρ（NO_2^-）=250 μg/mL：准确称取 0.375 0 g 亚硝酸钠（$NaNO_2$，优级纯，使用前在 105℃±5℃干燥恒重），溶于水后，移入 1 000 mL 容量瓶中，用水稀释至标线。贮于密闭的棕色瓶中于暗处存放，可稳定保存 3 个月。

（9）亚硝酸钠标准工作液，ρ（NO_2^-）=2.5 μg/mL：准确吸取上述贮备液 1.00 mL 于 100 mL 容量瓶中，用水稀释至标线。临用现配。

五、实训操作

（一）样品采集

（1）短时间采样（1 h 以内）：取两只内装 10.0 mL 吸收液的多孔玻板吸收瓶和一只内装 5～10 mL 酸性高锰酸钾溶液的氧化瓶（液柱高度不低于 80 mm），用尽量短的硅橡胶管将氧化瓶串联在两只吸收瓶之间，以 0.4 L/min 流量采气 4～24 L。

（2）长时间采样（24 h）：取两只大型多孔玻板吸收瓶，装入 50.0 mL 吸收液（液柱高度不低于 80 mm），标记液面位置。取一只内装 50 mL 酸性高锰酸钾溶液的氧化瓶，用尽量短的硅橡胶管将氧化瓶串联在两只吸收瓶之间，将吸收液恒温在（20±4）℃，以 0.2 L/min 流量采气 288 L。

（3）现场空白：将装有吸收液的吸收瓶带到采样现场，除了不采气之外，其他环境条件与样品相同。要求每次采样至少做 2 个现场空白。

（二）样品保存

（1）样品采集、运输及存放过程中避光保存，样品采集后尽快分析。

（2）若不能及时测定，将样品于低温暗处存放，样品在 30℃暗处存放，可稳定 8 h；在 20℃暗处存放，可稳定 24 h；于 0～4℃冷藏，至少可稳定 3 d。

（三）分析测试

1．标准曲线绘制

（1）取 6 支 10 mL 具塞比色管，按表 5-13 配制标准系列。

表 5-13 亚硝酸盐标准色列

管号	0	1	2	3	4	5
亚硝酸钠标准使用液/mL	0.00	0.40	0.80	1.20	1.60	2.00
水/mL	2.00	1.60	1.20	0.80	0.40	0.00
显色液/mL	8.00	8.00	8.00	8.00	8.00	8.00
亚硝酸根含量/（μg/mL）	0.00	0.10	0.20	0.30	0.40	0.50

（2）各管混匀，于暗处放置 20 min（室温低于 20℃时，显色 40 min 以上），用 10 mm 比色皿，在波长 540 nm 处，以水为参比测定吸光度。扣除空白试样的吸光度后，对应 NO_2^- 的浓度（μg/mL），用最小二乘法计算标准曲线的回归方程。

标准曲线斜率控制在 0.180～0.195（吸光度 · mL/μg），截距控制在±0.003 之间。

2. 空白测定

（1）实验室空白试验：取实验室内未经采样的空白吸收液，用 10 mm 比色皿，在波长 540 nm 处，以水为参比测定吸光度。实验室空白吸光度 A_0 在显色规定条件下波动范围不超过±15%。

（2）现场空白：同实验室空白试验测定吸光度。将现场空白和实验室空白的测量结果相对照，若现场空白与实验室空白相差过大，查找原因，重新采样。

3. 样品测定

采样后放置 20 min（室温 20℃以下，放置 40 min 以上），将样品全部转移至 10 mL 具塞比色管中，并用水补至刻度线，混匀，按绘制标准曲线的步骤测定样品和空白的吸光度。若样品的吸光度超过标准曲线的上限，应用实验室空白溶液稀释，再测定其吸光度，但稀释倍数不得大于 6。

（四）原始记录

认真填写气态污染物现场采样记录表、分光光度法原始数据记录表。

（五）实训室整理

（1）将分光光度计的拉杆推至非测量挡，合上样品室盖，填写仪器使用记录。
（2）将比色皿、比色管等器皿清洗干净，物归原处。
（3）将空气采样器放回原处，填写仪器使用记录。
（4）清理实训台面和地面，保持实训室干净整洁。
（5）检查实训室用水、用电是否处于安全状态。

六、数据处理

（1）按下式计算空气中 NO_2 浓度 ρ_{NO_2}（μg/m³）：

$$\rho_{NO_2} = \frac{(A_1 - A_0 - a) \times V \times D}{b \times V_s \times f}$$

（2）按下式计算空气中 NO 浓度 ρ_{NO}（μg/m³），以 NO_2 计：

$$\rho_{NO}=\frac{(A_2-A_0-a)\times V\times D}{b\times V_s\times f\times K}$$

（3）按下式计算空气中 NO_x 的浓度 ρ_{NO_x}（μg/m³），以 NO_2 计：

$$\rho_{NO_x}=\rho_{NO_2}+\rho_{NO}$$

式中：A_1、A_2——分别为串联的第一支和第二支吸收瓶中样品的吸光度；

A_0—— 实验室空白溶液的吸光度；

a—— 标准曲线的截距；

b—— 标准曲线的斜率，吸光度·mL /μg；

V—— 采样用吸收液体积，mL；

V_s—— 标准状态下（273.15 K，101.325 kPa）的采样体积，m³；

D—— 样品的稀释倍数；

f—— Saltzman 实验系数，0.88（若 NO_2 浓度高于 720 μg/m³，f 值为 0.77）；

K—— NO→NO_2，氧化系数，0.68。

计算结果保留到整数位。

七、实训报告

按照实训报告的格式要求认真编写。

八、实训总结

（1）吸收液的吸光度不超过 0.005，否则，应检查水、试剂纯度或显色液的配制时间和贮存方法。

（2）采样过程注意观察吸收液颜色变化，避免因氮氧化物浓度过高而穿透。

（3）采样、样品运输及存放过程中应避免阳光照射。气温超过 25℃时，长时间（8h 以上）运输及存放样品应采取降温措施。

（4）Saltzman 实验系数：用渗透法制备的 NO_2 校准用混合气体，在采气过程中被吸收液吸收生成的偶氮染料相当于亚硝酸根的量与通过采样系统的 NO_2 总量的比值。该系数为多次重复实验测定的平均值。

（5）氧化系数 K：空气中的 NO 通过酸性高锰酸钾溶液氧化管后，被氧化为 NO_2 且被吸收液吸收生成偶氮染料的量与通过采样系统的 NO 的总量之比。

九、实训考核

实训考核评分标准详见氮氧化物测定的操作评分表。

表 5-14 空气采样原始数据记录表

任务名称__________________方法依据_____________任务编号（小组号）_______________

采样地点_________测定项目__________采样方法_____________采样仪器型号____________

采样日期	样品编号	采样时间			气温/℃	大气压/kPa	采样流量/（L/min）	采样体积 V_s/m^3	天气状况
		开始	结束	累计/min					
备注									

采样人________________ 记录人________________ 校核人_______________

表 5-15 氮氧化物分析（分光光度法）原始数据记录表

样品种类____________ 分析方法____________________分析日期______年_____月_____日

标准曲线	标准管号		0	1	2	3	4	5	6	标准溶液名称及浓度：_____________ 校准曲线方程及相关系数：_____________ r =_____________ 方法检出限：_____________
	标液量	mL								
		μg								
	A									
	$A-A_0$									

样品测定	样品编号	取样量/mL	定容体积/mL	样品吸光度	空白吸光度	校正吸光度	回归方程计算结果/μg	样品浓度/（$\mu g/m^3$）	计算公式：_____________

标准化记录	仪器名称	仪器编号	显色温度/℃	显色时间/min	参比溶液	波长/nm	比色皿/mm	室温/℃	湿度/%

分析人_________________ 校对人_________________ 审核人_________________

表 5-16 空气中氮氧化物测定的操作评分表

班级__________ 学号____________ 姓名__________ 成绩__________

考核日期_______ 开始时间________ 结束时间________ 考评员__________

序号	考核点	分值	评分标准	扣分	得分
（一）	仪器准备	6			
1	玻璃仪器洗涤	2	玻璃仪器洗涤干净后内壁应不挂水珠，否则一次性扣 1 分 吸收瓶清洗、烘干，不正确扣 1 分		
2	分光光度计预热 20 min	2	未进行预热或预热时间不够，扣 1 分 打开盖子或放入黑体预热，不正确扣 1 分		
3	移液管润洗	2	润洗溶液若超过总体积的 1/3，一次性扣 0.5 分 润洗后废液应从下口排放，否则一次性扣 0.5 分 润洗少于 3 次，一次性扣 1 分		
（二）	样品采集	16	加入 10.00 mL 吸收液至吸收瓶，不正确扣 2 分 将吸收瓶、氧化瓶、干燥瓶和采样器连接好，不正确扣 3 分 采样器参数的设定不正确，扣 3 分 吸收液温度保持在 16～24℃，不正确扣 3 分 未做两个现场空白，扣 2 分 样品采集、运输和储存过程中应避免阳光照射，不正确扣 3 分		
（三）	标准系列配制	16	每个点取液应从零分度开始，出现不正确项一次扣 1 分，但不超过该项总分 16 分（工作液可放回剩余溶液中再取液） 标准曲线取点不得少于 6 点，不符合扣 2 分 只选用一支吸量管移取标液，不符合扣 2 分 试剂加入顺序和加入量不正确，扣 2 分 加错显色液，扣 2 分 混合不充分、中间未开塞，扣 2 分 放置暗处显色，不正确扣 3 分 显色温度、显色时间选择不当，扣 3 分		
（四）	样品测定	10	样品放置 20 min，不正确扣 3 分 用少量水洗涤吸收瓶，不正确扣 2 分 用水稀释至标线，不正确扣 2 分 稀释倍数不正确，致使吸光度超出要求范围或在第一点范围内，扣 3 分		
（五）	分光光度计使用	20			
1	测定前准备	4	波长选择不正确，扣 2 分 不能正确调“0”和“100%”，扣 2 分		
2	测定操作	10	没有进行比色皿配套性选择或选择不当，扣 2 分 手触及比色皿透光面，扣 1 分 加入溶液高度不正确，扣 1 分 比色皿外壁溶液处理不正确，扣 1 分 参比溶液使用不正确，扣 2 分 比色皿盒拉杆操作不当，扣 1 分 开关比色皿暗箱盖不当，扣 1 分 读数不准确或重新取液测定，扣 1 分		

序号	考核点	分值	评分标准	扣分	得分
3	测定过程中仪器被溶液污染	2	比色皿放在分光光度计仪器表面，扣1分 比色室洒落溶液，扣1分		
4	测定后处理	4	台面不清洁，扣1分 未取出比色皿及洗涤干净，扣1分 没有倒尽控干比色皿，扣1分 未关闭仪器电源，扣0.5分 未填写仪器使用记录，扣0.5分		
（六）	数据记录和处理	12			
1	原始记录	3	数据未直接填在报告单上、数据不全、有空项，每项扣0.5分，可累计扣分 原始记录中缺少计量单位，每出现一次扣0.5分		
2	回归方程	7	没有采用最小二乘法处理数据，扣1分 a、b计算不正确，每一项扣1分 没有计算相关系数，扣1分 没有算出回归方程，扣3分		
3	有效数字运算	2	有效数字运算不规范，一次性扣2分		
（七）	测定结果	14			
1	校准曲线线性	4	$r \geqslant 0.9999$，不扣分 $r = 0.9991 \sim 0.9998$，扣0.5～4分 $r < 0.9990$，不得分		
2	测定结果精密度	5	$\lvert \bar{R}_d \rvert \leqslant 0.5\%$，不扣分 $0.5\% < \lvert \bar{R}_d \rvert \leqslant 0.6\%$，扣0.5分 $0.6\% < \lvert \bar{R}_d \rvert \leqslant 0.7\%$，扣1分 $0.7\% < \lvert \bar{R}_d \rvert \leqslant 0.8\%$，扣1.5分，依此类推 $1.3\% < \lvert \bar{R}_d \rvert \leqslant 1.4\%$，扣4.5分 $\lvert \bar{R}_d \rvert > 1.4\%$，扣5分		
3	测定结果准确度	5	测定值在 保证值±0.5%内，不扣分 保证值±0.6%内，扣0.5分 保证值±0.7%内，扣1分，依此类推 保证值±1.4%内，扣4.5分 保证值±1.4%外，扣5分		
（八）	文明操作	6			
1	实训台面	2	实训过程中台面、地面脏乱，一次性扣2分		
2	实训结束清洗仪器、试剂物品归位	2	实训结束未先清洗仪器或试剂物品未归位就完成报告，一次性扣2分		
3	仪器损坏	2	仪器损坏，一次性扣2分		
合　计					

任务六　臭氧的测定

环境空气中臭氧测定的标准方法主要有《环境空气　臭氧的测定　靛蓝二磺酸钠分光光度法》(HJ 504—2009)、《环境空气　臭氧的测定　紫外光度法》(HJ 590—2010)，前者为环境空气中臭氧的手工监测方法；后者适用于环境空气中臭氧的瞬时测定，也适用于环境空气中臭氧的连续自动监测。以下依据 HJ 504—2009。

一、预习思考

(1) 测定空气中的臭氧，主要干扰物有哪些？

(2) 靛蓝二磺酸钠标准贮备溶液标定过程中应注意哪些问题？

(3) 用最小二乘法计算校准曲线的回归方程时，为何以 (A_0−A) 作为纵坐标？

(4) 样品采集时采气流量、采样时间的控制。

二、实训目的

(1) 掌握分光光度计的使用方法。

(2) 学会标准曲线定量分析的方法。

(3) 掌握靛蓝二磺酸钠分光光度法测定臭氧的操作。

三、原理

1. 测定原理

空气中的臭氧在磷酸盐缓冲溶液存在下，与吸收液中蓝色的靛蓝二磺酸钠等摩尔反应，褪色生成靛红二磺酸钠，在 610 nm 处测量吸光度，根据蓝色减退的程度定量空气中臭氧的浓度。

2. 适用范围

当采样体积为 30 L 时，测定空气中臭氧的检出限为 10 μg/m^3，测定下限为 40 μg/m^3。当采样体积为 30 L 时，吸收液质量浓度为 2.5 μg/mL 或 5.0 μg/mL 时，测定上限分别为 500 μg/m^3 或 1 000 μg/m^3。

3. 干扰与消除

(1) 空气中的二氧化氮可使臭氧的测定结果偏高，约为二氧化氮质量浓度的 6%。

(2) 空气中二氧化硫、硫化氢、过氧乙酰硝酸酯 (PAN) 和氟化氢的质量浓度分别高于 750 μg/m^3、110 μg/m^3、1 800 μg/m^3 和 2.5 μg/m^3 时，干扰臭氧的测定。

(3) 空气中氯气、二氧化氯的存在使臭氧的测定结果偏高。但在一般情况下，这些气体的浓度很低，不会造成显著误差。

四、仪器和试剂

1. 所用仪器

(1) 空气采样器：流量范围 0.1～1.0 L/min，流量稳定。采样器应定期在采样前进行气密性检查和流量校准。

(2) 分光光度计：具 20 mm 比色皿。

(3) 多孔玻板吸收瓶：容积 10 mL。

（4）恒温水浴器：温度精度为±1℃。

（5）具塞比色管：10 mL。

2．试剂配制

（1）溴酸钾标准贮备溶液，C（1/6$KBrO_3$）=0.100 0 mol/L：准确称取 1.391 8 g 溴化钾（优级纯，180℃烘 2 h），加入少量水溶解，移入 500 mL 容量瓶中，用水稀释至标线。

（2）溴酸钾-溴化钾标准溶液，C（1/6 $KBrO_5$）= 0.010 0 mol/L：吸取 10.00 mL 溴酸钾标准贮备溶液于 100 mL 容量瓶中，加入 1.0 g 溴化钾（KBr），用水稀释至标线。

（3）硫代硫酸钠标准贮备溶液，C（$Na_2S_2O_3$）= 0.100 0 mol/L。

（4）硫代硫酸钠标准工作溶液，C（$Na_2S_2O_3$）= 0.005 00 mol/L：临用前，取硫代硫酸钠标准贮备溶液用新煮沸并冷却至室温的水准确稀释 20 倍。

（5）硫酸溶液，1+6（V/V）。

（6）淀粉指示剂溶液，ρ=2.0 g/L：称取 0.20 g 可溶性淀粉，用少量水调成糊状，慢慢倒入 100 mL 沸水，煮沸至溶液澄清。

（7）磷酸盐缓冲溶液，C（KH_2PO_4-Na_2HPO_4）=0.050 mol/L：称取 6.8 g 磷酸二氢钾（KH_2PO_4）、7.1 g 无水磷酸氢二钠（Na_2HPO_4），溶于水，稀释至 1 000 mL。

（8）靛蓝二磺酸钠（$C_{16}H_{18}Na_2O_8S_2$，简称 IDS），分析纯、化学纯或生化试剂。

（9）IDS 标准贮备溶液：称取 0.25 g 靛蓝二磺酸钠溶于水，移入 500 mL 棕色容量瓶内，用水稀释至标线，摇匀，在室温暗处存放 24 h 后标定。此溶液在 20℃以下暗处存放可稳定 2 周。

标定方法：准确吸取 20.00 mL IDS 标准贮备溶液于 250 mL 碘量瓶中，加入 20.00 mL 溴酸钾-溴化钾标准溶液，再加入 50 mL 水，盖好瓶塞，在（16±1）℃水浴中放置至溶液温度与水浴温度平衡时，加入 5.0 mL 硫酸溶液，立即盖塞、混匀并开始计时，于（16±1）℃暗处放置(35±1.0)min 后，加入 1.0 g 碘化钾，立即盖塞，轻轻摇匀至溶解，暗处放置 5 min，用硫代硫酸钠标准工作溶液滴定至棕色刚好褪去呈淡黄色，加入 5 mL 淀粉指示剂溶液，继续滴定至蓝色消退，终点为亮黄色。记录所消耗的硫代硫酸钠标准工作溶液的体积（两次平行滴定的体积之差不应大于 0.10 mL）。

每毫升 IDS 溶液相当于臭氧的质量浓度ρ（μg/mL）按下式计算：

$$\rho = \frac{C_1V_1 - C_2V_2}{V} \times 12.00 \times 10^3$$

式中：C_1——溴酸钾-溴化钾标准溶液的浓度，mol/L；

V_1——加入溴酸钾-溴化钾标准溶液的体积，mL；

C_2——滴定时所用硫代硫酸钠标准溶液的浓度，mol/L；

V_2——滴定时所用硫代硫酸钠标准溶液的体积，mL；

V——IDS 标准贮备溶液的体积，mL；

12.00——臭氧的摩尔质量（1/4 O_3），g/moL。

（10）IDS 标准工作溶液：将标定后的 IDS 标准贮备液用磷酸盐缓冲溶液逐级稀释成每毫升相当于 1.00 μg 臭氧的 IDS 标准工作溶液，此溶液于 20℃以下暗处存放可稳定 1 周。

（11）IDS 吸收液：取适量 IDS 标准贮备液，根据空气中臭氧质量浓度的高低，用磷酸盐缓冲溶液稀释成每毫升相当于 2.5 μg（或 5.0 μg）臭氧的 IDS 吸收液，此溶液于 20℃以下暗处可保存 1 个月。

五、实训操作

（一）样品采集

（1）用内装 10.00 mL IDS 吸收液的多孔玻板吸收瓶，罩上黑色避光套，以 0.5 L/min 流量采气 5～30 L。当吸收液褪色约 60%时（与现场空白比较），应立即停止采样。当确信空气中臭氧的质量浓度较低，不会穿透时，可以用棕色玻板吸收瓶采样。

（2）现场空白：将装有 IDS 吸收液的吸收瓶带到采样现场，除了不采气之外，其他环境条件与样品相同。每批样品至少测定两个现场空白样。

（二）样品保存

样品在运输及存放过程中应严格避光。样品于室温暗处存放至少可稳定 3 d。

（三）分析测试

1. 校准曲线绘制

（1）取 6 支 10 mL 具塞比色管，按表 5-17 配制标准溶液系列。

表 5-17 臭氧标准溶液系列

管号	0	1	2	3	4	5
IDS 标准工作溶液/mL	10.00	8.00	6.00	4.00	2.00	0.00
磷酸盐缓冲溶液/mL	0.00	2.00	4.00	6.00	8.00	10.00
臭氧质量浓度/（μg/mL）	0.00	0.20	0.40	0.60	0.80	1.00

（2）各管摇匀，用 20 mm 比色皿，以水作参比，在波长 610 nm 下测量吸光度。以校准系列中零浓度管的吸光度（A_0）与各标准色列管的吸光度（A）之差为纵坐标，臭氧质量浓度为横坐标，用最小二乘法计算校准曲线的回归方程。

2. 样品测定

采样结束后，将吸收瓶中的样品溶液全部移入 25 mL（或 50 mL）容量瓶中，用水多次洗涤吸收瓶，最后使总体积为 25.0 mL（或 50.0 mL）。用 20 mm 比色皿，以水作参比，在波长 610 nm 下测量吸光度。

（四）原始记录

认真填写气态污染物现场采样记录表、分光光度法原始数据记录表。

（五）实训室整理

（1）将分光光度计的拉杆推至非测量挡，合上样品室盖，填写仪器使用记录。

（2）将比色皿、比色管等器皿清洗干净，物归原处。

（3）将空气采样器放回原处，填写仪器使用记录。

（4）清理实训台面和地面，保持实训室干净整洁。

（5）检查实训室用水、用电是否处于安全状态。

六、数据处理

按下式计算空气中臭氧的质量浓度ρ（μg/m^3）：

$$\rho=\frac{(A_0-A-a)\times V}{b\times V_s}$$

式中：A_0 —— 现场空白溶液吸光度的平均值；

A —— 样品溶液的吸光度；

a —— 校准曲线的截距；

b —— 校准曲线的斜率，吸光度·mL/μg；

V —— 样品溶液的总体积，mL；

V_s —— 换算成标准状况下（273.15 K，101.325 kPa）的采样体积，m^3。

计算结果保留到整数位。

七、实训报告

按照实训报告的格式要求认真编写。

八、实训总结

（1）在采样过程中，当吸收液褪色约60%时（与现场空白比较），应立即停止采样。

（2）每批样品至少测定两个现场空白样。

（3）用溴酸钾-溴化钾标准溶液标定IDS标准贮备溶液的反应，需要在酸性条件下进行，加入硫酸溶液后反应开始，加入碘化钾后反应随即终止。为了避免副反应使反应定量进行，必须严格控制水浴温度（16±1）℃和反应时间（35±1.0）min。一定要等到溶液温度与水浴温度达到平衡时再加入硫酸溶液，加入硫酸溶液后应立即盖塞，并开始计时。同时应注意滴定过程中避免阳光照射。

九、实训考核

实训考核评分标准详见臭氧测定的操作评分表。

表5-18 空气采样原始数据记录表

任务名称__________方法依据__________任务编号（小组号）__________

采样地点__________测定项目__________采样方法__________采样仪器型号__________

采样日期	样品编号	采样时间			气温/℃	大气压/kPa	采样流量/（L/min）	采样体积 V_s/m^3	天气状况
		开始	结束	累计/min					
备注									

采样人__________　记录人__________　校核人__________

表 5-19　臭氧分析（分光光度法）原始数据记录表

样品种类________　分析方法__________分析日期______年_____月_____日

标准曲线	标准管号		0	1	2	3	4	5	6	标准溶液名称及浓度： ____________ 校准曲线方程及相关系数： ____________ r =____________ 方法检出限： ____________
	标液量	mL								
		μg								
	A									
	A_0-A									

样品测定	样品编号	取样量/mL	定容体积/mL	样品吸光度	空白吸光度	校正吸光度	回归方程计算结果/μg	样品浓度/（μg/m³）	计算公式： ____________

标准化记录	仪器名称	仪器编号	显色温度/℃	显色时间/mim	参比溶液	波长/nm	比色皿/mm	室温/℃	湿度/%

分析人____________　校对人____________　审核人____________

表 5-20　空气中臭氧测定的操作评分表

班级__________　学号__________　姓名__________　成绩__________

考核日期__________　开始时间__________　结束时间__________　考评员__________

序号	考核点	分值	评分标准	扣分	得分
（一）	仪器准备	6			
1	玻璃仪器洗涤	2	玻璃仪器洗涤干净后内壁应不挂水珠，否则一次性扣 1 分 吸收瓶清洗、烘干，不正确扣 1 分		
2	分光光度计预热 20 min	2	未进行预热或预热时间不够，扣 1 分 打开盖子或放入黑体预热，不正确扣 1 分		

序号	考核点	分值	评分标准	扣分	得分
3	移液管润洗	2	润洗溶液若超过总体积的 1/3，一次性扣 0.5 分 润洗后废液应从下口排放，否则一次性扣 0.5 分 润洗少于 3 次，一次性扣 1 分		
（二）	样品采集	20	加入 10.00 mL IDS 吸收液至吸收瓶，不正确扣 2 分 将吸收瓶、干燥瓶和采样器连接好，不正确扣 4 分 采样器参数的设定不正确，扣 4 分 当吸收液褪色约 60%时，立即停止采样，不正确扣 4 分 未做 2 个现场空白，扣 3 分 样品采集、运输和储存过程中应避免阳光照射，不正确扣 3 分		
（三）	标准系列配制	10	每个点取液应从零分度开始，出现不正确项一次扣 1 分，但不超过该项总分 10 分（工作液可放回剩余溶液中再取液） 标准曲线取点不得少于 6 点，不符合扣 2 分 只选用一支吸量管移取标液，不符合扣 3 分 试剂加入量不精确，扣 3 分 混合不充分、中间未开塞，扣 2 分		
（四）	样品测定	8	用少量水洗涤吸收瓶，不正确扣 4 分 用水稀释至标线，不正确扣 4 分		
（五）	分光光度计使用	20			
1	测定前准备	4	波长选择不正确，扣 2 分 不能正确调“0”和“100%”，扣 2 分		
2	测定操作	10	没有进行比色皿配套性选择，或选择不当，扣 2 分 手触及比色皿透光面，扣 1 分 加入溶液高度不正确，扣 1 分 比色皿外壁溶液处理不正确，扣 1 分 参比溶液使用不正确，扣 2 分 比色皿盒拉杆操作不当，扣 1 分 开关比色皿暗箱盖不当，扣 1 分 读数不准确，或重新取液测定，扣 1 分		
3	测定过程中仪器被溶液污染	2	比色皿放在分光光度计仪器表面，扣 1 分 比色室洒落溶液，扣 1 分		
4	测定后处理	4	台面不清洁，扣 1 分 未取出比色皿及洗涤干净，扣 1 分 没有倒尽控干比色皿，扣 1 分 未关闭仪器电源，扣 0.5 分 未填写仪器使用记录，扣 0.5 分		
（六）	数据记录和处理	16			
1	原始记录	4	数据未直接填在报告单上、数据不全、有空项，每项扣 1 分，可累计扣分 原始记录中缺少计量单位，每出现一次扣 1 分		

序号	考核点	分值	评分标准	扣分	得分
2	回归方程	10	没有采用最小二乘法处理数据，扣 1 分 a、b 计算不正确，每一项扣 2 分 没有计算相关系数，扣 1 分 没有算出回归方程，扣 4 分		
3	有效数字运算	2	有效数字运算不规范，一次性扣 2 分		
（七）	测定结果	14			
1	校准曲线线性	4	$r \geqslant 0.9999$，不扣分 $r = 0.9991 \sim 0.9998$，扣 0.5～4 分 $r < 0.9990$，不得分		
2	测定结果精密度	5	$\lvert \bar{R}_d \rvert \leqslant 0.5\%$，不扣分 $0.5\% < \lvert \bar{R}_d \rvert \leqslant 0.6\%$，扣 0.5 分 $0.6\% < \lvert \bar{R}_d \rvert \leqslant 0.7\%$，扣 1 分 $0.7\% < \lvert \bar{R}_d \rvert \leqslant 0.8\%$，扣 1.5 分，依此类推 $1.3\% < \lvert \bar{R}_d \rvert \leqslant 1.4\%$，扣 4.5 分 $\lvert \bar{R}_d \rvert > 1.4\%$，扣 5 分		
3	测定结果准确度	5	测定值在 保证值±0.5%内，不扣分 保证值±0.6%内，扣 0.5 分 保证值±0.7%内，扣 1 分，依此类推 保证值±1.4%内，扣 4.5 分 保证值±1.4%外，扣 5 分		
（八）	文明操作	6			
1	实训台面	2	实训过程中台面、地面脏乱，一次性扣 2 分		
2	实训结束清洗仪器、试剂物品归位	2	实训结束未先清洗仪器或试剂物品未归位就完成报告，一次性扣 2 分		
3	仪器损坏	2	仪器损坏，一次性扣 2 分		
合　计					

环境空气质量监测报告

项目名称：校园空气质量监测

监测类别：环境空气监测

报告日期：　　年　　月　　日

1．监测内容

____

2．监测项目

____

3．监测分析方法及方法来源

监测项目的监测方法、方法来源、使用仪器及检出限见表 1。

表 1　环境监测方法及方法来源

项目	监测方法	方法来源	使用仪器	检出限

4．监测结果

空气质量监测结果见表 2。

表 2　空气质量监测结果　　单位：

样点编号	采样位置	监测日期	温度/℃	监测项目 1	监测项目 2	监测项目 3	……

环境监测点位示意图

报告编制人____________　日　期____________

审　核　人____________　日　期____________

项目六
工业废气监测

任务一 工业废气监测方案的制定

一、实训目的

（1）在资料收集、现场调查的基础上，掌握监测项目的确定。

（2）掌握监测分析方法的选择。

（3）掌握采样点布设、采样方法、采样时间与采样频次的确定。

（4）掌握监测结果的处理与评价。

（5）培养团结协作精神及处理实际问题的能力。

二、资料收集和现场调查

（1）收集相关的技术资料，了解产生废气的生产工艺过程及生产设施的性能、排放的主要污染物种类及排放浓度大致范围，以确定监测项目和监测方法。

（2）调查污染源的污染治理设施的净化原理、工艺过程、主要技术指标等，以确定监测内容。

（3）调查生产设施的运行工况，污染物排放方式和排放规律，以确定采样频次及采样时间。

（4）现场勘察污染源所处位置和数目，废气输送管道的布置及断面的形状、尺寸，废气输送管道周围的环境状况，废气的去向及排气筒高度等，以确定采样位置及采样点数量。

（5）收集与污染源有关的其他技术资料。

三、监测项目的确定

监测项目执行《大气污染物综合排放标准》（GB 16297—1996）及有关行业大气污染物排放标准。

四、监测分析方法的确定

（1）监测分析方法的选用应充分考虑相关排放标准的规定、被测污染源排放特点、污染物排放浓度的高低、所采用监测分析方法的检出限和干扰等因素。

（2）相关排放标准中有监测分析方法的规定时，应采用标准中规定的方法。

（3）对相关排放标准未规定监测分析方法的污染物项目，应选用国家环境保护标准、环境保护行业标准规定的方法。

五、样品采集

1．采样位置与采样点

采样位置应优先选择在垂直管段。采样点的位置和数目主要根据烟道断面的形状、尺寸大小和流速分布情况确定。具体设置方法按《固定污染源排气中颗粒物测定和气态污染物采样方法》（GB/T 16157—1996）中 4.2 的规定执行。

2．采样时间和频次

采样时间和频次按《固定源废气监测技术规范》（HJ/T 397—2007）的规定执行。

一般污染源的监督性监测每年不少于 1 次，如被国家或地方环境保护行政主管部门列为年度重点监管的排污单位，每年监督性监测不少于 4 次。

3．采样方法

颗粒物的采集原则上采用等速采样方法；气态污染物的采集可采用化学法和仪器直接测试法采样。具体采样方法按《固定污染源排气中颗粒物测定和气态污染物采样方法》（GB/T 16157—1996）的规定执行。

六、监测分析

分析用的各种试剂和纯水的质量必须符合分析方法的要求。监测样品应及时分析，否则必须按监测项目的要求保存，并在规定的期限内分析完毕。每批样品至少应做一个全程空白样，实验室内进行质控样、平行样或加标回收样品的测定。

七、监测结果处理与评价

监测结果表示及计算应根据相关排放标准的要求来确定。监测结果以污染物排放浓度（mg/m^3 或 $\mu g/m^3$）、污染物折算排放浓度、废气排放量（m^3/h）、污染物排放速率（kg/h）、净化装置的性能表示。

依据 GB 16297—1996 及有关行业大气污染物排放标准，评价废气污染物是否符合国家或地方的排放标准和总量控制指标，以及净化装置的性能和运行情况、污染防治措施的效果，提出改善废气排放质量的建议和措施。

八、实训报告

按照工业废气监测方案的制定实训报告的格式要求认真编写。

表 6-1　工业废气监测方案的制定实训报告

<table>
<tr><td>班级</td><td></td><td>姓名</td><td></td><td>学号</td><td></td></tr>
<tr><td>实训时间</td><td></td><td>实训地点</td><td></td><td>成绩</td><td></td></tr>
<tr><td colspan="6">批改意见：
教师签字：</td></tr>
</table>

实训目的

基础资料的收集

废气污染源调查表

污染源名称	原辅材料	产生废气的主要工艺	排放的主要污染物	废气排放量/万立方米	排放方式	排气筒高度	处理方法	处理效率/%

监测点位的布设

监测点设置情况表

序号	监测点位名称
1	
2	

监测点位平面分布图

监测点位平面分布图

监测项目的确定

监测项目选择表

必测项目	
选测项目	

分析方法的确定

监测项目的分析方法及检出下限表

序号	监测项目	分析方法	标准代码	检出下限
1				
2				

<table>
<tr><td rowspan="9">监测结果统计</td><td colspan="9">废气监测结果统计表</td></tr>
<tr><td rowspan="2">监测项目</td><td rowspan="2">测点名称</td><td rowspan="2">是否达标</td><td colspan="3">排放浓度/（mg/m^3）</td><td colspan="3">排放速率/（kg/h）</td></tr>
<tr><td>标准值</td><td>监测结果</td><td>超标倍数</td><td>标准值</td><td>监测结果</td><td>超标倍数</td></tr>
<tr><td></td><td></td><td></td><td></td><td></td><td></td><td></td><td></td><td></td></tr>
<tr><td></td><td></td><td></td><td></td><td></td><td></td><td></td><td></td><td></td></tr>
<tr><td></td><td></td><td></td><td></td><td></td><td></td><td></td><td></td><td></td></tr>
<tr><td></td><td></td><td></td><td></td><td></td><td></td><td></td><td></td><td></td></tr>
<tr><td></td><td></td><td></td><td></td><td></td><td></td><td></td><td></td><td></td></tr>
<tr><td></td><td></td><td></td><td></td><td></td><td></td><td></td><td></td><td></td></tr>
<tr><td>废气达标排放情况及合理化建议</td><td colspan="9"></td></tr>
</table>

任务二　烟气黑度的测定

烟气黑度的测定方法有林格曼黑度图法、测烟望远镜法和光电测烟仪法等。以下介绍的是林格曼烟气黑度图法。

一、预习思考

（1）林格曼烟气黑度图分为几级？

（2）观测位置和条件有何要求？

（3）如何对烟气进行观测？

（4）如何计算烟气的黑度？

二、实训目的

（1）掌握林格曼烟气黑度图法测定烟气黑度。

（2）正确填写烟气黑度观测记录，依据排放标准对测定结果进行评价。

三、原理

1．测定原理

把林格曼烟气黑度图放在适当的位置上，将烟气的黑度与图上的黑度相比较，由具有资质的观察者用目视观察来测定固定污染源排放烟气的黑度。

2．适用范围

本标准适用于固定污染源排放的灰色或黑色烟气在排放口处黑度的监测，不适用于其他颜色烟气的监测。

四、仪器和设备

（1）林格曼烟气黑度图

标准的林格曼烟气黑度图由 14 cm×21 cm 的不同黑度的图片组成，除全白与全黑分别代表林格曼黑度 0 级和 5 级外，其余 4 个级别是根据黑色条格占整块面积的百分数来确定的，黑色条格的面积占 20%为 1 级，占 40%为 2 级，占 60%为 3 级，占 80%为 4 级，如图 6-1 所示。

（2）计时器（秒表或手表），精度 1 s。

（3）烟气黑度图支架。

（4）风向、风速测定仪。

五、实训操作

（一）观测位置和条件

（1）应在白天进行观测，观察者与烟囱的距离应足以保证对烟气排放情况清晰地观察。林格曼烟气黑度图安置在固定支架上，图片面向观察者，尽可能使图位于观察者至烟囱顶部的连线上，并使图与烟气有相似的天空背景。图距观察者应有足够的距离，以使图上的线条看起来融合在一起，从而使每个方块有均匀的黑度，对于绝大多数观察者这一距离约为 15 m，如图 6-2 所示。

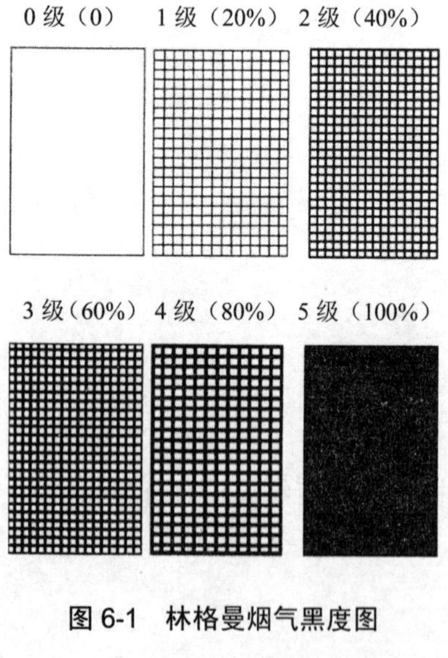

图 6-1 林格曼烟气黑度图

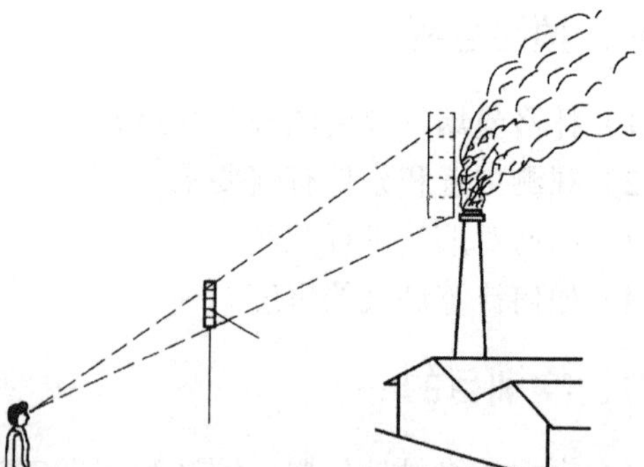

图 6-2 林格曼烟气黑度图法观测烟气

（2）观察者的视线应尽量与烟羽飘动的方向垂直。观察烟气的仰视角不应太大，一般情况下不宜大于 45°，尽量避免在过于陡峭的角度下观察。

（3）观察烟气黑度力求在比较均匀的天空光照下进行。如果在太阳光照射下观察，应尽量使照射光线与视线成直角，光线不应来自观察者的前方或后方。雨雪天、雾天及风速大于 4.5 m/s 时不应进行观察。

（二）观测方法

（1）观察烟气的部位应选择在烟气黑度最大的地方，该部位应没有冷凝水蒸气存在。观察时，将烟囱排出烟气的黑度与林格曼烟气黑度图进行比较，记下烟气的林格曼级数。如烟气黑度处于两个林格曼级之间，可估计一个 0.5 或 0.25 林格曼级数。每分钟观测 4 次，观察者不宜一直盯着烟气观测，而应看几秒钟然后停几秒钟，每次观测（包括观看和间歇时间）约 15 s，连续观测烟气黑度的时间不少于 30 min。

（2）观察混有冷凝水汽的烟气，当烟囱出口处的烟气中有可见的冷凝水汽存在时，应选择在离开烟囱口一段距离，看不到水汽的部位观察。

（3）观察含有水蒸气的烟气，当烟气中的水蒸气在离开烟囱出口的一段距离后，冷凝并且变为可见，这时应选择在烟囱口附近水蒸气尚未形成可见的冷凝水汽的部位观察。

（4）观察烟气宜在比较均匀的天空照明下进行。如在阴天的情况下观察，由于天空背景较暗，在读数时应根据经验取稍偏低的级数（减去 0.25 级或 0.5 级）。

（三）原始记录

1．现场情况记录

观察者应按现场观测数据原始记录表格的要求，填写观测日期、被测单位、设备名称、净化设施等内容，并将烟囱距观测点的距离、烟囱位于观测点的方向、风向和风速、天气状况以及烟羽背景的情况逐一填入表内。

2．现场观测记录

每次观测 15 s 记录一个读数，填入现场观测数据原始记录表格。每个读数都应反映 15 s 内黑度的平均值。连续观测烟气黑度的时间 30 min，在此期间进行 120 次观测，记录 120 个读数。对于烟气排放十分稳定的污染源，可酌情减少观测频次，每分钟观测 2 次，每 30 s 记录一个读数，连续观测 30 min，在此期间进行 60 次观测，记录 60 个读数。

（四）实训室整理

林格曼烟气黑度图放回原处，填写使用记录。

六、数据处理

（1）按林格曼黑度级别将观测值分级，分别统计每一黑度级别出现的累计次数和时间。

（2）除了在观测过程中出现 5 级林格曼黑度时，烟气黑度按 5 级计，不必继续观测外，其他情况都必须连续观测 30 min。分别统计每一黑度级别出现的累计时间，烟气黑度按 30 min 内出现累计时间超过 2 min 的最大林格曼黑度级计。

（3）按以下顺序和原则确定烟气黑度级别：

① 林格曼黑度 5 级：30 min 内出现 5 级林格曼黑度时，烟气的林格曼黑度按 5 级计。

② 林格曼黑度 4 级：30 min 内出现 4 级及以上林格曼黑度的累计时间超过 2 min 时，烟气的林格曼黑度按 4 级计。

③ 林格曼黑度 3 级：30 min 内出现 3 级及以上林格曼黑度的累计时间超过 2 min 时，烟气的林格曼黑度按 3 级计。

④ 林格曼黑度 2 级：30 min 内出现 2 级及以上林格曼黑度的累计时间超过 2 min 时，烟气的林格曼黑度按 2 级计。

⑤ 林格曼黑度 1 级：30 min 内出现 1 级及以上林格曼黑度的累计时间超过 2 min 时，烟气的林格曼黑度按 1 级计。

⑥ 林格曼黑度＜1 级：30 min 内出现小于 1 级林格曼黑度的累计时间超过 2 min 时，烟气的林格曼黑度按＜1 级计。

七、实训报告

按照实训报告的格式要求认真编写。

八、实训总结

（1）观测应在白天进行。

（2）固定支架时应使图片面向观察者，尽可能使图位于观察者至烟囱顶部的连线上，并使图与烟气有相似的天空背景。

（3）观测刚离开排气筒的黑度最大部位的烟气。

（4）连续观测时间为 30 min。

表 6-2 烟气黑度观测原始数据记录表

<table>
<tr><td>被测单位</td><td colspan="4"></td><td>观测日期</td><td></td></tr>
<tr><td>设备名称</td><td colspan="4"></td><td>净化设施</td><td></td></tr>
<tr><td>秒
分</td><td>0</td><td>15</td><td>30</td><td>45</td><td colspan="2" rowspan="15">观测点位置与观测条件
烟囱距离________m；烟囱所在方向________；
烟囱高度________m；烟囱出口形状________；
风向____________；风速____________m/s。
天气状况：□晴朗 □少云 □多云 □阴天
烟羽背景：□无云 □薄云 □白云 □灰云
备注：</td></tr>
<tr><td>0</td><td></td><td></td><td></td><td></td></tr>
<tr><td>1</td><td></td><td></td><td></td><td></td></tr>
<tr><td>2</td><td></td><td></td><td></td><td></td></tr>
<tr><td>3</td><td></td><td></td><td></td><td></td></tr>
<tr><td>4</td><td></td><td></td><td></td><td></td></tr>
<tr><td>5</td><td></td><td></td><td></td><td></td></tr>
<tr><td>6</td><td></td><td></td><td></td><td></td></tr>
<tr><td>7</td><td></td><td></td><td></td><td></td></tr>
<tr><td>8</td><td></td><td></td><td></td><td></td></tr>
<tr><td>9</td><td></td><td></td><td></td><td></td></tr>
<tr><td>10</td><td></td><td></td><td></td><td></td></tr>
<tr><td>11</td><td></td><td></td><td></td><td></td></tr>
<tr><td>12</td><td></td><td></td><td></td><td></td></tr>
<tr><td>13</td><td></td><td></td><td></td><td></td></tr>
</table>

<table>
<tr><td>14</td><td></td><td></td><td></td><td></td><td rowspan="16">观测值累计次数及时间
观测开始时间：______时______分；
观测结束时间：______时______分。

5 级：______次，累计时间______min；
≥4 级：______次，累计时间______min；
≥3 级：______次，累计时间______min；
≥2 级：______次，累计时间______min；
≥1 级：______次，累计时间______min；
<1 级：______次，累计时间______min。</td></tr>
<tr><td>15</td><td></td><td></td><td></td><td></td></tr>
<tr><td>16</td><td></td><td></td><td></td><td></td></tr>
<tr><td>17</td><td></td><td></td><td></td><td></td></tr>
<tr><td>18</td><td></td><td></td><td></td><td></td></tr>
<tr><td>19</td><td></td><td></td><td></td><td></td></tr>
<tr><td>20</td><td></td><td></td><td></td><td></td></tr>
<tr><td>21</td><td></td><td></td><td></td><td></td></tr>
<tr><td>22</td><td></td><td></td><td></td><td></td></tr>
<tr><td>23</td><td></td><td></td><td></td><td></td></tr>
<tr><td>24</td><td></td><td></td><td></td><td></td></tr>
<tr><td>25</td><td></td><td></td><td></td><td></td></tr>
<tr><td>26</td><td></td><td></td><td></td><td></td></tr>
<tr><td>27</td><td></td><td></td><td></td><td></td></tr>
<tr><td>28</td><td></td><td></td><td></td><td></td></tr>
<tr><td>29</td><td></td><td></td><td></td><td></td></tr>
<tr><td colspan="6">烟气黑度（林格曼级）：</td></tr>
</table>

观测人____________　　　　　　　　校核人____________

任务三　排气中颗粒物的测定

颗粒物指燃料和其他物质在燃烧、合成、分解以及各种物料在机械处理中所产生的悬浮于排放气体中的固体和液体颗粒状物质。本部分介绍固定污染源排气中颗粒物排放浓度和排放速率的测定。

一、预习思考

（1）何为等速采样？若不采用等速采样，对测定结果有何影响？

（2）采样位置的布设有哪些原则？

（3）如何确定采样点的数量？

（4）应用皮托管如何测定烟气压力？

（5）锅炉颗粒物采样的原则。

（6）滤筒在安放和取出采样管时，应注意哪些事项？

（7）颗粒物排放浓度、排放速率如何计算？

二、实训目的

（1）掌握重量法测定颗粒物的排放浓度。

（2）依据排放标准对颗粒物测试结果进行评价。

三、原理

将烟尘采样管由采样孔插入烟道中，使采样嘴置于测点上，正对气流，按颗粒物等速采样原理，即采样嘴的吸气速度与测点处气流速度相等（其相对误差应在 10%以内），抽取一定量的含尘气体。根据采样管滤筒上所捕集到的颗粒物量和同时抽取的气体量，计算出排气中颗粒物浓度。

维持颗粒物等速采样的方法有预测流速法（普通型采样管法）、皮托管平行测速采样法、动压平衡型采样管法和静压平衡型采样管法四种。可根据不同测量对象状况，选用其中的一种方法。

皮托管平行测速自动烟尘采样仪：仪器的微处理测控系统根据各种传感器检测到的静压、动压、温度及含湿量等参数，计算烟气流速，选定采样嘴直径，采样过程中仪器自动计算烟气流速和等速跟踪采样流量，控制电路调整抽气泵的抽气能力，使实际流量与计算的采样流量相等，从而保证了烟尘自动等速采样。

四、仪器和设备

（1）皮托管平行测速自动烟尘采样仪。

（2）滤筒：玻璃纤维滤筒或刚玉滤筒。

（3）奥氏气体分析仪。

（4）分析天平：感量 0.1 mg。

（5）空盒大气压力计：最小分度值应不大于 0.1 kPa。

五、实训操作

（一）采样点布设

1. 采样位置

（1）采样位置应优先选择在垂直管段，应避开烟道弯头和断面急剧变化的部位。采样位置应设置在距弯头、阀门、变径管等阻力构件下游方向不小于 6 倍直径和距上述部件上游方向不小于 3 倍直径处。对矩形烟道，其当量直径 $D=2AB/(A+B)$，式中 A，B 为边长。采样断面的气流速度最好在 5 m/s 以上。

（2）测试现场空间位置有限，很难满足上述要求时，可选择比较适宜的管段采样，但采样断面与弯头等的距离至少是烟道直径的 1.5 倍，并应适当增加测点的数量和采样频次。

（3）采样位置应避开对测试人员操作有危险的场所。

（4）必要时应设置采样平台，采样平台应有足够的工作面积使工作人员安全、方便地操作。平台面积应不小于 1.5 m^2，并设有 1.1 m 高的护栏和不低于 10 cm 的脚部挡板，采样平台的承重应不小于 200 kg/m^2，采样孔距平台面为 1.2～1.3 m。

2. 采样孔

（1）在选定的测定位置上开设采样孔，采样孔内径应不小于 80 mm，采样孔管长应不大于 50 mm。不使用时应用盖板、管堵或管帽封闭。

（2）对正压下输送高温或有毒气体的烟道应采用带有闸板阀的密封采样孔。

（3）对圆形烟道，采样孔应设在包括各测定点在内的互相垂直的直径线上；对矩形或方形烟道，采样孔应设在包括各测定点在内的延长线上。

3．采样点

（1）圆形烟道。

① 将烟道分成适当数量的等面积同心环，各测点选在各环等面积中心线与呈垂直相交的两条直径线的交点上，其中一条直径线应在预期浓度变化最大的平面内。

② 对符合采样位置要求的烟道，可只选预期浓度变化最大的一条直径线上的测点。

③ 对直径小于 0.3 m、流速分布比较均匀、对称并符合采样位置要求的小烟道，可取烟道中心作为测点。

④ 不同直径圆形烟道的等面积环数、采样点数及采样点距烟道内壁的距离见表 6-3，原则上测点不超过 20 个。

表 6-3　圆形烟道的分环和各测点距烟道内壁的距离

烟道直径/m	分环数/个	各测点距烟道内壁的距离（以烟道直径为单位）									
		1	2	3	4	5	6	7	8	9	10
0.3～0.6	1	0.146	0.854								
0.6～1.0	2	0.067	0.250	0.750	0.933						
1.0～2.0	3	0.044	0.146	0.296	0.704	0.854	0.956				
2.0～4.0	4	0.033	0.105	0.194	0.323	0.677	0.806	0.895	0.967		
>4.0	5	0.026	0.082	0.146	0.226	0.342	0.658	0.774	0.854	0.918	0.974

（2）矩形（或方形）烟道。

将烟道断面划分为适当数量的等面积小块，各块中心即为测点。小块的数量和大小按照表 6-4 确定，原则上测点不超过 20 个。

表 6-4　矩（方）形烟道的分块和测点数

烟道断面积/m^2	等面积小块长边长度/m	测点总数
<0.1	<0.32	1
0.1～0.5	<0.35	1～4
0.5～1.0	<0.50	4～6
1.0～4.0	<0.67	6～9
4.0～9.0	<0.75	9～16
>9.0	≤1.0	16～20

（二）排气参数测定

（1）温度。测量设备主要有热电偶温度计、电阻温度计和玻璃水银温度计。

（2）含湿量。测定方法有干湿球法、冷凝法、重量法等。

（3）压力。常用的测压仪器有皮托管和压力计。

（4）流速。详见 GB/T 16157—1996。

（5）流量。详见 GB/T 16157—1996。

（6）烟气成分。烟气成分分析主要是测定烟气中的 CO_2、O_2、CO。测定方法有奥氏气体分析仪法和仪器分析法。

（三）样品采集

1．采样时间与频次

（1）除相关标准另有规定外，排气筒中废气的采样以连续 1 h 的采样获取平均值或在 1 h 内以等时间间隔采集 3～4 个样品，并计算平均值。

（2）若某排气筒的排放为间断性排放，排放时间小于 1 h，应在排放时段内实行连续采样，或在排放时段内等间隔采集 2～4 个样品，并计算平均值；若某排气筒的排放为间断性排放，排放时间大于 1 h，则应在排放时段内按（1）的要求采样。

2．采样方法

（1）移动采样：用同一个滤筒在已确定的各采样点上移动采样，各采样点的采样时间相同，计算烟道断面上颗粒物的平均浓度。

（2）定点采样：在每个测点上采一个样，求出采样断面的颗粒物平均浓度，并可了解烟道断面上颗粒物浓度变化情况。

（3）间断采样：适用于周期性变化的排放源，根据工况变化及其延续时间，分时段采样，按时间平均加权计算断面的颗粒物平均浓度。

3．采样步骤

（1）采样准备。

① 滤筒处理和称重。用铅笔将滤筒编号，在 105～110℃烘箱中烘烤 1 h，取出放入干燥器中冷却至室温，用感量 0.1 mg 天平称量，两次重量之差应不超过 0.5 mg。当滤筒在 400℃以上高温排气中使用时，为了减少滤筒本身重量，应预先在 400℃高温箱中烘烤 1 h，然后放入干燥器中冷却至室温，称量至恒重，放入专用的容器中保存。

② 检查所有的测试仪器功能是否正常，干燥器中的硅胶是否失效。

③ 检查系统是否漏气，如发现漏气，应再分段检查，堵漏，直到合格。

（2）采样步骤。

以下介绍的是采用皮托管平行测速自动烟尘采样仪进行采样。

① 采样系统连接。用橡胶管将组合采样管的皮托管与主机的相应接嘴连接，将组合采样管的烟尘取样管与洗涤瓶和干燥瓶连接，再与主机的相应接嘴连接。

② 仪器接通电源，自检完毕后，输入日期、时间、大气压、管道尺寸等参数。仪器计算出采样点数目和位置，将各采样点的位置在采样管上做好标记。

③ 打开烟道的采样孔，清除孔中的积灰。

④ 仪器压力测量进行零点校准后，将组合采样管插入烟道中，测量各采样点的温度、动压、静压、全压及流速，选取合适的采样嘴。

⑤ 含湿量测定装置注水，并将其抽气管和信号线与主机连接，将采样管插入烟道，测定烟气中水分含量。

⑥ 记下滤筒的编号，将已称重的滤筒装入采样管内，旋紧压盖，注意采样嘴与皮托管全压测孔方向一致。

⑦ 设定每点的采样时间，输入滤筒编号，将组合采样管插入烟道中，密封采样孔。

⑧ 使采样嘴及皮托管全压测孔正对气流，位于第一个采样点。启动抽气泵，开始采样。第一采样点时间结束，仪器自动发出信号，立即将采样管移至第二采样点继续进行采样。依此类推，顺序在各点采样。采样过程中，采样器自动调节流量保持等速采样。

⑨ 采样完毕后，关闭抽气泵，从烟道中小心地取出采样管，注意不要倒置。

⑩ 用镊子将滤筒取出，轻轻敲打前弯管并用毛刷将附着在管内的尘粒刷入滤筒中，将滤筒上口内折封好，放入专用容器中保存，注意在运送过程中切不可倒置。

（四）样品分析

采样后的滤筒放入 105℃烘箱中烘烤 1 h，取出置于干燥器中，冷却至室温，用感量 0.1 mg 天平称量至恒重。采样前后滤筒重量之差，即为所采的颗粒物量。

（五）原始记录

认真填写烟气监测现场工况原始记录表。

（六）实训室整理

（1）将分析天平回零，关闭仪器，拔掉电源插头，填写仪器使用记录。

（2）将皮托管平行测速自动烟尘采样仪放回原处，填写仪器使用记录。

（3）检查实训室用电是否处于安全状态。

六、数据处理

（1）颗粒物排放浓度。

① 颗粒物排放浓度按下式计算：

$$\rho' = \frac{m}{V_{\text{nd}}} \times 10^6$$

式中：ρ' —— 颗粒物排放质量浓度，mg/m^3；

m —— 采样所得颗粒物的质量，g；

V_{nd} —— 标准状况下采集干排气的体积，L。

② 污染物平均排放浓度按下式计算：

$$\overline{\rho'} = \frac{\sum_{i=1}^{n} \rho'}{n}$$

式中：ρ' —— 颗粒物平均排放质量浓度，mg/m^3；

n —— 采集的样品数。

③ 周期性变化的生产设备，若需确定时间加权平均浓度，按下式计算：

$$\overline{\rho'} = \frac{\rho_1' t_1 + \rho_2' t_2 + \cdots + \rho_n' t_n}{t_1 + t_2 + \cdots + t_n}$$

式中：$\overline{\rho'}$ —— 颗粒物时间加权平均排放质量浓度，mg/m^3；

ρ'_1，ρ'_2，…，ρ'_n—— 颗粒物在 t_1，t_2，…，t_n 时段内的质量浓度，mg/m^3；

t_1，t_2，…，t_n —— 监测时间段，min。

（2）颗粒物折算排放浓度。

在计算燃料燃烧设备污染物的排放浓度时，应依照所执行的标准要求，将实测的颗粒物浓度折算为标准规定的过量空气系数下的排放浓度，按下式进行折算：

$$\overline{\rho} = \overline{\rho'} \times \frac{\alpha'}{\alpha}$$

式中：$\overline{\rho}$ —— 折算成过量空气系数为α时的颗粒物排放质量浓度，mg/m^3；

$\overline{\rho'}$ —— 颗粒物实测排放质量浓度，mg/m^3；

α' —— 实测过量空气系数（计算公式详见 GB/T 16157—1996）；

α —— 有关排放标准中规定的过量空气系数。

（3）颗粒物排放速率的计算。

$$G = \overline{\rho'} \times Q_{sn} \times 10^{-6}$$

式中：G —— 颗粒物排放速率，kg/h；

$\overline{\rho'}$ —— 颗粒物实测排放质量浓度，mg/m^3；

Q_{sn} —— 标准状态下干排气量，m^3/h。

七、实训报告

按照实训报告的格式要求认真编写。

八、实训总结

（一）仪器的检定和校准

自动烟尘采样仪和含湿量测定装置的温度计、电子压差计、流量计应定期进行校准。

（二）监测仪器设备的质量检验

（1）对微压计、皮托管和烟气采样系统进行气密性检验，按 GB/T 16157—1996 中 5.2.2.3 进行检漏试验。当系统漏气时，应再分段检查、堵漏或重新安装采样系统，直到检验合格。

（2）空白滤筒称量前应检查外表有无裂纹、孔隙或破损，若有则应更换滤筒，如果滤筒有挂毛或碎屑，应清理干净。当用刚玉滤筒采样时，滤筒在空白称重前，要用细砂纸将滤筒口磨平整，以保证滤筒安装后的气密性。

（3）应严格检查皮托管和采样嘴，发现变形或损坏的不能使用。

（三）排气参数的测定

（1）监测期间应有专人负责监督工况，污染源生产设备、治理设施应处于正常的运行工况。

（2）在进行排气参数测定和采样时，打开采样孔后应仔细清除采样孔短接管内的积灰，再插入测量仪器或采样探头，并严密堵住采样孔周围缝隙以防止漏气。

（3）排气温度测定时，应将温度计的测定端插入管道中心位置，待温度指示值稳定后读数，不允许将温度计抽出管道外读数。

（4）排气水分含量测定时，采样管前端应装有颗粒物过滤器，采样管应有加热保温措施。应对系统的气密性进行检查。对于直径较大的烟道，应将采样管尽量深地插入烟道，减少采样管外露部分，以防水汽在采样管中冷凝，造成测定结果偏低。

（5）用奥氏气体分析仪测定烟气成分时，必须按 CO_2、O_2、CO 的顺序进行测定，操作过程应防止吸收液和封闭液窜入梳形管中。

（6）测定排气压力时皮托管的全压孔要正对气流方向，偏差不得超过 10°。

（四）颗粒物的采样

（1）颗粒物的采样必须按照等速采样的原则进行，尽可能使用微电脑自动跟踪采样仪，以保证等速采样的精度，减少采样误差。

（2）采样位置应尽可能选择气流平稳的管段，采样断面最大流速与最小流速之比不宜大于 3 倍，以防仪器的响应跟不上流速的变化，影响等速采样的精度。

（3）在湿式除法除尘或脱硫器出口采样，采样孔位置应避开烟气含水（雾）滴的管段。

（4）采样系统在现场连接安装好以后，应对采样系统进行气密性检查，发现问题及时解决。

（5）采样嘴应先背向气流方向插入管道，采样时采样嘴必须对准气流方向，偏差不得超过 10°。采样结束，应先将采样嘴背向气流，迅速抽出管道，防止管道负压将尘粒倒吸。

（6）锅炉颗粒物采样，须多点采样，原则上每点采样时间不少于 3 min，各点采样时间应相等，或每台锅炉测定时所采集样品累计的总采气量不少于 1 m^3。每次采样至少采集 3 个样品，取其平均值。

（7）滤筒在安放和取出采样管时，须使用镊子，不得直接用手接触，避免损坏和玷污，若不慎有脱落的滤筒碎屑，须收齐放入滤筒中；滤筒安放要压紧固定，防止漏气。

（8）在采集硫酸雾、铬酸雾等样品时，采样前应将采样嘴和弯管内壁清洗干净，采样后用少量乙醇冲洗采样嘴和弯管内壁，合并在样品中，尽量减少样品损失，保证采样的准确性。

（9）采集多环芳烃和二噁英类，采样管材质应为硼硅酸盐玻璃、石英玻璃或钛金属合金，宜使用石英滤筒（膜），采样后滤筒（膜）不可烘烤。

（10）当采集高浓度颗粒物时，发现测压孔或采样嘴被尘粒沾堵时，应及时清除。

（五）颗粒物的测定

滤筒的称量应在恒温恒湿的天平室中进行，应保持采样前和采样后称量条件一致。

表 6-5 烟气监测现场工况原始记录表

企业名称______________

项目	现场情况	情况说明
企业类型	企业产生及排放废气设施类型	
采样点位置	采样点位置图（可附）	
	采样点设置是否符合要求	
	若采样环境不符合要求，实际点位设置位置及原因	
	采样口大小	
采样频次	采样频次	
	采样频次是否与废气排放规律相符合	
	若不符合，请说明原因	
	样品采集时间及平行测定次数	
流量测量	测量点数量	
	测量点位置	
	布点是否符合技术规范要求	
	若不符合，请说明布点理由	
生产负荷	企业生产负荷是否与正常生产相同(工业炉窑生产负荷是否在最大热负荷状态）	
	若监测时生产负荷与正常生产负荷不同，采取什么措施	
	企业生产计划及生产记录核查企业生产情况是否与现场调查结果相符	
脱硫效率	湿法脱硫时，洗涤液的 pH 是否为碱性	
测算	风机风量数值与实测风量是否一致，若不一致，原因是什么，如何纠正	
	测量项目的预算量与实测量是否一致，若不一致原因是什么，如何解决	
	耗煤量测算与实际是否一致，若不一致原因是什么，如何解决	
	热能（热工仪表）测算与实际是否一致，若不一致原因是什么，如何解决	

记录人员______________　　复核人员______________　　日期______________

项目七

室内空气监测

任务一 室内空气监测方案的制定

一、实训目的

（1）掌握监测项目的确定。
（2）掌握监测分析方法的选择。
（3）掌握采样点布设、采样方法、采样时间与采样频率的确定。
（4）掌握监测数据处理与结果评价。
（5）培养团结协作精神及处理实际问题的能力。

二、资料收集和现场调查

对室内外环境状况和污染源进行资料收集和现场调查，根据监测目的确定检测方案。

三、样品采集

（一）采样点布设

1. 采样点数量

采样点位的数量根据室内面积大小和现场情况确定，要能正确反映室内空气污染物的污染程度。原则上小于 50 m^2 的房间应设 1～3 个点；50～100 m^2 设 3～5 个点；100 m^2 以上至少设 5 个点。

2. 采样点高度

原则上与人的呼吸带高度一致，一般相对高度 0.5～1.5 m。也可根据房间的使用功能，人群的高低以及在房间立、坐或卧时间的长短来选择采样高度。有特殊要求的可根据具体情况而定。

3. 布点方式

多点采样时应按对角线或梅花式均匀布点，应避开通风口，离墙壁距离应大于 0.5 m，离门窗距离应大于 1 m。

（二）采样时间与频次

经装修的室内环境，采样应在装修完成 7 d 以后进行。年平均浓度至少连续或间隔采样 3 个月，日平均浓度至少连续或间隔采样 18 h；8 h 平均浓度至少连续或间隔采样 6 h；1 h 平均浓度至少连续或间隔采样 45 min。采样时间应涵盖通风最差的时间段。

（三）采样方法

具体采样方法应按各污染物检验方法中规定的方法和操作步骤进行。要求年平均、日平均、8 h 平均值的参数，可以先做筛选采样检验。若筛选采样检验结果符合标准值要求，为达标；若检验结果不符合标准值要求，用累积采样检验结果评价。

1．筛选法采样

采样前关闭门窗 12 h，采样时关闭门窗，一般至少采样 45 min；采用瞬时采样法时，一般采样间隔时间为 10～15 min，每个点位应至少采集 3 次样品，每次的采样量大致相同，其监测结果的平均值作为该点位的小时均值。

2．累积法采样

当筛选法采样达不到标准要求时，必须采用累积法（按年平均值、日平均值、8 h 平均值）的要求采样。

（四）采样装置

根据具体的监测项目，选择合适的采样装置。采样装置有玻璃注射器、空气采样袋、气泡吸收管、U 形多孔玻板吸收管、固体吸附管、滤膜、不锈钢采样罐等。

（五）采样记录

采样时要填写室内空气采样及现场监测原始记录表；每个样品上也要贴上标签，标明点位编号、采样日期和时间、测定项目等。采样记录随样品一同报到实训室。

四、样品运输与保存

样品由专人运送，按采样记录清点样品，防止错漏，为防止运输中采样管振动破损，装箱时可用泡沫塑料等分隔。样品应根据不同项目要求，进行有效处理和防护。贮存和运输过程中要避开高温、强光。样品运抵后要与接收人员交接并登记，样品接收记录表见表 7-1。各样品要标注保质期，样品要在保质期前检测。

表 7-1 样品接收记录表

序号	被监测方名称	名称及编号	接收日期	样品是否完好	保存期	送样人	接收人

五、监测项目的确定

1. 确定原则

（1）选择室内空气质量标准中要求控制的监测项目，见表 7-2。

（2）选择室内装饰装修材料有害物质限量标准中要求控制的监测项目。

（3）选择人们日常活动可能产生的污染物。

（4）依据室内装饰装修情况选择可能产生的污染物。

（5）所选监测项目应有国家或行业标准分析方法、行业推荐的分析方法。

表 7-2　室内环境空气质量监测项目

应测项目	其他项目
温度、大气压、空气流速、相对湿度、新风量、SO_2、NO_2、CO、CO_2、氨、O_3、甲醛、苯、甲苯、二甲苯、总挥发性有机物（TVOC）、苯并[*a*]芘、PM_{10}、氡（^{222}Rn）、菌落总数等	甲苯二异氰酸酯（TDI）、苯乙烯、丁基羟基甲苯、4-苯基环己烯、2-乙基己醇等

2. 监测项目

（1）新装饰、装修过的室内环境应测定甲醛、苯、甲苯、二甲苯、总挥发性有机物等。

（2）人群比较密集的室内环境应测菌落总数、新风量及二氧化碳。

（3）使用臭氧消毒、净化设备及复印机等可能产生臭氧的室内环境应测臭氧。

（4）住宅一层、地下室、其他地下设施以及采用花岗岩、彩釉地砖等天然放射性含量较高材料新装修的室内环境都应监测氡（^{222}Rn）。

（5）北方冬季施工的建筑物应测定氨。

（6）鼓励使用气相色谱/质谱对室内环境空气的定性监测。

六、分析方法的确定

《室内空气质量标准》（GB/T 18883—2002）中要求的各项参数的监测分析方法见《室内环境空气质量监测技术规范》（HJ/T 167—2004）。

七、监测数据处理与结果评价

（1）认真填写监测采样、样品运输、样品保存、样品交接和实训室分析的原始记录。

（2）各项记录必须现场填写，不得事后补写。

（3）正确保留原始记录有效数字位数。

（4）监测数据的统计计算主要有平均值、超标率及超标倍数三项。

（5）按相应规则，对监测数据进行数字修约与计算。

（6）监测结果以平均值表示，化学性、生物性和放射性指标平均值符合标准值要求时，为达标；有一项检验结果未达到标准要求时，为不达标。并应对单个项目是否达标进行评价。

八、监测报告

按照室内空气监测报告的格式要求认真编写。

表 7-3 室内空气采样及现场监测原始数据记录表

采样地点________ 日期_____ 气温_______ 气压_______ 相对湿度________ 风速________

项目	点位	编号	采样时间/min	采样流量/(L/min)	浓度/(mg/m^3)	仪器名称及编号
现场情况及布点示意图：						
备注						

采样及现场监测人员_______ 质控人员_______ 运送人员________ 接收人员_________

表 7-4 室内空气监测报告

被监测方	
监测方	
监测地点	
监测日期	
监测项目	
监测仪器（主要仪器）	
监测依据（测试方法）	
评价依据（执行的标准）	
结论： 签发日期： 年 月 日	
备注：	

采样及分析： 报告编写： 审核： 批准：

表 7-5　室内空气监测报告单

测试地点	测试项目	单位	实测值	标准值	单项判定

采样及分析：　　　报告编写：　　　审核：　　　批准：

任务二　室内空气中甲醛的测定

室内空气中甲醛的测定方法主要有：AHMT 分光光度法、酚试剂分光光度法、气相色谱法、乙酰丙酮分光光度法、电化学传感器法等。以下对酚试剂分光光度法进行介绍。

一、预习思考

（1）酚试剂分光光度法测定室内空气中甲醛的原理。

（2）测定室内空气中的甲醛，主要干扰物质及消除方法。

（3）甲醛标准储备溶液的标定方法。

（4）样品采集时的采气流量、采气体积和保存时间。

二、实训目的

（1）掌握分光光度计的使用方法。

（2）学会标准曲线定量方法。

（3）掌握酚试剂分光光度法测定室内空气中甲醛的步骤。

三、原理

1．测定原理

空气中的甲醛与酚试剂反应生成嗪，嗪在酸性溶液中被高铁离子氧化形成蓝绿色化合物。根据颜色深浅，在 630 nm 波长下比色定量。

2．测量范围

用 5 mL 样品溶液，测量范围为 0.1～1.5 μg，采样体积为 10 L 时，测量范围为 0.01～0.15 mg/m^3。

3. 干扰与消除

二氧化硫共存时，使测定结果偏低。可将气样先通过硫酸锰滤纸过滤器，予以排除。

四、仪器和试剂

1. 所用仪器

（1）空气采样器。

（2）可见光分光光度计。

（3）10 mL 大型气泡吸收管。

（4）10 mL 具塞比色管。

2. 试剂配制

本方法中所用水均为重蒸馏水或去离子交换水；所用的试剂除注明外，均为分析纯。

（1）吸收液原液：称量 0.10 g 酚试剂[$C_6H_4SN(CH_3)C$：$NH_2\cdot HCl$，MBTH]，加水溶解，置于 100 mL 容量瓶中，加水至刻度。放冰箱中保存，可稳定 3 d。

（2）吸收液：量取吸收原液 5 mL，加 95 mL 水，临用现配。

（3）1%硫酸铁铵溶液：称量 1.0 g 硫酸铁铵[$NH_4Fe(SO_4)_2\cdot 12H_2O$]用 0.1 mol/L 盐酸溶解，并稀释至 100 mL。

（4）0.100 0 mol/L 碘溶液：称量 40 g 碘化钾，溶于 25 mL 水中，加入 12.7 g 碘。待碘完全溶解后，用水定容至 1 000 mL。移入棕色瓶中，暗处贮存。

（5）1 mol/L 氢氧化钠溶液：称量 40 g 氢氧化钠，溶于水中，并稀释至 1 000 mL。

（6） 0.5 mol/L 硫酸溶液：取 28 mL 浓硫酸缓慢加入水中，冷却后，稀释至 1 000 mL。

（7）硫代硫酸钠[C（$Na_2S_2O_3$）= 0.100 0 mol/L]标准溶液：可购买标准试剂配制。

（8）0.5%淀粉溶液：将 0.5 g 可溶性淀粉，用少量水调成糊状后，再加入 100 mL 沸水，并煮沸 2～3 min 至溶液透明。冷却后，加入 0.1 g 水杨酸或 0.4 g 氯化锌保存。

（9）甲醛标准储备溶液：取 2.8 mL 含量为 36%～38%甲醛溶液，放入 1L 容量瓶中，加水稀释至刻度。此溶液 1 mL 约相当于 1 mg 甲醛。其准确浓度用下述碘量法标定。

甲醛标准储备溶液的标定：精确量取 20.00 mL 甲醛标准储备溶液，置于 250 mL 碘量瓶中。加入 20.00 mL 0.050 0 mol/L 碘溶液和 15 mL 1 mol/L 氢氧化钠溶液，放置 15 min。加入 20 mL 0.5 mol/L 硫酸溶液，再放置 15 min，用 0.100 0 mol/L 硫代硫酸钠溶液滴定，至溶液呈现淡黄色时，加入 1 mL 0.5%淀粉溶液，继续滴定至刚使蓝色消失为终点，记录所用硫代硫酸钠溶液体积。同时用水作试剂空白滴定。甲醛溶液的浓度用下式计算：

$$\rho_{溶}=\frac{(V_1-V_2)\times C\times 15}{20}$$

式中：$\rho_{溶}$ —— 甲醛标准储备溶液中甲醛质量浓度，mg/mL；

V_1—— 滴定空白时所用硫代硫酸钠标准溶液体积，mL；

V_2—— 滴定甲醛溶液时所用硫代硫酸钠标准溶液体积，mL；

C—— 硫代硫酸钠标准溶液的摩尔浓度，mol/L；

15—— 甲醛的换算值。

（10）甲醛标准溶液：临用时，将甲醛标准储备溶液用水稀释成 1.00 mL 含 10 μg 甲醛溶液，立即再取此溶液 10.00 mL，加入 100 mL 容量瓶中，加入 5 mL 吸收原液，用水定容至 100 mL，此液 1.00 mL 含 1.00 μg 甲醛，放置 30 min 后，用于配制标准色列。此标准溶液可稳定 24 h。

五、实训操作

（一）样品采集

用一个内装 5 mL 吸收液的大型气泡吸收管，以 0.5 L/min 流量，采气 10 L。记录采样点的温度和大气压力。采样后样品在室温下应在 24 h 内分析。

（二）分析测试

1．标准曲线绘制

（1）取 10 mL 具塞比色管，用甲醛标准溶液按表 7-6 制备标准系列。

表 7-6　甲醛标准系列

管号	0	1	2	3	4	5	6	7
标准溶液/mL	0	0.20	0.40	0.60	0.80	1.00	1.50	2.00
吸收液/mL	5.00	4.80	4.60	4.40	4.20	4.00	3.50	3.00
甲醛含量/μg	0	0.20	0.40	0.60	0.80	1.00	1.50	2.00

（2）各管中，加入 0.4 mL 1%硫酸铁铵溶液，摇匀。放置 15 min。

（3）用 10 mm 比色皿，在波长 630 nm 下，以水作参比，测定各管溶液的吸光度。以甲醛含量为横坐标，空白校正后各管的吸光度为纵坐标，用最小二乘法建立标准曲线的回归方程。

2．样品测定

（1）将样品溶液全部转入比色管中，用少量吸收液洗吸收管，合并使总体积为 5 mL。按标准曲线绘制的方法测定吸光度。

（2）在每批样品测定的同时，用 5 mL 未采样的吸收液作试剂空白，测定试剂空白的吸光度。

（三）原始记录

认真填写室内空气采样及现场监测原始记录表、甲醛分析原始数据记录表。

（四）实训室整理

（1）将分光光度计的拉杆推至非测量挡，合上样品室盖，填写仪器使用记录。

（2）将比色皿、比色管等器皿清洗干净，物归原处。

（3）将空气采样器放回原处，填写仪器使用记录。

（4）清理实训台面和地面，保持实训室干净整洁。

（5）检查实训室用水、用电是否处于安全状态。

六、数据处理

按下式计算空气中甲醛浓度：

$$\rho_{空}=\frac{(A-A_0)-a}{V_s\times b}$$

式中：$\rho_{空}$—— 空气中甲醛质量浓度，mg/m^3；

A—— 样品溶液的吸光度；

A_0—— 试剂空白溶液的吸光度；

a—— 标准曲线的截距；

b—— 标准曲线的斜率；

V_s—— 换算成标准状况下的采样体积，L。

七、实训报告

按照实训报告的格式要求认真编写。

八、实训总结

（1）硫酸锰滤纸的制备：取 10 mL 浓度为 100 mg/mL 的硫酸锰水溶液，滴加到 250 cm^2 玻璃纤维滤纸上，风干后切成碎片，装入 1.5 mm×150 mm 的 U 形玻璃管中。采样时，将此管接在甲醛吸收管之前。此法制成的硫酸锰滤纸，吸收二氧化硫的效能受大气湿度影响很大，当相对湿度大于 88%、采气速度 1 L/min、二氧化硫浓度为 1 mg/m^3 时，能消除 95%以上的二氧化硫，此滤纸可维持 50 h 有效。当相对湿度为 15%～35%时，吸收二氧化硫的效能逐渐降低。相对湿度很低时，应换用新制的硫酸锰滤纸。

（2）在每批样品测定的同时，应用 5 mL 未采样的吸收液作试剂空白。

表 7-7　室内空气采样及现场监测原始数据记录表

采样地点______ 日期_____ 气温_____ 气压_____ 相对湿度_____ 风速______

项目	点位	编号	采样时间/min	采样流量/（L/min）	质量浓度/（mg/m^3）	仪器名称及编号
现场情况及布点示意图：						
备注						

采样及现场监测人员______ 质控人员______ 运送人员______ 接收人员______

表 7-8　甲醛分析（分光光度法）原始数据记录表

样品种类________________　分析方法______________________分析日期_____年____月____日

标准曲线	标准管号		0	1	2	3	4	5	6	7	标准溶液名称及浓度： __________ 标准曲线方程及相关系数： $r=$ __________ 方法检出限：________
	标液量	mL									
		μg									
	A										
	$A-A_0$										

样品测定	样品编号	取样量/mL	定容体积/mL	样品吸光度	空白吸光度	校正吸光度	回归方程计算结果/μg	样品质量浓度/（mg/m³）	计算公式： __________

标准化记录	仪器名称	仪器编号	显色温度/℃	显色时间/min	参比溶液	波长/nm	比色皿/mm	室温/℃	湿度/%

分析人____________　　　校对人____________　　　审核人____________

任务三　总挥发性有机物的测定

TVOC（Total Volatile Organic Compounds）指可以在空气中挥发的有机化合物，从结构上看，可分为芳烃、脂肪烃、卤代脂肪烃、醇类、醛类、酮类、酯类、酚类、有机酸类和有机碱类。《室内空气质量标准》（GB /T 18883—2002）中定义：利用 Tenax GC 或 Tenax TA 采样，非极性色谱柱（极性指数小于 10）进行分析，保留时间在正已烷（沸点 69℃）和正十六烷（沸点 287℃）之间的挥发性有机化合物。

一、预习思考

（1）《室内空气质量标准》中 TVOC 的定义。

（2）对室内空气中的 TVOC，如何进行定性、定量分析？

（3）采集后的样品如何进行解吸和浓缩？

（4）气体外标法、液体外标法。

二、实训目的

（1）掌握毛细管气相色谱仪的使用方法。

（2）学会标准曲线定量方法。

（3）掌握气相色谱法测定室内空气中 TVOC 的步骤。

三、原理

1. 测定原理

选择合适的吸附剂（Tenax GC 或 Tenax TA），用吸附管采集一定体积的空气样品，空气流中的挥发性有机化合物保留在吸附管中。采样后，将吸附管加热，解吸挥发性有机化合物，待测样品随惰性载气进入毛细管气相色谱仪。用保留时间定性，峰高或峰面积定量。

2. 测量范围

适用于浓度范围为 0.5 $\mu g/m^3$～100 mg/m^3 的空气中 VOCs 的测定。

3. 干扰与消除

采样前处理、活化采样管和吸附剂，使干扰减到最小；选择合适的色谱柱和分析条件，本方法能将多种挥发性有机物分离，使共存物干扰问题得以解决。

四、仪器和试剂

1. 所用仪器

（1）吸附管：外径 6.3 mm、内径 5 mm、长 90 mm 或 180 mm 内壁抛光的不锈钢管或玻璃管，吸附管的采样入口一端有标记。吸附管可以装填一种或多种吸附剂，应使吸附层处于解吸仪的加热区。

（2）注射器：可精确读出 0.1 μL 的 10 μL 液体注射器、可精确读出 0.1 μL 的 10 μL 气体注射器和可精确读出 0.01 mL 的 1 mL 气体注射器。

（3）空气采样器。

（4）气相色谱仪：配备氢火焰离子化检测器、质谱检测器或其他合适的检测器。色谱柱：非极性（极性指数小于 10）石英毛细管柱。

（5）热解吸仪：能对吸附管进行二次热解吸，并将解吸气用惰性气体载带进入气相色谱仪。推荐使用有冷阱的热解吸仪。

（6）液体外标法制备标准系列的注射装置：常规气相色谱进样口，可以在线使用也可以独立装配，保留进样口载气连线，进样口下端可与吸附管相连。

2. 试剂和材料

分析过程中使用的试剂应为色谱纯；如果为分析纯，需经纯化处理，保证色谱分析无杂峰。

（1）VOCs：配成所需浓度的标准溶液或标准气体，然后采用液体外标法或气体外标法将其定量注入吸附管。

（2）稀释溶剂：液体外标法所用的稀释溶剂应为色谱纯，在色谱流出曲线中应与待测化合物分离。

（3）吸收液：临用时将显色液和水按 4∶1 的比例混合。吸收液的吸光度应小于等于 0.005。

（4）吸附剂：使用的吸附剂粒径为 0.25～0.18 mm（60～80 目），吸附剂在装管前应在其最高使用温度下，用惰性气流加热活化处理过夜。为了防止二次污染，吸附剂应在清洁空气中冷却至室温，储存和装管。解吸温度应低于活化温度。由制造商装好的吸附管使用前也需活化处理。

（5）99.999%高纯氮。

五、实训操作

（一）样品采集

将吸附管与采样泵用塑料或硅橡胶管连接。个体采样时，采样管垂直安装在呼吸带；固定位置采样时，选择合适的采样位置。打开采样泵，调节流量，以保证在适当的时间内获得所需的采样体积 1～10 L。如果总样品量超过 1 mg，采样体积应相应减少。记录采样开始和结束时的时间、采样流量、温度和大气压力。

（二）样品保存

采样后将管取下，密封管的两端或将其放入可密封的金属或玻璃管中。样品可保存 14 d。

（三）分析测试

1. 样品解吸和浓缩

将吸附管安装在热解吸仪上，加热，使有机蒸气从吸附剂上解吸下来，并被载气流带入冷阱，进行预浓缩，载气流的方向与采样时的方向相反。然后再以低流速快速解吸，经传输线进入毛细管气相色谱仪。传输线的温度应足够高，以防止待测成分凝结。

2. 色谱分析条件

可选择膜厚度为 1～5 μm、50 mm×0.22 mm 的石英柱，固定相可以是二甲基硅氧烷或7%的氰基丙烷、7%的苯基、86%的甲基硅氧烷。柱操作条件为程序升温，初始温度 50℃保持 10 min，以 5℃/min 的速率升温至 250℃。

3. 标准曲线绘制

（1）气体外标法：用泵准确抽取 100 μg/m^3 的标准气体 100 mL、200 mL、400 mL、1 L、2 L、4 L、10 L、通过吸附管，制备标准系列。

（2）液体外标法：利用液体外标法制备标准系列的进样装置取 1～5 μL 含液体组分 100 μg/mL 和 10 μg/mL 的标准溶液注入吸附管，同时用 100 mL/min 的惰性气体通过吸附管，5 min 后取下吸附管密封，制备标准系列。

（3）用热解吸气相色谱法分析吸附管标准系列，以扣除空白后峰面积为纵坐标，以待测物质量为横坐标，绘制标准曲线。

4. 样品分析

每支样品吸附管按绘制标准曲线的操作步骤（即相同的解吸和浓缩条件及色谱分析条件）进行分析，用保留时间定性，峰面积定量。

（四）原始记录

认真填写室内空气采样及现场监测原始记录表、气相色谱法分析原始记录表。

（五）实训室整理

（1）按正确的顺序关闭气相色谱仪，并填写仪器使用记录。

（2）将空气采样器放回原处，并填写仪器使用记录。

（3）清理实训台面和地面，保持实训室干净整洁。

（4）检查实训室用水、用电是否处于安全状态。

六、数据处理

（1）将采样体积换算成标准状态下的采样体积。

（2）TVOC 的计算：

① 应对保留时间在正己烷和正十六烷之间所有化合物进行分析。

② 计算 TVOC，包括色谱图中从正己烷到正十六烷之间的所有化合物。

③ 根据单一的校正曲线，对尽可能多的 VOCs 定量，至少应对 10 个最高峰进行定量，最后与 TVOC 一起列出这些化合物的名称和浓度。

④ 计算已鉴定和定量的挥发性有机化合物的浓度ρ_{id}。

⑤ 用甲苯的响应系数计算未鉴定的挥发性有机化合物的浓度ρ_{un}。

⑥ ρ_{id}与ρ_{un}之和为 TVOC 的浓度与 TVOC 的值。

⑦ 如果检测到的化合物超出了 TVOC 定义的范围，那么这些信息应该添加到 TVOC 值中。

（3）空气样品中待测组分的浓度按下式计算：

$$\rho = \frac{m - m_0}{V_s}$$

式中：ρ—— 空气样品中待测组分的浓度，mg/m^3；

m—— 样品管中组分的质量，μg；

m_0—— 空白管中组分的质量，μg；

V_s—— 标准状态下的采样体积，L。

七、实训报告

按照实训报告的格式要求认真编写。

八、实训总结

（1）按照室内空气监测方案中样品采集的要求进行采样。

（2）空气采样器应定期在采样前进行气密性检查和流量校准。

（3）采样前对采样管和吸附剂进行处理和活化。

（4）选择合适的解析条件（解析温度、时间、解析气流量、冷阱的制冷温度、加热温度等）和色谱分析条件。

表 7-9　室内空气采样及现场监测原始数据记录表

采样地点________　日期______　气温______　气压_______　相对湿度________　风速________

项目	点位	编号	采样时间/min	采样流量/（L/min）	浓度/（mg/m^3）	仪器名称及编号
现场情况及布点示意图：						
备注						

采样及现场监测人员_______　质控人员_______　运送人员________　接收人员________

表 7-10　气相色谱法分析原始数据记录表

样品种类___________　分析方法___________________分析日期______年______月______日

色谱仪型号					检测器		色谱柱	
测试条件								
校准曲线							质控样	
编号	浓度/（mg/m^3）	峰高（或峰面积）					质控样编号	
		H_1	H_2	H_3	平均值			
1							标准浓度	
2							峰高（或峰面积）	
3							测定值	
4							校准曲线评价	
5								
6								
回归方程		a		b		r		
计算公式								

样品编号	定容体积/mL	取样体积/mL	峰高（峰面积）	溶液浓度/（mg/L）	采样体积/L	样品浓度/（mg/m^3）

分析人____________　校对人____________　审核人____________

任务四　室内空气中苯的测定

苯，可燃，有毒，在常温下为一种无色、有甜味的透明液体，并具有强烈的芳香气味。苯是一种被世界卫生组织确定的强烈致癌物质。根据《民用建筑工程室内环境污染控制规范》（GB 50325—2010）（2013 年版）测定室内空气中的苯。

一、预习思考

（1）室内空气中的苯有哪些危害？
（2）对室内空气中的苯，如何进行定性、定量分析？
（3）采集后的样品如何进行解吸？

二、实训目的

（1）掌握气相色谱法测定室内空气中苯的步骤。
（2）学会标准曲线定量方法。

三、原理

1．测定原理

空气中苯应用活性炭管进行采集，然后经热解吸，用气相色谱法分析，以保留时间定性，峰面积定量。

2．测量范围

当用活性炭管采气样 10 L，热解吸时，苯的测量范围为 0.005～10 mg/m^3。

3．干扰与消除

当空气中水蒸气或水雾量太大，以致在活性炭管中凝结时，严重影响活性炭管的穿透容量及采样效率，空气湿度在 90%时，活性炭管的采样效率仍然符合要求，空气中的其他污染物干扰由于采用了气相色谱分离技术，选择合适的色谱分离条件予以消除。

四、仪器和试剂

1．所用仪器

（1）微量注射器：1 μL，10 μL。体积刻度误差应校正。

（2）恒流采样器：在采样过程中流量应稳定，流量范围应包含 0.5 L/min，并且当流量为 0.5 L/min 时，应能克服 5～10 kPa 的阻力，此时用皂膜流量计校准流量，相对偏差不应大于±5%。

（3）气相色谱仪：配备氢火焰离子化检测器。

（4）热解吸装置：能对吸附管进行热解吸，解吸温度、载气流速可测。

（5）毛细管柱或填充柱：毛细管柱长度应为 30～50 m 的石英柱，内径应为 0.53 mm 或 0.32 mm，内涂覆二甲基聚硅氧烷或其他非极性材料。填充柱长 2 m，内径 4 mm 不锈钢柱，内填充聚乙二醇 6000～6201 担体（5∶1 000）固定相。

2．试剂和材料

（1）苯标准溶液或苯标准气体。

（2）载气应为氮气，纯度不应小于 99.99%。

（3）活性炭采样管：内装 100 mg 椰子壳活性炭吸附剂的玻璃管或内壁光滑的不锈钢管。使用前应通氮气加热活化，活化温度为 300～350℃，活化时间不应少于 10 min，活化至无杂质峰为止；然后套上塑料帽封紧管的两端。当流量为 0.5 L/min 时，阻力应在 5～10 kPa。此管放于干燥器中可保存 5 d。若将玻璃管熔封，此管可稳定 3 个月。

五、实训操作

（一）样品采集

在采样地点打开活性炭管，两端孔径至少 2 mm，与空气采样器入气口垂直连接，以 0.5 L/min 的速度，抽取 10 L 空气。采样后，将管的两端套上塑料帽，并记录采样时的温度和大气压力。

（二）样品保存

采样后将管取下，密封管的两端。样品可保存 5 d。

（三）分析测试

1．色谱分析条件

气相色谱分析条件可选用以下推荐值，也可根据实验室条件选定其他最佳分析条件：

（1）填充柱温度为 90℃或毛细管柱温度为 60℃；

（2）检测室温度为 150℃；

（3）汽化室温度为 150℃；

（4）载气为氮气。

2．绘制校准曲线

液体外标法配制标准系列方法：应抽取标准溶液 1～5 μL 注入活性炭吸附管，分别制备苯含量为 0.05 μg、0.1 μg、0.5 μg、1.0 μg、2.0 μg 的标准吸附管，同时用 100 mL/min 的氮气通过吸附管，5 min 后取下并密封，作为吸附管标准系列样品。

3．样品分析

采用热解吸直接进样的气相色谱分析。将标准吸附管和样品吸附管分别置于热解吸直接进样装置中，经过 300～350℃解吸后，将解吸气体经由进样阀直接进入气相色谱仪进行色谱分析，应以保留时间定性，以峰面积定量。

4．现场空白样品的采集

将老化的采样管运输到采样现场，取下塑料帽后重新密封，不参与样品采集，并同已采集样品的采样管一同存放。每次采集样品，都应采集至少一个现场空白样品。

（四）原始记录

认真填写室内空气采样及现场监测原始记录表、气相色谱法分析原始记录表。

（五）实训室整理

（1）按正确的顺序关闭气相色谱仪，并填写仪器使用记录。

（2）将空气采样器放回原处，并填写仪器使用记录。

（3）清理实训台面和地面，保持实训室干净整洁。

（4）检查实训室用水、用电是否处于安全状态。

六、数据处理

（1）所采空气样品中苯的浓度，应按下式进行计算：

$$\rho = \frac{m - m_0}{V}$$

式中：ρ——所采空气样品中苯浓度，mg/m³；

m——样品管中苯的量，μg；

m_0——未采样管中苯的量，μg；

V——空气采样体积，L。

（2）将所采空气样品中苯的浓度，按下式换算成标准状态下的浓度：

$$\rho_n = \rho \times \frac{101.325}{P} \times \frac{t + 273}{273}$$

式中：ρ_n——标准状态下所采空气样品中苯的浓度，mg/m³；

P——采样时采样点的大气压力，kPa；

t——采样时采样点的温度，℃。

七、实训报告

按照实训报告的格式要求认真编写。

八、实训总结

（1）按照室内空气监测方案中样品采集的要求进行采样。

（2）在采样前进行气密性检查和应用皂膜流量计校准采样系统的流量。

（3）采集室外空气空白样品时，应与采集室内空气样品同步进行，地点宜选择在室外上风向处。

（4）选择合适的色谱分析条件。

九、实训考核

实训考核评分标准详见苯测定的操作评分表。

表 7-11　室内空气采样及现场监测原始数据记录表

采样地点________ 日期_______ 气温_______ 气压_______ 相对湿度________ 风速________

项目	点位	编号	采样时间/min	采样流量/（L/min）	仪器名称及编号
现场情况及布点示意图：					
备注					

采样及现场监测人员______ 质控人员_______ 运送人员_________ 接收人员_________

表 7-12　气相色谱法分析原始数据记录表

样品种类＿＿＿＿＿　分析方法＿＿＿＿＿＿＿＿＿分析日期＿＿＿＿年＿＿＿月＿＿＿日

色谱仪型号			检测器					色谱柱	
测试条件									
校准曲线								空白样	
编号	含量/μg	峰面积						空白样编号	
		S_1	S_2	S_3	S_4	S_5	平均值		
1								峰面积	
2								测定值	
3								校准曲线评价	
4									
5									
回归方程		*a*			*b*			*r*	
计算公式									
样品编号		采样体积/L			峰面积			样品浓度/（mg/m^3）	

分析人＿＿＿＿＿＿＿　校对人＿＿＿＿＿＿＿＿　审核人＿＿＿＿＿＿＿＿

表 7-13　苯测定的操作评分表

班级＿＿＿＿＿＿　学号＿＿＿＿＿＿　姓名＿＿＿＿＿＿　成绩＿＿＿＿＿＿

考核日期＿＿＿＿＿开始时间＿＿＿＿＿结束时间＿＿＿＿＿　考评员＿＿＿＿＿＿

序号	考核点	分值	评分标准	扣分	得分
（一）	仪器准备	17	未按仪器说明书安装色谱柱或未确认色谱柱安装是否正确，扣3分 未检查气体管线（空气、氮气、氢气）各接头处是否有漏，扣3分 未检查气体管线接线是否正确，扣2分 未按顺序打开气源，扣2分 未检查气体过滤器，各管线入口及出口压力是否正常，扣2分 未检查各钢瓶中减压阀是否关好，扣2分 未按顺序开钢瓶总阀、减压阀，扣 3 分		

序号	考核点	分值	评分标准	扣分	得分
（二）	开机操作	28	未按顺序打开电脑、主机，扣3分 主机未预热或预热时间不够，扣2分 未将色谱柱与汽化室、FID检测器连接好，扣3分 未用检漏液检漏，保证柱接头处气密性良好，扣2分 未正确设定载气流量，扣3分 未正确设定色谱柱温度参数，扣3分 未正确设定汽化室温度参数，扣3分 未正确设定空气、氢气流量，扣3分 未正确设定FID参数，扣3分 未到点火温度，进行点火，扣3分		
（三）	进样操作	10	进样前，未清洗微量注射器，扣5分 进样前，未赶走样品中气泡，扣 5 分		
（四）	关机操作	10	当柱温或检测器温度未降到室温时关闭计算机，扣4分 未按顺序关闭气源，扣3分 未关闭电源开关，扣3分		
（五）	原始数据记录和结果的表述	10	数据未直接填在记录单上、数据不全、有空项，每项扣 2 分，可累计扣分 原始记录中，缺少计量单位或错误，每出现一次扣 2 分 测定结果表述不正确，扣5分		
（六）	文明操作	10			
1	实训台面	2	实训过程台面、地面脏乱，一次性扣 2 分		
2	实训结束清洗仪器、试剂物品归位	2	实训结束未填写仪器使用记录、试剂物品未归位就完成报告，一次性扣 2 分		
3	仪器损坏	6	仪器损坏，一次性扣 6 分		
（七）	测定结果的准确度	15	测定结果：测定值在 保证值±s内，不扣分 保证值±2s内，扣5分 保证值±3s内，扣10分 保证值±3s 外，扣 15 分		
合 计					

项目八

降水监测

任务一　降水监测方案的制定

一、实训目的

（1）掌握监测项目的确定。

（2）掌握监测分析方法的选择。

（3）掌握采样点布设、采样方法、采样时间与采样频率的确定。

（4）掌握监测数据处理与结果评价。

（5）培养团结协作精神及处理实际问题的能力。

二、资料收集和现场调查

当地空气污染源类型、数量、位置、排放的主要污染物、排放方式及其排放量，从大气中沉降到地面的沉降物的主要组成、成分及有关组分的含量。

三、样品采集

（一）采样点布设

1. 采样点数量

降水采样点的设置数目，根据研究的目的来确定。一般常规监测，人口在 50 万以上的城市布设三个采样点，人口在 50 万以下的城市布设两个采样点。一般的县城可只设一个采样点。采样点的布设要兼顾城市、郊区和清洁对照点（远郊）。如果只设两个点，则设置城区和郊区点；宜以省为单位考虑清洁对照点。

2. 采样点位的选择

采样点的设置位置应考虑区域的气象、地形、地貌、工农业分布等。采样点应位于开阔、平坦的地区，测点周围的下垫面无裸露土壤，以免风沙扬尘的影响；采样点应尽可能避开排放酸碱物质的烟尘、粉尘，生活排放源、废物堆积场、交通干线等局地污染源的影响；采样点四周应无遮挡雨、雪的高大树木或建筑物。

（二）采样容器及清洗

（1）采集大气降水可用降水自动采样器采样，或用聚乙烯塑料桶（上口直径 30 cm，高度不小于 30 cm）采样。采集雪水可用聚乙烯塑料容器（上口直径 50 cm 以上，高度不小于 50 cm）。

（2）采样器具在第一次使用前，用 10%（*V*/*V*）盐酸或硝酸浸泡一昼夜，用自来水洗至中性，再用去离子水冲洗多次。然后加少量去离子水振摇，用离子色谱法检查水中的 Cl^- 含量，若和去离子水相同，即为合格。晾干，加盖保存在清洁的橱柜内。

（3）采样器每次使用后，先用去离子水冲洗干净，晾干，然后加盖保存。

（三）采样方法

（1）采样器应高于基础面 1.2 m 以上。

（2）每次降雨（雪）开始（原则上逢雨必采），立即将清洁的采样器放置在预定的采样点支架上，采集全过程雨（雪）样品（自降水开始至结束）。

（3）若一天中有几次降水过程，可合并为一个样品测定。若遇连续几天降雨，可每隔 24 h 收集一次样品（每天上午 8:00 至次日上午 8:00）进行测定。

（四）采样记录

采样后应立即对样品进行编号和填写降水采样原始记录表。

四、样品保存

采集的样品，应移入洁净干燥、专用的聚乙烯塑料瓶中，在 3～5℃条件下冷藏密封保存。用于测定电导率和 pH 的降水样品，无须过滤。在测定时，要先测电导率，再测 pH。其余样品，尽快用 0.45 μm 的有机微孔滤膜过滤除去降水样品中的颗粒物，将滤液装入干燥清洁的聚乙烯塑料瓶中，立即进行离子成分测定或在 3～5℃条件下冷藏密封保存，其保存时间见表 8-1。测定雪样时，应在实训室内待其自然融化完全后，再进行测定。其余步骤同降水样品的处理。

五、监测项目的确定

（1）测定项目有：降水（雪）量、pH、电导率、K^+、Na^+、Ca^{2+}、Mg^{2+}、NH_4^+、SO_4^{2-}、NO_3^-、F^-、Cl^-。各级测点对 pH、电导率两个项目，应做到逢雨（雪）必测，同时记录当次降水（雪）量；对其他监测项目，在当月有降雨（雪）的情况下，国家酸雨监测网监测点应对每次降雨（雪）进行全部离子项目的测定，尚不具备条件的监测网站每月应至少选一个或几个降水量较大的样品进行全部项目的测定。

（2）各测点可根据需要选测 HCO_3^-、Br^-、$HCOO^-$、CH_3COO^-、PO_4^{3-}、NO_2^-、SO_3^{2-}等。

六、分析方法的确定

监测方法首选国家标准方法（表 8-1），也可根据实际情况选用与国家标准方法具有可比性的等效方法。阴离子的分析建议用离子色谱法；金属阳离子的分析建议用离子色谱法或原子吸收分光光度法；NH_4^+的分析建议用离子色谱法或纳氏试剂光度法。

表 8-1 降水监测项目分析方法

监测项目	保存时间	分析方法	标准编号
EC	24 h	电极法	GB 13580.3—92
pH	24 h	电极法	GB 13580.4—92
SO_4^{2-}	一个月	离子色谱法 硫酸钡比浊法 铬酸钡-二苯碳酰二肼光度法	GB 13580.5—92 GB 13580.6—92 GB 13580.6—92
NO_3^-	24 h	离子色谱法 紫外光度法 镉柱还原光度法	GB 13580.5—92 GB 13580.8—92 GB 13580.8—92
Cl^-	一个月	离子色谱法 硫氰酸汞高铁光度法	GB 13580.5—92 GB 13580.9—92
F^-	24 h	离子色谱法 新氟试剂光度法	GB 13580.5—92 GB 13580.10—92
K^+、Na^+	一个月	原子吸收分光光度法 离子色谱法	GB 13580.12—92 HJ/T 165—2004 附录 B
Ca^{2+}、Mg^{2+}	一个月	原子吸收分光光度法 离子色谱法	GB 13580.13—92 HJ/T 165—2004 附录 B
NH_4^+	24 h	纳氏试剂光度法 次氯酸钠-水杨酸光度法 离子色谱法	GB 13580.11—92 GB 13580.11—92 HJ/T 165—2004 附录 B

七、监测数据处理与结果评价

（1）认真填写监测采样、样品运输、样品保存、样品交接和实训室分析的原始记录。

（2）各项记录必须现场填写，不得事后补写。

（3）正确保留原始记录有效数字位数。

（4）监测数据的统计计算主要有平均值、超标率及超标倍数三项。

（5）按相应规则，对监测数据进行数字修约与计算。

（6）监测结果以平均值表示，化学性、生物性和放射性指标平均值符合标准值要求时，为达标；有一项检验结果未达到标准要求时，为不达标。并应对单个项目是否达标进行评价。

八、实训报告

按照实训报告的格式要求认真编写。

表 8-2 降水采样原始数据记录表

采样点名称＿＿＿＿＿＿＿ 采样器编号＿＿＿＿＿＿ 采样器口面积/cm^2＿＿＿＿＿＿

样品编号	采样时间		样品体积（重量）/mL（g）	降雨（雪）量/mm	湿沉降类型	气温/℃	风向	备注
	开始	结束						

采样人＿＿＿＿＿ 送样人＿＿＿＿＿＿ 接样人＿＿＿＿＿＿

任务二 降水 pH 值的测定

一、预习思考

（1）温度对 pH 值的测定有何影响？如何消除？

（2）测定 pH 值前如何校正 pH 计？

（3）pH 计测定 pH 值过程中，更换标准缓冲溶液或测定样品时，应注意哪些问题？

二、实训目的

掌握电极法测定大气降水 pH 值。

三、原理

以玻璃电极为指示电极，饱和甘汞电极为参比电极，组成测量电池。在 25℃下，溶液中每变化一个 pH 单位，电位差变化 59.1 mV。在仪器上直接以 pH 的读数表示。温度变化引起差异直接用仪器温度补偿调节。

四、仪器和试剂

1. 所用仪器

（1）酸度计：测量精度为 0.02 pH。

（2）玻璃电极。

2. 试剂配制

用于校正 pH 计和配制标准 pH 缓冲溶液，一般可用计量部门出售的 pH 标准物质直接溶解定容而成。也可以按下述方法进行配制。配制标准溶液水的电导率应小于 2 μS/cm，临用前煮沸数分钟，以赶除二氧化碳，冷却。配好的溶液应贮于塑料瓶中，有效期一个月。若发现絮凝变质，应弃去重新配制。

（1）pH=4.00 的缓冲溶液：称取 10.21 g 在 105℃烘干 2 h 的邻苯二甲酸氢钾（$KHC_8H_4O_4$）溶于水中，并稀释至 1 000 mL。

（2）pH=6.86 的缓冲溶液：称取 3.38 g 在 105℃烘干 2 h 的磷酸二氢钾（KH_2PO_4）和 3.53 g 磷酸氢二钠（Na_2HPO_4）溶于水中，并稀释至 1 000 mL。

（3）pH=9.18 的缓冲溶液：称取 3.81 g 四硼酸钠（$Na_2B_4O_7 \cdot 10H_2O$）溶于水中，并稀释至 1 000 mL。

五、实训操作

（一）测定步骤

（1）按照仪器的使用说明书进行。玻璃电极在使用前应在水中浸泡 24 h。

（2）开启仪器电源，预热大约 30 min。

（3）用两种标准缓冲溶液对仪器进行定位和校正。

（4）样品测定：用水冲洗电极 2～3 次，用滤纸把水吸干。然后将电极插入样品中，搅动样品至少 1 min（用磁力搅拌器），停止搅拌，待读数稳定后记录 pH 值。如此再重复两次，取其平均值作为测定结果。

（二）原始记录

认真填写降水 pH 值测定记录表。

（三）实训室整理

（1）将电极清洗干净，关闭仪器电源，拔掉电源插头，填写使用记录。

（2）清理实训台面和地面，保持实训室干净整洁。

（3）检查实训室用水、用电是否处于安全状态。

六、实训报告

按照实训报告的格式要求认真编写。

七、实训总结

（1）校准仪器时选用的标准缓冲溶液的 pH 值应与水样的 pH 值接近。

（2）更换标准缓冲溶液或测定样品时，应用蒸馏水充分淋洗电极，再用滤纸吸去水滴并擦干，再用待测液淋洗，以消除相互影响。

表 8-3　降水 pH 值测定记录表

收样日期＿＿＿＿＿＿　分析日期＿＿＿＿＿＿　仪器型号＿＿＿＿＿＿

样品编号	缓冲溶液			温度/℃	pH	备注
	1	2	3			

分析人＿＿＿＿＿＿　校对人＿＿＿＿＿＿　审核人＿＿＿＿＿＿

任务三 降水电导率的测定

一、预习思考

（1）某降水样品，要测定 pH 值和电导率，为了使结果更准确，应先测定哪一项？

（2）测量电导率时，溶液温度若不是 25℃，应如何处理？

（3）如何进行电极常数的设定？

二、实训目的

掌握电极法测定大气降水电导率。

三、原理

大气降水的电阻随温度和溶解离子浓度的增加而减少，电导是电阻的倒数。当电导电极插入溶液中，可测出两电极间的电阻 R，根据欧姆定律，温度、压力一定时，电阻与电极的间距 L（cm）成正比，与电极截面积 A（cm^2）成反比。即：$R=\rho L/A$。

由于电极的 A 和 L 都是固定不变的，是一常数，称电导池常数（以 Q 表示）。其比例常数 ρ 称为电阻率，$1/\rho$ 称为电导率，以 K 表示。

$$K = Q/R$$

当已知电导池常数 Q（cm^{-1}），并测出样品的电阻值 R（Ω）后，即可求出电导率 K（μS/cm）。

四、仪器和试剂

1. 所用仪器

（1）电导率仪：误差不超过 1%。

（2）温度计：能读至 0.1℃。

2. 试剂

水：其电导率小于 1 μS/cm。

五、实训操作

（一）操作步骤（以 DDS-307 型电导率仪为例）

（1）将仪器接通电源，开启电源，仪器预热 30 min。

（2）仪器选择开关置于校正挡。

（3）电极的选择：按被测介质电导率的大小，选择不同常数的电导电极，见表 8-4。

表 8-4 电极的选择

电导率/（μS/cm）	常数/cm^{-1}	电极
小于 0.1	0.01	流动测量
1～0.1	0.1	DJS-0.1 型光亮电极
1～100	1	DJS-1 型电极
100～1 000	1	DJS-1 型铂黑电极
1 000～10 000	1 或 10	DJS-1 型铂黑电极或 DJS-10 型铂黑电极
大于 10 000	1 或 10	DJS-1 型铂黑电极

（4）进行温度补偿调节。

用温度计测出被测介质的温度后，把“温度”旋钮置于相应的温度刻度上。若把旋钮置于 25℃上，即为基准温度下补偿，也即无补偿方式。

（5）常数选择开关的选择和常数的设定方法。

根据电极类型，选择合适的常数选择开关挡位；根据使用的电极常数，调节校正旋钮使仪器显示一定的数值，见表 8-5。

表 8-5 常数选择开关挡位和常数的设定

电极类型	常数选择开关挡位	电极常数	仪器显示
0.01cm^{-1} 电极	0.01 挡	0.009 5	0.950
0.1 cm^{-1} 电极	0.1 挡	0.095	9.50
1 cm^{-1} 电极	1 挡	0.95	95.0
10 cm^{-1} 电极	10 挡	9.5	950

（6）将电极插头插入插口，再将电极浸入待测溶液中。

（7）把量程开关置于测量挡，选择合适的量程挡（量程开关应由第Ⅳ量程起逐步转向Ⅲ、Ⅱ、Ⅰ量程），使仪器尽可能显示多位有效数字。此时仪器显示的读数×量程系数后，即为溶液的电导率，见表 8-6。

表 8-6 溶液电导率换算

电导率/（μS/cm）	常数/cm^{-1}	量程	被测介质电导率/（μS/cm）
0～10	1	Ⅰ	读数×0.1
0～100	1	Ⅱ	读数×1
0～1 000	1	Ⅲ	读数×10
0～10 000	1	Ⅳ	读数×100

（二）原始记录

认真填写降水电导率测定记录表。

（三）实训室整理

（1）将电极清洗干净，仪器各旋钮复位，关闭电源，拔掉电源插头，填写使用记录。
（2）清理实训台面和地面，保持实训室干净整洁。
（3）检查实训室用水、用电是否处于安全状态。

六、实训报告

按照实训报告的格式要求认真编写。

七、实训总结

（1）电极应定期进行常数标定。
（2）更换待测溶液时，应用纯水充分淋洗电极，再用滤纸吸去水滴并擦干，再用待测液淋洗，以消除相互影响。

表 8-7　降水电导率测定记录表

收样日期__________　　分析日期__________　　仪器型号__________

样品编号	电极型号	选择常数	设定常数	温度/℃	电导率/（μS/cm）	备注

分析人__________　　校对人__________　　审核人__________

任务四　降水中无机阴离子的测定

大气降水中无机阴离子的测定方法参照《大气降水中氟、氯、亚硝酸盐、硝酸盐、硫酸盐的测定　离子色谱法》（GB 13580.5—92）、《水质　无机阴离子的测定　离子色谱法》（HJ/T 84—2001）、大气降水样品的采集与保存（GB 13588.2—97）等相关标准。

一、预习思考

（1）离子色谱法测定无机阴离子的方法原理。
（2）标准曲线定量时所选的纵坐标和横坐标分别是什么？
（3）如何采集和保存降水样品？
（4）如何制备和再生样品预处理柱？

二、实训目的

（1）掌握离子色谱仪的使用方法。

（2）学会标准曲线定量方法。

（3）掌握离子色谱法测定无机阴离子一般步骤。

三、原理

1．测定原理

本标准采用离子交换的原理，采用阴离子交换分离柱分离无机阴离子（F^-、Cl^-、NO_3^-、NO_2^-、HPO_4^{2-}和SO_4^{2-}），以碳酸钠-碳酸氢钠溶液为淋洗液，硫酸溶液为再生液，用电导检测器进行检测。将样品的色谱峰与标准溶液中各离子的色谱峰进行比较，根据保留时间定性，峰高或峰面积定量。一次进样可连续测定6种无机阴离子。

2．适用范围

本标准进样量为 25 m L，最低检出浓度分别为 F^-0.02 mg/L、Cl^-0.02 mg/L、NO_2^- 0.03 mg/L、NO_3^-0.08 mg/L、SO_4^{2-}0.09 mg/L。

3．干扰与消除

（1）当水的负峰干扰F^-或Cl^-的测定时，可于100 mL水样中加入1 mL淋洗贮备液来消除水负峰的干扰。

（2）保留时间相近的两种阴离子，因浓度相差太大而影响低浓度阴离子的测定时，可用加标的方法测定低浓度阴离子。

（3）不被色谱柱保留或弱保留的阴离子干扰F^-或Cl^-的测定。若这种共淋洗的现象显著，可改用弱淋洗液[C（$Na_2B_4O_7$）= 0.005 mol/L]进行洗脱。

四、仪器和试剂

1．所用仪器

（1）离子色谱仪（具电导检测器）；

（2）色谱柱：阴离子分离柱和阴离子保护柱；

（3）微膜抑制器或抑制柱；

（4）淋洗液和再生液贮存罐；

（5）微孔滤膜过滤器；

（6）预处理柱：预处理柱管内径为6 mm、长90 mm。上层填充吸附树脂（约30 mm高），下层填充阳离子交换树脂（约50 mm高）；

（7）吸附树脂（50～100目）；

（8）阳离子交换树脂（100～200目）。

2．试剂配制

所用试剂除另有说明，均应使用符合国家标准的分析纯试剂。实验用水均为电导率小于0.5 μS/cm的二次去离子水，并经过0.45 μm微孔滤膜过滤。

（1）淋洗液

① 淋洗贮备液

分别称取 19.078 g 碳酸钠和 14. 282 g 碳酸氢钠（均已在 105℃烘干 2 h，干燥器中放冷），溶解于水中，移入 1 000 mL 容量瓶中，用水稀释到标线，摇匀，贮存于聚乙烯瓶中，在冰箱中保存。此溶液碳酸钠浓度为 0.18 mol/L；碳酸氢钠浓度为 0.17 mol/L。

② 淋洗使用液

取 10.00 mL 淋洗贮备液置于 1 000 mL 容量瓶中，用水稀释到标线，摇匀。此溶液碳酸钠浓度为 0.001 8 mol/L；碳酸氢钠浓度为 0.001 7 mol/L。

（2）再生液[（$1/2H_2SO_4$）=0.05 mol/L]

吸取 1.39 mL 浓硫酸溶液于 1 000 mL 容量瓶中（先在瓶中装少量水），用去离子水稀释到标线，摇匀。

（3）氟离子标准贮备液，1 000.0 mg/L

称取 2.210 0 g 氟化钠（在 105℃烘干 2 h），溶于水中，移入 1 000 mL 容量瓶中，加入 10.00 mL 淋洗贮备液，用水稀释到标线。贮存于聚乙烯瓶中，置于冰箱中冷藏。

（4）氯离子标准贮备液，1 000.0 mg/L

称取 1.648 5 g 氯化钠（在 105℃烘干 2 h），溶于水中，移入 1 000 mL 容量瓶中，加入 10.00 mL 淋洗贮备液，用水稀释到标线。贮存于聚乙烯瓶中，置于冰箱中冷藏。

（5）亚硝酸根标准贮备液，1 000.0 mg/L

称取 1.499 7 g 亚硝酸钠（在干燥器中干燥 24 h），溶于水中，移入 1 000 mL 容量瓶中，加入 10.00 mL 淋洗贮备液，用水稀释到标线。贮存于聚乙烯瓶中，置于冰箱中冷藏。

（6）硝酸根标准贮备液，1 000.0 mg/L

称取 1.3708 g 硝酸钠（在 105℃烘干 2 h），溶于水中，移入 1 000 mL 容量瓶中，加入 10.00 mL 淋洗贮备液，用水稀释到标线。贮存于聚乙烯瓶中，置于冰箱中冷藏。

（7）磷酸氢根标准贮备液，1 000.0 mg/L

称取 1.479 1 g 磷酸氢二钠（在干燥器中干燥 24 h），溶于水中，移入 1 000 mL 容量瓶中，加入 10.00 mL 淋洗贮备液，用水稀释到标线。贮存于聚乙烯瓶中，置于冰箱中冷藏。

（8）硫酸根标准贮备液，1 000.0 mg/L

称取 1.814 2 g 硫酸钾（在 105℃烘干 2 h），溶于水中，移入 1 000 mL 容量瓶中，加入 10.00 mL 淋洗贮备液，用水稀释到标线。贮存于聚乙烯瓶中，置于冰箱中冷藏。

（9）混合标准使用液

① 混合标准使用液 I

分别从 6 种阴离子标准贮备液（3），（4），（5），（6），（7），（8）中吸取 5.00 mL，10.00 mL，20.00 mL，40.00 mL，50.00 mL 和 50.00 mL 于 1 000 mL 容量瓶中，加入 10.00 mL 淋洗贮备液，用水稀释到标线。此混合溶液中氟离子，氯离子，亚硝酸根，硝酸根，磷酸氢根和硫酸根的浓度分别为 5.00 mg/L，10.00 mg/L，20.00 mg/L，40.00 mg/L，50.00 mg/L 和 50.00 mg/L。

② 混合标准使用液 II

吸取 20.00 mL 混合标准使用液 I 于 100 mL 容量瓶中，加入 1.00 mL 淋洗贮备液，用水稀释到标线。此混合溶液中氟离子，氯离子，亚硝酸根，硝酸根，磷酸氢根和硫酸根的浓度分别为 1.00 mg/L，2.00 mg/L，4.00 mg/L，8.00 mg/L，10.00 mg/L 和 10.00 mg/L。

（10）弱淋洗液 C（$Na_2B_4O_7$）= 0.005 mol/L

五、实训操作

（一）样品采集

（1）采样器放置的相对高度应在 1.2 m 以上。

（2）每次降雨（雪）开始，立即将备用的采样器放置在预定采样点的支架上，打开盖子开始采样并记录开始采样时间。不得在降水前打开盖子采样，以防干沉降的影响。

（3）取每次降水的全过程样（降水开始至结束）。若一天中有几次降水过程，可合并为一个样品测定。若遇连续几天降雨，可收集上午 8:00 至次日上午 8:00 的降水，即 24 h 降水样品作为 1 个样品进行测定。

（4）采集的样品应移入洁净干燥的聚乙烯塑料瓶中，密封保存。在样品瓶上贴上标签、编号，同时记录采样地点、日期、起止时间、降水量。

（二）样品保存

（1）水样采集后应经 0.45 μm 微孔滤膜过滤，保存于清洁的玻璃瓶或聚乙烯瓶中。

（2）水样采集后应尽快分析，否则应在 4℃下存放，一般不加保存剂。

（3）样品的保存时间见表 8-8。

表 8-8　样品保存时间表

阴离子	容器材质	保存时间
F^-、Cl^-	玻璃瓶	48 小时
	聚乙烯瓶	1 个月
NO_2^-	玻璃瓶或聚乙烯瓶	48 小时
NO_3^-	玻璃瓶或聚乙烯瓶	24 小时
HPO_4^{2-}	玻璃瓶	48 小时
SO_4^{2-}	玻璃瓶或聚乙烯瓶	1 个月

（三）分析测试

1. 色谱条件

淋洗液浓度：碳酸钠 0.001 8 mol/L-碳酸氢钠 0.001 7 mol/L。

再生液流速：根据淋洗液流速来确定，使背景电导达到最小值。

电导检测器：根据样品浓度选择量程。

进样量：25 μL。

淋洗液流速：1.0～2.0 mL/min。

2. 标准曲线的绘制

根据样品浓度选择混合标准使用液 I 或 II，配制 5 个不同浓度水平的混合标准溶液。

测定其峰高（或峰面积）。以峰高（或峰面积）为纵坐标，以离子浓度（mg/L）为横坐标，用最小二乘法计算校准曲线的回归方程。

3．样品测定

（1）高灵敏度的离子色谱法一般用稀释的样品，对未知的样品最好先稀释 100 倍后进样，再根据所得结果选择适当的稀释倍数。

（2）对有机物含量较高的样品，应先用有机溶剂萃取以除去大量有机物，取水相进行分析。对污染严重、成分复杂的样品可采用预处理柱法同时去除有机物和重金属离子。

4．空白试验

以试验用水代替水样，经 0.45 μm 微孔滤膜过滤后进行色谱分析。

5．标准曲线的校准

用标准样品对标准曲线进行校准。离子色谱标准谱图对照表见表 8-9。

表 8-9 离子色谱标准谱图对照表

保留时间/min	1.19	1.57	1.78	2.62	3.95	4.79
阴离子种类	F^-	Cl^-	NO_2^-	NO_3^-	HPO_4^{2-}	SO_4^{2-}
浓度/（mg/L）	1.25	2.5	5.0	10.0	12.5	12.5

（四）原始记录

认真填写离子色谱检测原始记录表、F^-检测原始记录表（其他阴离子检测原始记录表同 F^-检测原始记录表）。

（五）实训室整理

（1）将仪器放回原处，填写仪器使用记录。

（2）清理实训台面和地面，保持实训室干净整洁。

（3）检查实训室用水、用电是否处于安全状态。

六、数据处理

按下式计算水中阴离子的浓度：

$$\text{阴离子（mg/L）}=\frac{H-h_0-a}{b}$$

式中：H—— 峰高；

h_0 —— 空白峰高；

a，b —— 回归方程式的截距和斜率。

七、实训报告

按照实训报告的格式要求认真编写。

八、实训总结

（1）亚硝酸根不稳定，最好临用前现配。

（2）样品需经 0.45 mm 微孔滤膜过滤。除去样品中颗粒物，防止系统堵塞。

（3）注意整个系统不要进气泡，否则会影响分离效果。

（4）不同型号的离子色谱仪可参照本法选择合适的色谱条件。

（5）在与绘制校准曲线相同的色谱条件下测定样品的保留时间和峰高（或峰面积）。

（6）在每个工作日或淋洗液、再生液改变时，以及分析 20 个样品后，都要对标准曲线进行校准。假如任何一个离子的响应值或保留时间大于预期值的±10%时，必须用新的校准标样重新测定。如果其测定结果仍大于±10%时，则需要重新绘制该离子的标准曲线。

（7）对于污染严重、成分复杂的样品，预处理柱可有效去除水样中所含的油溶性有机物和重金属离子，同时对所测定无机阴离子均不发生吸附。

（8）不被色谱柱保留或弱保留的阴离子干扰 F^-、Cl^-的测定。如乙酸与 F^-产生共淋洗，甲酸与 Cl^-产生共淋洗，若这种共淋洗的现象显著，可改用弱淋洗液（0.005 mol/L $Na_2B_4O_7$）进行洗脱。

（9）注意器皿的清洁，防止引入污染干扰测定。

九、实训考核

实训考核评分标准详见大气降水中无机阴离子测定的操作评分表。

表 8-10 F^-分析（离子色谱法）原始数据记录表

<table>
<tr><td rowspan="5">标准曲线</td><td>标准管号</td><td>0</td><td>1</td><td>2</td><td>3</td><td>4</td><td>5</td><td>6</td><td>7</td><td rowspan="5">混合标准使用液的名称及浓度：______
标准曲线方程及相关系数：______
r =______
方法检出限：______</td></tr>
<tr><td>标液的加入量/mL</td><td></td><td></td><td></td><td></td><td></td><td></td><td></td><td></td></tr>
<tr><td>标准溶液浓度</td><td></td><td></td><td></td><td></td><td></td><td></td><td></td><td></td></tr>
<tr><td>峰高 h</td><td></td><td></td><td></td><td></td><td></td><td></td><td></td><td></td></tr>
<tr><td>峰高−空白峰高（$h-h_0$）</td><td></td><td></td><td></td><td></td><td></td><td></td><td></td><td></td></tr>
<tr><td rowspan="2">样品测定</td><td>样品编号</td><td>取样量/mL</td><td colspan="2">定容体积/mL</td><td>峰高 H</td><td>空白峰高 h_0</td><td>峰高−空白峰高（$H-h_0$）</td><td colspan="2">回归方程计算结果样品浓度/（mg/L）</td><td rowspan="2">计算公式：______</td></tr>
<tr><td></td><td></td><td colspan="2"></td><td></td><td></td><td></td><td colspan="2"></td></tr>
<tr><td rowspan="2">标准化记录</td><td colspan="3">仪器名称</td><td colspan="3">仪器型号</td><td colspan="3">室温/℃</td><td>湿度/%</td></tr>
<tr><td colspan="3"></td><td colspan="3"></td><td colspan="3"></td><td></td></tr>
</table>

分析人______ 校对人______ 审核人______

表 8-11 大气降水中无机阴离子测定的操作评分表

班级________学号________姓名________成绩________

考核日期________开始时间________结束时间________考评员________

序号	考核点	分值	评分标准	扣分	得分
（一）	仪器准备	6			
1	容器洗涤	2	所有容器用水洗涤干净后再用甲醇/水（1∶4）或丙酮/水（1∶4）清洗，否则一次性扣 2 分		
2	淋洗液准备	2	淋洗液瓶前应当加装 CO_2 吸收管，否则一次性扣 2 分		
3	CO_2 吸收管准备	2	必须装半管碱石灰（CaO），否则扣 2 分		
（二）	样品采集	10	不得在降水开始前打开盖子采样，不正确扣 4 分 采集的样品应移入洁净干燥的聚乙烯塑料瓶中，密封保存，不正确扣 2 分 采样瓶上未贴标签，扣 2 分 未记录采样地点、日期、起止时间、降水量，或记录不完整，扣 2 分		
（三）	样品保存	6	水样采集后应经 0.45 μm 微孔滤膜过滤，保存于清洁的玻璃瓶或聚乙烯瓶中，否则扣 3 分 样品保存时间或温度不正确，扣 3 分		
（四）	色谱条件	12	淋洗液浓度或流速不正确，扣 3 分 再生液流速确定不正确，扣 3 分 电导检测器量程选择不正确，扣 3 分 进样量不正确，扣 3 分		
（五）	标准系列配制	16	每个点取液应从零分度开始，出现不正确，一次性扣 3 分 标准曲线取点不得少于 7 点，不符合扣 2 分 只选用一支吸量管移取标液，不符合扣 2 分 试剂加入顺序和加入量不正确，扣 2 分 混合不充分、中间未开塞，扣 2 分 未做空白试验，扣 2 分 未用标准样品对标准曲线进行校准，扣 3 分		
（六）	样品测定	6	样品未先稀释，扣 3 分 污染严重、成分复杂的样品未采用预处理柱法去除有机物和重金属离子，扣 3 分		
（七）	数据记录和处理	16			
1	原始记录	4	数据未直接填在报告单上、数据不全、有空项，每项扣 0.5 分，可累计扣分 原始记录中缺少计量单位，每出现一次扣 0.5 分		
2	回归方程	10	没有采用最小二乘法处理数据，扣 2 分 a、b 计算不正确，每一项扣 1 分 没有计算相关系数，扣 1 分 没有算出回归方程，扣 5 分		

序号	考核点	分值	评分标准	扣分	得分
3	有效数字运算	2	有效数字运算不规范，一次性扣 2 分		
（八）	测定结果	18			
1	校准曲线线性	9	r≥0.999 9，不扣分 r =0.999 1～0.999 8，扣 8～1 分 r<0.999 0，不得分		
2	测定结果准确度	9	测定值在 保证值±1s 内，不扣分 保证值±2s 内，扣 3 分 保证值±3s 内，扣 6 分 保证值±3s 外，不得分		
（九）	文明操作	10			
1	实训台面	2	实训过程中台面、地面脏乱，一次性扣 2 分		
2	实训结束清洗仪器、试剂物品归位	2	实训结束未先清洗仪器或试剂物品未归位就完成报告，一次性扣 2 分		
3	仪器损坏	2	仪器损坏，一次性扣 2 分		
4	仪器整理	2	未关闭仪器电源，扣 2 分		
5	使用记录填写	2	未填写仪器使用记录，扣 2 分		
合计					

项目九 噪声监测

任务一　校园区域环境噪声监测方案的制定

一、实训目的

通过制定城市区域环境噪声监测方案的实训，使学生掌握声环境监测方案的制定方法和声环境监测的程序。制定监测方案时应充分收集相关资料，在调查研究的基础上布设监测点位，合理安排采样时间和采样频次，按国标方法进行监测，规范处理监测数据，并对城市区域环境噪声现状进行简单评价。

二、现场调查和资料收集

在制定监测方案之前，应尽可能完备地收集欲监测区域的有关资料，包括：

（1）监测区域声环境功能区分布情况以及人口分布情况，噪声敏感区域的位置和范围。

（2）监测区域噪声源分布情况及其噪声水平。

（3）监测区域道路交通状况。

（4）历年噪声监测资料。

三、监测点位的设置

在对调查研究结果和有关资料进行综合分析的基础上，将要普查监测的校园区域划分成多个等大的正方格，网格要完全覆盖住被普查的区域。每一网格中的道路及非建成区的面积之和不得大于网格面积的 50%，否则视为该网格无效。测点布在每一个网格的中心。若网格中心点不宜测量（如为建筑物、树木、水塘等），应将测点移动到距离中心点最近的可测量位置上进行测量。

四、监测因子的确定

对于城市区域环境噪声，监测项目为区域的总体环境噪声水平。也可根据监测时间分为昼间总体环境噪声水平和夜间总体环境噪声水平。

五、监测方法的确定

监测方法按《声环境质量标准》（GB 3096—2008）附录 B 中的“0～3 类声环境功能区普查监测”进行。

六、采样时间和频次的确定

城市区域环境噪声普查监测一般每年一次，于春季或秋季进行。每次监测时间分别在昼间工作时间和夜间 22:00～24:00（时间不足可顺延）测量。监测应避开节假日和非正常工作日。在规定的测量时间内，每次每个测点测量 10 min 的等效声级 L_{eq}，同时记录噪声主要来源。

七、监测结果分析与评价

将全部网格中心所测得的 10 min 等效声级 L_{eq} 做算术平均运算，用平均值代表某一城市区域的总体环境噪声水平，并计算标准偏差。

对照《声环境质量标准》（GB 3096—2008）中某一声环境功能区噪声标准评价区域总体环境噪声状况；根据每个网格中心的噪声值及对应的网格面积，统计不同噪声影响水平上的面积百分比，以及昼间、夜间的达标面积比例。有条件可估算受影响人口。根据噪声污染状况，提出改善城市区域声环境的建议和措施。

普查监测的结果还可用图示法表示，参见表 9-1。将测量到的各网格中心的等效声级按 5 dB 为一档分级（如 51～55，56～60，61～65）。用不同的颜色或阴影线表示每一档等效声级，绘制在覆盖某一区域或城市的网格上，用于表示区域或城市的噪声污染分布情况。

表 9-1　等级颜色和阴影表示方法

噪声带/dB（A）	颜色	阴影线	噪声带/dB（A）	颜色	阴影线
35 以下	浅绿色	小点，低密度	61～65	朱红色	交叉线，低密度
36～40	绿色	中点，中密度	66～70	洋红色	交叉线，中密度
41～45	深绿色	大点，大密度	71～75	紫红色	交叉线，高密度
46～50	黄色	垂直线，低密度	76～80	蓝色	宽条垂直线
51～55	褐色	垂直线，中密度	8 L～85	深蓝色	全黑
56～60	橙色	垂直线，高密度			

八、实训报告

按照“校园区域环境噪声监测方案的制定”实训报告的格式要求认真编写。

表 9-2　校园区域环境噪声监测方案的制定实训报告

班级		姓名		学号	
实训时间		实训地点		成绩	
批改意见： 教师签字：					

实训目的	

基础资料的收集

基础资料调查表

项目	调查内容	调查结果
校园噪声源	锅炉房	
	建筑施工	
	生活噪声	
校园周围噪声源	邻近交通干线的噪声	
	周边环境的其他噪声	

监测点位平面分布图

监测点位平面分布图

监测结果统计

校园区域环境噪声监测结果统计表

网格编号	监测点位名称	监测结果 L_{eq}/dB（A）	噪声主要来源
XY01			
XY02			
XY03			
XY04			
XY05			
XY06			
……			
校园总体环境噪声水平/dB（A）			
校园区域环境噪声标准值/dB（A）			

区域噪声评价及建议

任务二　校园区域环境噪声监测

噪声就是人们不需要的声音，不仅包括杂乱无章的无序声音，如机械的摩擦声、交通车辆的嘈杂声和公共场所的喧闹声等，也包括对人的休息、学习和工作有干扰的声音。因此，对噪声的判断不仅是依据物理学和声学上的定义，而且往往与人的主观感觉和所处的环境有关。

城市声环境功能区噪声监测方法分为定点监测法和普查监测法，分别用于测量功能区噪声和区域环境噪声。校园区域环境噪声监测方法按《声环境质量标准》（GB 3096—2008）附录 B 中的“0～3 类声环境功能区普查监测”进行。以下采用普查监测法。

一、预习思考

（1）预习《声环境质量标准》。

（2）在噪声监测中应注意哪些因素对结果的影响？

（3）噪声测量对测量仪器有何要求？如何用声校准器对噪声计进行校准？

二、实训目的

（1）掌握城市区域环境噪声监测方法。

（2）掌握对噪声监测数据的统计及评价方法，通过对校园生活区、教学区不同功能区及校园周边交通噪声污染的评价，为校园及周边噪声污染控制和治理提供依据。

（3）熟悉声级计的使用方法。

三、实训准备

1. 测量仪器的准备

测量仪器精度为 2 型及 2 型以上的积分平均声级计或环境噪声自动监测仪器，其性能需符合 GB 3785 和 GB/T 17181 的规定，并定期校验。测量前后使用声校准器校准测量仪器的示值偏差不得大于 0.5 dB，否则测量无效。声校准器应满足 GB/T 15173 对 1 级或 2 级声校准器的要求。测量时传声器应加防风罩。另准备风速仪一台。

2. 测量仪器的校准

准备好符合测量要求的声级计，打开电源待读数稳定后，用声校准器校准仪器。将声级计置于任意计权开关位置，把声级校准器套住声级计的电容传声器头部，调节声级计的“校准”电位器，使声级计读数刚好是声级校准器产生的声压级，对于 1 英寸（ϕ25.4 mm）外径的自由场响应电容传声器，校准值为 93.6 dB；对于 1/2 英寸（ϕ12.7 mm）外径的自由场响应电容传声器，校准值为 93.8 dB。

四、实训过程

（一）实训步骤

1．监测点位的布设

将学校划分为200 m×200 m（或自定）的网格，测量点选在每个网格的中心，若中心点的位置不宜测量（如树木、建筑物顶部、水塘等），可移到旁边能够测量的位置。监测点位距离任何反射物（除地面外）至少3.5 m测量，距地面高度1.2 m以上。

2．校园区域噪声测量

测量应选在无雨（雪）、无雷电的天气，应保持声级计传声器膜片清洁。测量风速，风力在三级以上必须加风罩（以避免风噪声干扰），四级以上大风应停止测量。测量一般在白天进行，测量时间为8:00～12:00或14:00～18:00。

在规定的测量时间内，每次每个点位测量10 min的等效连续声级。声级的频率计权选A计权，时间计权选快挡，采样间隔可设为1 s，测量时间设定为10 min。

同时，记录测量过程中噪声的主要来源（道路交通、建筑施工、社会生活、工业生产噪声等）。

（二）原始数据记录

认真填写校园区域环境噪声监测原始数据记录表。

（三）实训室整理

（1）将声级计的开关应置于“关”，取出电池，并归位。

（2）将风速仪的开关应置于“关”，取出电池，并归位。

（3）将声级校准器关闭并归位。

（4）清理实训台面和地面，保持实训室干净整洁。

五、数据处理

1．计算平均值$\overline{L}_{eq}$

将全部网格中心所测得的10 min等效声级L_{eq}按下式求算术平均值，用平均值代表校园的总体环境噪声水平，并计算标准偏差。

$$\overline{L}_{eq}=\frac{1}{n}\sum_{i=1}^{n}L_{eqi}$$

式中：$\overline{L}_{eq}$—— 某一声环境功能区的总体环境噪声水平，dB；

L_{eqi}—— 第i个测点的10 min等效声级L_{eq}，dB；

n —— 有效网格总数。

2．结果评价

依据上述计算的等效声级平均值和《声环境质量标准》进行比较，确定是否超标。

六、实训报告

按照实训报告的格式要求认真编写。

七、实训总结

（1）本方法适用于调查城市中某一区域（如校园、居民区、混合区）或整个城市的环境噪声水平，以及环境噪声污染的时间与空间分布规律而进行的测量。

（2）测量应在无雨雪、无雷电天气（因特殊需要，在有雨雪、雷电天气测量，应在报告中说明），风速 5 m/s 以上时，停止测量。

（3）声级计使用的电池电压不足时，应及时更换。更换时电源开关应置于“关”，长期不用应将电池取出。

（4）每次测量前均应对声级计进行校准，测量前后使用声校准器校准测量仪器的示值偏差不得大于 0.5 dB，否则测量无效。

（5）在测量时，声级计最好安装在三脚架上，若手持声级计，应使人体与传声器相距 0.5 m 以上。

八、实训考核

实训考核评分标准详见校园区域环境噪声监测评分表。

表 9-3　校园区域环境噪声监测原始数据记录表

监测方法______________________监测日期_______年______月______日

标准化记录	气象条件		声级计名称及型号		声校准器名称及型号		风速仪名称及型号
	风速/（m/s）		频率计权		时间计权		采样间隔
声级计校准	监测前校准值/dB（A）						
	监测后校准值/dB（A）						
	校准示值偏差/dB（A）						
校园环境区域噪声监测	网格编号	监测点位名称	监测的起止时间	监测结果 L_{eq}/dB（A）	噪声主要来源	校园总体环境噪声水平/dB（A）	校园区域环境噪声标准值/dB（A）

测量人______________　　记录人______________　　校核人______________

表 9-4　校园区域环境噪声监测评分表

班级________ 学号________ 姓名________ 成绩________

考核日期________ 开始时间 ________ 结束时间 ________ 考评员________

序号	考核点	分值	评分标准	扣分	得分
（一）	仪器准备	10			
1	声级计	2	检查电压，没有准备的，扣 2 分		
2	声级校准器	2	没有准备的，扣 2 分		
3	风速仪	2	安装电池，没有准备的，扣 2 分		
4	声级计的校准	4	未用声级校准器进行校准的，扣 2 分 校准操作不正确，扣 2 分		
（二）	噪声监测	32			
1	监测点位的布设	12	网格划分不合理，扣 5 分 监测点未靠近网格的中心，扣 3 分 监测点距反射物（除地面外）小于 3.5 m，扣 2 分 监测点距地面高度小于 1.2 m，扣 2 分		
2	噪声测量	10	时间计权选择不正确，扣 2 分 频率计权选择不正确，扣 2 分 采样间隔设定不正确，扣 2 分 测量时间设定不正确，扣 2 分 未使人体与传声器相距在 0.5 m 以上，扣 2 分		
3	声级计的使用	10	用手触摸传声器膜片，或玷污膜片，扣 5 分 测定前未加防风罩，扣 3 分 声级计使用后未关闭，扣 2 分		
（三）	数据记录	34			
1	签字笔填写	2	使用其他笔，扣 2 分		
2	风速测定	2	测定方法不正确，扣 1 分 未测定，扣 2 分		
3	气象条件	2	不完整，扣 2 分		
4	仪器名称及型号	6	声级计、声校准器、风速仪每缺少一项，扣 2 分		
5	监测点位名称	4	不完整，每出现一次扣 0.5 分，可累计扣分		
6	监测的起止时间	4	不完整，每出现一次扣 0.5 分，可累计扣分		
7	有效数字运算	2	有效数字运算不规范，一次性扣 2 分		
8	测量人、记录人、校核人	6	每缺少一项，扣 2 分		
9	原始记录	6	数据未直接填在报告单上、数据不全、有空项，每项扣 1 分，可累计扣分 原始记录中缺少计量单位，每出现一次扣 1 分		
（四）	数据处理与结果评价	14			
1	校园总体环境噪声水平	8	计算不正确，扣 4 分 未计算，扣 8 分		
2	环境噪声标准值	2	未标明噪声标准值，扣 2 分		
3	结果评价	4	不完整，扣 2 分 未评价，扣 4 分		
（五）	文明操作	10			

序号	考核点	分值	评分标准	扣分	得分
1	实训台面	2	实训过程中台面、地面脏乱，一次性扣 2 分		
2	实训结束仪器物品归位	3	实训结束仪器物品未归位就完成报告，一次性扣 3 分		
3	仪器损坏	5	仪器损坏，一次性扣 5 分		
合　计					

任务三　城市道路交通噪声监测

近年来，随着经济的发展和生活水平的提高，交通运输工具（如汽车、火车、飞机、轮船等）对环境的影响日益突出。特别是许多车辆密度较大的城市，道路交通噪声已成为城市噪声污染的一个重要方面。

道路交通噪声是随时间而起伏的无规律噪声，因此测量结果一般用统计值或等效声级来表示。城市道路交通噪声监测方法参照《声学　环境噪声测量方法》（GB/T 3222—94）和《声环境质量标准》（GB 3096—2008）附录 B 中的“4 类声环境功能区普查监测”。

一、预习思考

（1）如何测量车流量？

（2）在何种情况下可以使用统计声级计算等效连续 A 声级？

（3）城市道路交通噪声监测点位应如何选择？

二、实训目的

（1）掌握城市道路交通噪声监测方法。

（2）掌握对噪声监测数据的统计及评价方法。

（3）熟悉声级计的使用方法。

三、实训准备

1. 测量仪器的准备

测量仪器精度为 2 型及 2 型以上的积分平均声级计或环境噪声自动监测仪器，其性能需符合 GB 3785 和 GB/T 17181 的规定，并定期校验。测量前后使用声校准器校准测量仪器的示值偏差不得大于 0.5 dB，否则测量无效。声校准器应满足 GB/T 15173 对 1 级或 2 级声校准器的要求。测量时传声器应加防风罩。另准备风速仪和车流量计数器各一台。

2. 测量仪器的校准

准备好符合测量要求的声级计，打开电源待读数稳定后，用声级校准器校准仪器。将声级计置于任意计权开关位置，把声级校准器套住声级计的电容传声器头部，调节声级计的“校准”电位器，使声级计读数刚好是声级校准器产生的声压级，对于 1 英寸（ϕ25.4 mm）外径的自由场响应电容传声器，校准值为 93.6 dB；对于 1/2 英寸（ϕ12.7 mm）外径的自由场响应电容传声器，校准值为 93.8 dB。

四、实训过程

（一）实训步骤

1. 测点选择

测点距任一路口的距离应大于 50 m，若路段长度小于 100 m，测点选在路段中间。测点应设在马路一边的人行道上，一般距马路边缘 20 cm 处。此点位可以代表两个路口之间的交通噪声。

2. 城市道路交通噪声测量

对道路交通噪声监测一般于春季或秋季进行。监测一般在白天的正常工作时间，无雨雪、无雷电天气，风速为 5 m/s 以下进行。传声器应水平设置，带风罩，高度 1.2 m，垂直指向道路。选用 A 计权，调试好后置于快挡，采样时间间隔不大于 1 s，自动测量 20 min 的等效声级 L_{eq}，同时测量累积百分数声级 L_{10}、L_{50}、L_{90}，并记录交通流量。

（二）原始数据记录

认真填写城市道路交通噪声监测原始数据记录表。

（三）实训室整理

（1）将声级计的开关应置于“关”，取出电池，并归位。
（2）将风速仪的开关应置于“关”，取出电池，并归位。
（3）将声级校准器关闭并归位。
（4）将车流量计数器关闭并归位。
（5）清理实训台面和地面，保持实训室干净整洁。

五、数据处理

1. 数据处理

依据各路段所测得的 20 min 等效声级 L_{eq}，按下式对各典型路段长度进行加权算术平均，以此得出某条交通干线环境噪声平均值。

$$\overline{L}_{eq}=\frac{1}{l}\sum_{i=1}^{n}L_{eqi}\ l_i$$

式中：$\overline{L}_{eq}$ —— 某条交通干线环境噪声平均值，dB；

L_{eqi} —— 第 i 段道路测得的等效声级，dB；

l_i —— 第 i 段道路长，km；

l —— 某条交通干线总长，km。

2. 结果评价

依据上述计算的交通干线环境噪声平均值和《声环境质量标准》进行比较，确定是否超标。也可以 L_{eq} 或 L_{10} 作为评价量，将每个测点按 5 dB 一档分级，以不同颜色或不同阴影线画出各路段的噪声值，即得到城市交通噪声污染分布图。

六、实训报告

按照实训报告的格式要求认真编写。

七、实训总结

（1）测量应在无雨雪、无雷电天气（因特殊需要，在有雨雪、雷电天气测量，应在报告中说明），风速 5 m/s 以上时，停止测量。

（2）声级计使用的电池电压不足时，应及时更换。更换时电源开关应置于“关”，长期不用应将电池取出。

（3）每次测量前均应对声级计进行校准，测量前后使用声校准器校准测量仪器的示值偏差不得大于 0.5 dB，否则测量无效。

（4）在测量时，声级计最好安装在三脚架上，若手持声级计，应使人体与传声器相距 0.5 m 以上。

八、实训考核

实训考核评分标准详见城市道路交通噪声监测评分表。

表 9-5　城市道路交通噪声监测原始数据记录表

监测方法______________监测日期______年______月______日

<table>
<tr><td rowspan="4">标准化记录</td><td colspan="2">气象条件</td><td colspan="3">声级计名称及型号</td><td colspan="2">风速仪名称及型号</td><td colspan="2">声校准器名称及型号</td></tr>
<tr><td colspan="2"></td><td colspan="3"></td><td colspan="2"></td><td colspan="2"></td></tr>
<tr><td colspan="2">风速/（m/s）</td><td colspan="2">车流量计数器名称及型号</td><td>频率计权</td><td colspan="2">时间计权</td><td colspan="2">采样间隔</td></tr>
<tr><td colspan="2"></td><td colspan="2"></td><td></td><td colspan="2"></td><td colspan="2"></td></tr>
<tr><td rowspan="3">声级计校准</td><td colspan="2">监测前校准值/dB（A）</td><td colspan="7"></td></tr>
<tr><td colspan="2">监测后校准值/dB（A）</td><td colspan="7"></td></tr>
<tr><td colspan="2">校准示值偏差/dB（A）</td><td colspan="7"></td></tr>
<tr><td rowspan="12">城市道路交通噪声监测</td><td rowspan="2">测点编号</td><td rowspan="2">监测路段名称</td><td rowspan="2">监测起止时间</td><td colspan="4">监测结果 L_{eq}/dB（A）</td><td rowspan="2">车流量/（辆/h）</td><td rowspan="2">道路交通噪声平均水平/dB（A）</td></tr>
<tr><td>L_{eq}</td><td>L_{10}</td><td>L_{50}</td><td>L_{90}</td></tr>
<tr><td></td><td></td><td></td><td></td><td></td><td></td><td></td><td></td><td rowspan="10"></td></tr>
<tr><td></td><td></td><td></td><td></td><td></td><td></td><td></td><td></td></tr>
<tr><td></td><td></td><td></td><td></td><td></td><td></td><td></td><td></td></tr>
<tr><td></td><td></td><td></td><td></td><td></td><td></td><td></td><td></td></tr>
<tr><td></td><td></td><td></td><td></td><td></td><td></td><td></td><td></td></tr>
<tr><td></td><td></td><td></td><td></td><td></td><td></td><td></td><td></td></tr>
<tr><td></td><td></td><td></td><td></td><td></td><td></td><td></td><td></td></tr>
<tr><td></td><td></td><td></td><td></td><td></td><td></td><td></td><td></td></tr>
<tr><td></td><td></td><td></td><td></td><td></td><td></td><td></td><td></td></tr>
<tr><td></td><td></td><td></td><td></td><td></td><td></td><td></td><td></td></tr>
</table>

测量人____________　记录人____________　校核人____________

表 9-6 城市道路交通噪声监测评分表

班级________ 学号________ 姓名________ 成绩________

考核日期________ 开始时间 ________ 结束时间 ________ 考评员________

序号	考核点	分值	评分标准	扣分	得分
（一）	仪器准备	12			
1	声级计	2	检查电压，没有准备的，扣 2 分		
2	声级校准器	2	没有准备的，扣 2 分		
3	风速仪	2	安装电池，没有准备的，扣 2 分		
4	车流量计数器	2	没有准备的，扣 2 分		
5	声级计的校准	4	未用声级校准器进行校准的，扣 2 分 校准操作不正确，扣 2 分 未进行校准，扣 4 分		
（二）	噪声监测	30			
1	监测点位的布设	8	监测点位与路口的距离不合适，扣 2 分 监测点位与马路边缘的距离不合适，扣 2 分 监测点距反射物（除地面外）小于 3.5 m，扣 2 分 监测点距地面高度小于 1.2 m，扣 2 分		
2	噪声测量	12	时间计权选择不正确，扣 2 分 频率计权选择不正确，扣 2 分 采样间隔设定不正确，扣 2 分 测量时间设定不正确，扣 2 分 未使人体与传声器相距在 0.5 m 以上，扣 2 分 传声器未垂直指向道路，扣 2 分		
3	声级计的使用	10	用手触摸传声器膜片或玷污膜片，扣 5 分 测定前未加防风罩，扣 3 分 声级计使用后未关闭，扣 2 分		
（三）	数据记录	34			
1	签字笔填写	2	使用其他笔，扣 2 分		
2	风速测定	2	测定方法不正确，扣 1 分 未测定，扣 2 分		
3	气象条件	2	不完整，扣 2 分		
4	仪器名称及型号	4	声级计、声校准器、风速仪、车流量计数器每缺少一项，扣 1 分		
5	监测路段名称	4	不完整，每出现一次扣 0.5 分，可累计扣分		
6	监测的起止时间	4	不完整，每出现一次扣 0.5 分，可累计扣分		
7	车流量测定	4	测定方法不正确，扣 2 分 未测定，扣 4 分		
8	有效数字运算	2	有效数字运算不规范，一次性扣 2 分		
9	测量人、记录人、校核人	6	每缺少一项，扣 2 分		
10	原始记录	4	数据未直接填在报告单上、数据不全、有空项，每项扣 1 分，可累计扣分 原始记录中缺少计量单位，每出现一次扣 1 分		

序号	考核点	分值	评分标准	扣分	得分
（四）	数据处理与结果评价	14			
1	道路交通噪声平均水平	8	计算不正确，扣4分 未计算，扣8分		
2	环境噪声标准值	2	未标明噪声标准值，扣2分		
3	结果评价	4	不完整，扣2分 未评价，扣4分		
（五）	文明操作	10			
1	实训台面	2	实训过程中台面、地面脏乱，一次性扣2分		
2	实训结束仪器物品归位	3	实训结束仪器物品未归位就完成报告，一次性扣3分		
3	仪器损坏	5	仪器损坏，一次性扣5分		
合　计					

任务四　工业企业厂界噪声监测

工业企业厂界噪声是指在工业生产活动中使用的固定设备产生的、需要在厂界处进行测量和控制的干扰周围生活环境的噪声。工业企业厂界噪声监测参照《工业企业厂界环境噪声排放标准》（GB 12348—2008）。

一、预习思考

（1）预习《工业企业厂界环境噪声排放标准》。

（2）在测量工业企业厂界噪声时，如何根据不同的监测目的选择相应的布点方式？

（3）如何测量工业企业厂界背景噪声？

二、实训目的

（1）掌握工业企业厂界噪声监测方法。

（2）掌握对噪声监测数据的统计及评价方法。

（3）熟悉声级计的使用方法。

三、实训准备

1. 测量仪器的准备

测量仪器为2型以上积分平均声级计或环境噪声自动监测仪。测量35 dB以下的噪声应使用1型声级计，且测量范围应满足所测量噪声的需要。每次测量前、后必须在测量现场进行声学校准，其前、后校准示值偏差不得大于 0.5 dB，否则测量结果无效。另准备风速仪一台。

2. 测量仪器的校准

准备好符合测量要求的声级计，打开电源待读数稳定后，用校准器校准仪器。使用声级校准器进行校准时，声级计可以置于任意计权开关位置。把声级校准器套住声级计的电容传声器头部，调节声级计的“校准”电位器，使声级计读数刚好是声级校准器产生的声压级，对于 1 英寸（ϕ25.4 mm）外径的自由场响应电容传声器，校准值为 93.6 dB；对于 1/2 英寸（ϕ12.7 mm）外径的自由场响应电容传声器，校准值为 93.8 dB。

四、实训过程

（一）实训步骤

1. 测点选择

根据工业企业声源、周围噪声敏感建筑物的布局以及毗邻的区域类别，在工业企业厂界布设多个测点，其中包括距噪声敏感建筑物较近以及受被测声源影响大的位置。

一般情况下，测点选在工业企业厂界外 1 m、高度 1.2 m 以上。当厂界有围墙且周围有受影响的噪声敏感建筑物时，测点应选在厂界外 1 m、高于围墙 0.5 m 以上的位置。若厂界与居民住宅相连，厂界噪声无法测量，测点应设在室内。室内测量点位设在距任一反射面至少 0.5 m 以上、距地面 1.2 m 高度处，在受噪声影响方向的窗户开启状态下测量。

2. 工业企业厂界噪声测量

测量应在无雨雪、无雷电天气，风速为 5 m/s 以下时进行。测量分为昼间、夜间两个时段，在被测声源正常工作时间进行，同时注明当时的工况。

测量时传声器应水平设置并加防风罩，应高于地面 1.2 m。选用 A 计权，调试好后时间计权特性设为快挡（即 F 挡），采样时间间隔不大于 1 s，进行自动测量。当被测声源是稳态噪声，测量 1 min 的等效声级；被测声源是非稳态噪声，测量被测声源有代表性时段的等效声级，必要时测量被测声源整个正常工作时段的等效声级。夜间有频发、偶发噪声影响时同时测量最大声级。

（二）原始数据记录

认真填写工业企业厂界噪声监测原始数据记录表。

（三）实训室整理

（1）将声级计的开关应置于“关”，取出电池，并归位。
（2）将风速仪的开关应置于“关”，取出电池，并归位。
（3）将声级校准器关闭并归位。
（4）清理实训台面和地面，保持实训室干净整洁。

五、数据处理

1. 数据处理

噪声测量值与背景噪声值相差大于 10 dB（A）时，噪声测量值不做修正。噪声测量值与背景噪声值相差在 3～10 dB（A）时，噪声测量值与背景噪声值的差值取整后，按表 9-7 进行背景噪声修正；噪声测量值与背景噪声值相差小于 3 dB（A）时，应采取措施降低背景噪声后，再视情况按上述方法进行修正。

表 9-7　噪声监测背景值修正表

差值/dB	3	4～6	7～9
修正值/dB	−3	−2	−1

2. 结果评价

依据《工业企业厂界环境噪声排放标准》，对各个测点的测量结果进行单独评价。同一测点每天的测量结果按昼间、夜间进行评价；最大声级 L_{max} 直接评价。

六、实训报告

按照实训报告的格式要求认真编写。

七、实训总结

（1）本方法适用于工业企业噪声排放的管理、评价及控制。机关、事业单位、团体等对外环境排放噪声的单位也按本方法监控。

（2）在测量工业企业厂界背景噪声时，测量环境要不受被测声源影响，且其他声环境与测量被测声源时要保持一致。测量时段与被测声源测量的时间长度相同。

（3）当厂界与噪声敏感建筑物距离小于 1 m 时，厂界环境噪声在噪声敏感建筑物的室内测量，并将《工业企业厂界环境噪声排放标准》中相应的限值减 10 dB（A）作为评价依据。

（4）测量应在无雨雪、无雷电天气（因特殊需要，在有雨雪、雷电天气测量，应在报告中说明），风速 5 m/s 以上时，停止测量。

（5）声级计使用的电池电压不足时，应及时更换。更换时电源开关应置于“关”，长期不用应将电池取出。

（6）每次测量前均应对声级计时行校准，测量前后使用声校准器校准测量仪器的示值偏差不得大于 0.5 dB，否则测量无效。

（7）在测量时，声级计最好安装在三脚架上，若手持声级计，应使人体与传声器相距 0.5 m 以上。

八、实训考核

实训考核评分标准详见工业企业厂界噪声监测评分表。

表 9-8 工业企业厂界噪声监测原始数据记录表

监测方法____________ 监测日期______年______月______日
单位名称____________ 单位地址____________
测量工况____________ 监测目的____________

<table>
<tr><td rowspan="4">标准化记录</td><td colspan="3">气象条件</td><td colspan="2">声级计名称及型号</td><td colspan="2">风速仪名称及型号</td><td colspan="2">声校准器名称及型号</td></tr>
<tr><td colspan="3"></td><td colspan="2"></td><td colspan="2"></td><td colspan="2"></td></tr>
<tr><td colspan="3">风速/（m/s）</td><td colspan="2">频率计权</td><td colspan="2">时间计权</td><td colspan="2">采样间隔</td></tr>
<tr><td colspan="3"></td><td colspan="2"></td><td colspan="2"></td><td colspan="2"></td></tr>
<tr><td rowspan="3">声级计校准</td><td colspan="3">监测前校准值/dB（A）</td><td colspan="6"></td></tr>
<tr><td colspan="3">监测后校准值/dB（A）</td><td colspan="6"></td></tr>
<tr><td colspan="3">校准示值偏差/dB（A）</td><td colspan="6"></td></tr>
<tr><td rowspan="9">工业企业厂界噪声监测</td><td rowspan="3">测点编号</td><td rowspan="3">边界所处声环境功能区类别</td><td rowspan="3">主要声源</td><td colspan="5">监测结果 L_{eq}/dB（A）</td><td rowspan="3">测点示意图</td></tr>
<tr><td colspan="2">昼间</td><td colspan="3">夜间</td></tr>
<tr><td>测量值</td><td>背景值</td><td>测量值</td><td>背景值</td><td>最大声级</td></tr>
<tr><td></td><td></td><td></td><td></td><td></td><td></td><td></td><td></td><td rowspan="6"></td></tr>
<tr><td></td><td></td><td></td><td></td><td></td><td></td><td></td><td></td></tr>
<tr><td></td><td></td><td></td><td></td><td></td><td></td><td></td><td></td></tr>
<tr><td></td><td></td><td></td><td></td><td></td><td></td><td></td><td></td></tr>
<tr><td></td><td></td><td></td><td></td><td></td><td></td><td></td><td></td></tr>
<tr><td></td><td></td><td></td><td></td><td></td><td></td><td></td><td></td></tr>
</table>

测量人__________ 记录人__________ 校核人__________

表 9-9 工业企业厂界噪声监测评分表

班级________ 学号________ 姓名________ 成绩________
考核日期________开始时间 ________结束时间 ________考评员________

序号	考核点	分值	评分标准	扣分	得分
（一）	仪器准备	10			
1	声级计	2	检查电压，没有准备的，扣 2 分		
2	声级校准器	2	没有准备的，扣 2 分		
3	风速仪	2	安装电池，没有准备的，扣 2 分		
4	声级计的校准	4	未用声级校准器进行校准的，扣 2 分 校准操作不正确，扣 2 分 未进行校准，扣 4 分		
（二）	噪声监测	32			
1	监测点位的布设	6	监测点位与工业企业厂界的距离不合适，扣 3 分 监测点距地面高度小于 1.2 m，扣 3 分		
2	工业企业厂界噪声测量	10	时间计权选择不正确，扣 2 分 频率计权选择不正确，扣 2 分 采样间隔设定不正确，扣 2 分 测量时间设定不正确，扣 2 分 未使人体与传声器相距在 0.5 m 以上，扣 2 分		

序号	考核点	分值	评分标准	扣分	得分
3	背景噪声的测量	6	未测量背景噪声，扣 6 分 声环境与测量被测声源时不一致，扣 3 分 与被测声源测量的时间长度不相同，扣 3 分		
4	声级计的使用	10	用手触摸传声器膜片或玷污膜片，扣 5 分 测定前未加防风罩，扣 3 分 声级计使用后未关闭，扣 2 分		
（三）	数据记录	34			
1	签字笔填写	2	使用其他笔，扣 2 分		
2	风速测定	2	测定方法不正确，扣 1 分 未测定，扣 2 分		
3	气象条件	2	不完整，扣 2 分		
4	仪器名称及型号	6	声级计、声校准器、风速仪每缺少一项，扣 2 分		
5	边界所处声环境功能区类别	4	未注明，每出现一次扣 0.5 分，可累计扣分		
6	测点示意图	4	绘制不正确，扣 4 分 未绘制，扣 4 分		
7	有效数字运算	2	有效数字运算不规范，一次性扣 2 分		
8	测量人、记录人、校核人	6	每缺少一项，扣 2 分		
9	原始记录	6	数据未直接填在报告单上、数据不全、有空项，每项扣 1 分，可累计扣分 原始记录中缺少计量单位，每出现一次扣 1 分		
（四）	数据处理与结果评价	14			
1	背景值修正	8	修正不正确，扣 4 分 未进行修正，扣 8 分		
2	环境噪声标准值	2	未标明噪声标准值，扣 2 分		
3	结果评价	4	不完整，扣 2 分 未评价，扣 4 分		
（五）	文明操作	10			
1	实训台面	2	实训过程中台面、地面脏乱，一次性扣 2 分		
2	实训结束仪器物品归位	3	实训结束仪器物品未归位就完成报告，一次性扣 3 分		
3	仪器损坏	5	仪器损坏，一次性扣 5 分		
合　计					

项目十 土壤与固体废物监测

任务一 农田土壤环境监测方案的制定

一、实训目的

通过制定农田土壤监测方案的实训，使学生学会农田土壤环境监测方案的制定方法，掌握农田土壤环境监测的程序和农田土壤环境质量评价的方法等。

二、现场调查和资料收集

在制定监测方案之前，收集所监测的农田土壤环境的资料，应进行现场踏勘，将调查得到的信息进行整理和利用，丰富采样工作图的内容。收集的资料主要包括以下内容：

1．监测区域的自然情况

（1）收集监测区域气候资料（温度、降水量和蒸发量）、水文资料。

（2）收集包括监测区域的交通图、土壤图、地质图、大比例尺地形图等资料，供制作采样工作图和标注采样点位用。

（3）收集土壤历史资料和相应的法律（法规）。

2．监测区域的土壤利用情况

（1）收集监测区域遥感与土壤利用及其演变过程方面的资料等。

（2）收集监测区域作物生长及产量的资料。

3．监测区域的土壤性状

（1）收集包括监测区域土类、成土母质等土壤信息资料。

（2）收集包括监测区域土壤类型分布、层次特征及农业生产特性等资料。

4．监测区域的污染历史及现状

（1）收集工程建设或生产过程对土壤造成影响的环境研究资料。

（2）收集造成土壤污染事故的主要污染物的毒性、稳定性以及如何消除等资料。

（3）收集监测区域工农业生产及排污、污灌、化肥农药施用情况资料。

三、监测点位的布设

根据调查目的、调查精度和调查区域环境状况等因素确定监测单元。大气污染型土壤监测单元和固体废物堆污染型土壤监测单元以污染源为中心放射状布点，在主导风向和地表水的径流方向适当增加采样点（离污染源的距离远于其他点）；灌溉水污染监测单元、农用固体废物污染型土壤监测单元和农用化学物质污染型土壤监测单元采用均匀布点；灌溉水污染监测单元采用按水流方向带状布点，采样点自纳污口起由密渐疏；综合污染型土壤监测单元布点采用综合放射状、均匀状、带状布点法。

四、监测项目的确定

农田土壤监测项目分常规项目、特定项目和选测项目，如表 10-1 所示。常规项目主要考察土壤污染对农作物的影响情况，可根据《土壤环境质量标准》（GB 15618—1995）和《土壤环境监测技术规范》（HJ/T 166—2004）选取，特定项目根据污染事故发生后排放的污染物情况选取，选测项目可根据农田的实际情况和监视、监督的侧重点进行选择。

表 10-1　土壤监测项目与监测频次

项目类别		监测项目
常规项目	基本项目	pH、阳离子交换量
	重点项目	镉、铬、汞、砷、铅、铜、锌、镍 六六六、滴滴涕
特定项目（污染事故）		特征项目
选测项目	影响产量项目	全盐量、硼、氟、氮、磷、钾等
	污水灌溉项目	氰化物、六价铬、挥发酚、烷基汞、苯并[a]芘、有机质、硫化物、石油类等
	POPs 与高毒类农药	苯、挥发性卤代烃、有机磷农药、PCB、PAH 等
	其他项目	结合态铝（酸雨区）、硒、钒、氧化稀土总量、钼、铁、锰、镁、钙、钠、铝、硅、放射性比活度等

五、分析方法的确定

分析方法参照《土壤环境质量标准》和《土壤环境监测技术规范》以及其他相关的国家标准分析方法。

六、采样时间和频次的确定

土壤某些性质可因季节不同而有变化，因此应根据不同的目的确定适宜的采样时间，同一时间内采取的土样分析结果才能相互比较。常规项目和选测项目一般每年监测一次，在夏收或秋收后采样农田土壤样品。特定项目应在污染事故发生后及时采样，并根据污染物变化趋势决定监测频次。

七、监测结果分析与评价

1. 监测结果分析

监测结果的原始数据要根据有效数字的保留规则正确书写，监测数据的运算要遵循运算规则。在数据处理中，对出现的可疑数据，首先从技术上查明原因，然后再用统计检验处理，经检验验证属离群数据应予剔除，以使测定结果更符合实际。

平行样的测定结果用平均数表示；低于分析方法检出限的测定结果以“未检出”报出，参加统计时按二分之一最低检出限计算。土壤样品测定一般保留三位有效数字，含量较低的镉和汞保留两位有效数字，并注明检出限数值。分析结果的精密度数据，一般只取一位有效数字，当测定数据很多时，可取两位有效数字。

2. 监测结果评价

对照《土壤环境质量标准》等相关标准，对农田土壤环境质量进行分析和评价，推断污染物的来源，提出改善农田土壤环境质量的建议和措施。

农田土壤环境质量评价一般以单项污染指数为主，指数小污染轻，指数大污染重。当区域内土壤环境质量作为一个整体与外区域进行比较或与历史资料进行比较时除用单项污染指数外，还常用综合污染指数。综合污染指数反映了各污染物对土壤的作用，同时突出了高浓度污染物对土壤环境质量的影响。

土壤单项污染指数=土壤污染物实测值/土壤污染物质量标准

$$土壤综合污染指数（PN）=\left[\left(P_{I_{均}}^{2}+P_{I_{最大}}^{2}\right)/2\right]^{1/2}$$

式中 $P_{I_{均}}$和 $P_{I_{最大}}$分别是平均单项污染指数和最大单项污染指数。可按综合污染指数，划定污染等级，详见表 10-2。

表 10-2　土壤综合污染指数评价标准

等级	综合污染指数	污染等级
Ⅰ	PN≤0.7	清洁（安全）
Ⅱ	0.7<PN≤1.0	尚清洁（警戒线）
Ⅲ	1.0<PN≤2.0	轻度污染
Ⅳ	2.0<PN≤3.0	中度污染
Ⅳ	PN>3.0	重污染

八、实训报告

按照农田土壤环境监测方案的制定实训报告的格式要求认真编写。

表 10-3　农田土壤环境监测方案的制定实训报告

<table>
<tr><td>班级</td><td></td><td>姓名</td><td></td><td>学号</td><td></td></tr>
<tr><td>实训时间</td><td></td><td>实训地点</td><td></td><td>成绩</td><td></td></tr>
<tr><td colspan="6">批改意见：

教师签字：</td></tr>
<tr><td>实训目的</td><td colspan="5"></td></tr>
</table>

基础资料的收集

基础资料调查表

项　　目	调　查　内　容
自然情况	
土壤利用情况	
土壤性状	
污染历史及现状	

监测点位平面分布图

监测点位平面分布图

监测项目的确定

监测项目表

常规监测项目	
特定项目	
选测项目	

分析方法的确定

监测项目的分析方法及检出下限表

序　号	监测项目	预处理方法	分析方法	标准代码	检出下限

监测结果统计

土壤环境监测结果统计表

采样点	项目分析结果/（mg/kg）							
1								
2								
3								
4								
……								
平均值								
标准值								
超标倍数								

结果评价及合理化建议

农田土壤环境质量评价

监测项目					
样品数					
检出率					
浓度范围/（mg/kg）					
二级标准值/（mg/kg）					
土壤单项污染指数					
土壤综合污染指数					
土壤污染水平					

合理化建议：

任务二 农田土壤样品的采集与制备

土壤样品的采集是土壤分析工作中的一个重要环节，直接关系到监测结果的真实性和正确性。由于土壤特别是农业土壤本身的差异很大，因此必须重视采集有代表性的样品，以便获得符合实际的分析结果。

样品制备又称样品加工，其处理程序是：风干、磨细、过筛、混合、分装，制成满足分析要求的土壤样品。加工处理的目的是：除去非土部分，使测定结果能代表土壤本身的组成；有利于样品能较长时期保存，防止发霉、变质；通过研磨、混匀，使分析时称取的样品具有较高的代表性。

农田土壤样品的采集与制备方法参照《土壤环境监测技术规范》（HJ/T 166—2004）中的具体步骤和技术要求。

一、预习思考

（1）采集与处理土样的基本要求是什么？

（2）处理土样时为什么小于 1 mm 和小于 0.25 mm 的细土必须反复研磨使其全部过筛？

（3）处理通过孔径 1 mm 及 0.25 mm 土筛的两种土样，能否将两种筛套在一起过筛，分别收集两种土筛下的土样进行分析测定？为什么？

二、实训目的

（1）掌握土壤剖面样品和混合样品的采集方法。

（2）掌握土壤样品的处理程序和制备方法。

三、实训准备

（一）资料收集和现场调查

收集监测区域的资料，现场踏勘，将调查得到的信息进行整理和利用，丰富采样工作图的内容。

（二）采样器具准备

（1）工具类：铁锹、铁铲、圆状取土钻、螺旋取土钻、竹片以及适合特殊采样要求的工具等。

（2）器材类：GPS、罗盘、照相机、胶卷、卷尺、铝盒、样品袋、样品箱等。

（3）文具类：样品标签、采样记录表、铅笔、资料夹等。

（4）安全防护用品：工作服、工作鞋、安全帽、药品箱等。

四、实训操作

（一）操作步骤

1．监测点位的布设

由于造成土壤污染成因的不同，因而采集污染土壤样品应根据污染源特征和分析监测目的进行布点，具体方法参见本章实训一中“监测点位的布设”。将实际采集土样时采用的布设方法画出简图。

2．土壤样品采集

（1）土壤剖面样品采集。

为研究土壤的基本理化性质和污染物在土壤中的垂直分布情况，按土壤类型，选择有代表性的地点采集土壤剖面样品。剖面的规格一般为长 1.5 m，宽 0.8 m，深 1.2 m。

挖掘土壤剖面要使观察面向阳，表土和底土分两侧放置。根据土壤发生层次由下而上采集土样。一般在各层的典型部位采集厚约 10 cm 的土壤，但耕作层必须要全层柱状连续采样，测量重金属的样品尽量用竹片或竹刀去除与金属采样器接触的部分土壤，再用其取样。每层采 1 kg，放入干净的塑料袋内，袋内外均应附有标签，标签上注明采样地点、剖面号码、土层和深度。

（2）耕作土壤混合样品的采集。

如果只是为了评定土壤耕作层肥力或研究污染物在土壤耕作层中的分布情况，一般采用混合土样，即在一采样地块上多点采土，混合均匀后取出一部分，以减少土壤差异，提高土样的代表性。混合样的采集主要有四种方法（见图 10-1）。

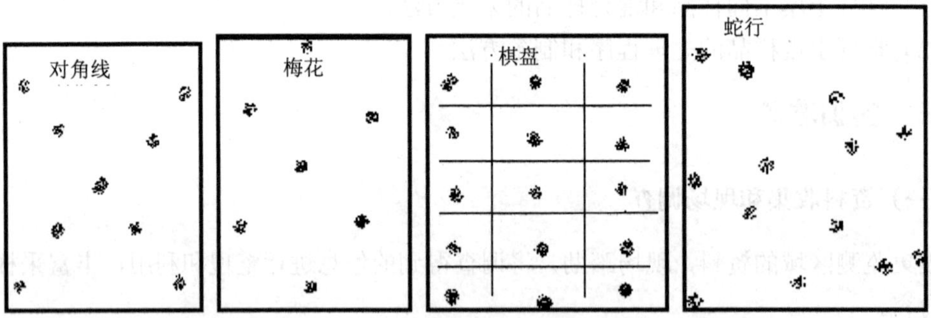

图 10-1 混合土壤采样点布设

① 对角线法：适用于污灌农田土壤，对角线分 5 等份，以等分点为采样分点。

② 梅花点法：适用于面积较小，地势平坦，土壤组成和受污染程度相对比较均匀的地块，设分点 7 个左右。

③ 棋盘式法：适宜中等面积、地势平坦、土壤不够均匀的地块，设分点 15 个左右，受污泥、垃圾等固体废物污染的土壤，设分点应在 20 个以上。

④ 蛇形法：适宜于面积较大、土壤不够均匀且地势不平坦的地块，设分点 13 个左右，多用于农业污染型土壤。

在同一采样单元里地形、土壤、生产条件应基本相同。采样点分布应尽量照顾到土壤的全面情况，不可太集中，应避开沟边、路边、田边和堆积边。在确定的采样点上，先用小土铲去掉表层 3 mm 左右的土壤，然后倾斜向下切取一片片的土壤（见图 10-2），只需取由地面垂直向下 15 cm 左右的耕作层土壤或由地面垂直向下在 15～20 cm 范围内的土样。将各采样点土样集中一起混合均匀，可反复按四分法缩分，最后留下所需的土样量（一般要求 1 kg），装入布袋或塑料袋中，贴上标签，做好记录。

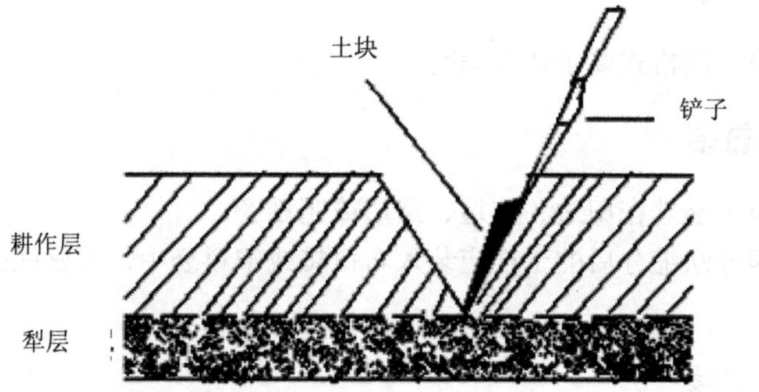

图 10-2 土壤采样图

（3）土壤背景值样品的采集。

采样点选择应包括主要类型土壤，并远离污染源，同一类型土壤应有 3 个以上的采样点。同一采样点并不强调采集多点混合样，而是选取植物发育完好、具代表性的土壤样品。一般监测采集耕作层 20 cm 深度的土样，特殊要求的监测（土壤背景、环评、污染事故等）必要时选择部分采样点采集剖面样品。

3. 土壤样品的制备

土壤样品的制备包括风干、去杂、磨细、过筛、混匀、装瓶保存和登记等操作过程。

（1）风干和去杂。

将新鲜湿土样平铺于干净的塑料薄膜或牛皮纸上，压碎，摊成薄薄的一层，放在室内阴凉通风处自行干燥。切忌阳光直接曝晒、烘烤和酸、碱、蒸汽以及尘埃等污染。样品风干后，应拣出枯枝落叶、植物根、残茬、虫体以及土壤中的铁锰结核、石灰结核或石子等，若石子过多，将其拣出并称重，记下所占的百分数。

（2）磨细、过筛。

取风干土样 100～200 g，放在牛皮纸上，用木棍碾碎，使之全部通过 0.25 mm（60 目）的筛子，留在筛上的土块再倒在牛皮纸上重新碾磨，如此反复多次。将过筛后的土壤样品充分混合均匀后盛于广口瓶中，作为农药六六六测定之用。

测定土壤中金属元素时，应将土壤样品全部通过 0.149 mm 孔径的筛子，供分析用。过筛后的土壤样品混匀后，分别装入广口瓶中。

样品装入广口瓶后，应贴上标签，并注明其样品编号、土类名称、采样地点、采样深度、采样日期、过筛孔径、采集人等。

（二）原始数据记录

按照农田土壤样品的采集原始数据记录表的要求认真填写。

（三）实训室整理

（1）将采样器具清洁干净，物归原处。

（2）清理实训台面和地面，保持实训室干净整洁。

五、实训报告

按照实训报告的格式要求认真编写。

六、实训总结

（1）采样点不能选在田边、沟边、路边或肥堆旁。

（2）经过四分法缩分后的土样应装入布口袋或塑料袋中，写好两张标签，袋内、袋口各一张。

七、实训考核

实训考核评分标准详见农田土壤样品的采集与制备评分表。

表 10-4　农田土壤样品的采集原始数据记录表

<table>
<tr><td colspan="2">采样地点</td><td></td><td>东经</td><td></td><td>北纬</td><td></td></tr>
<tr><td colspan="2">样品编号</td><td></td><td>采样日期</td><td colspan="3"></td></tr>
<tr><td colspan="2">样品类别</td><td></td><td>采样人员</td><td colspan="3"></td></tr>
<tr><td colspan="2">采样层次</td><td></td><td>采样深度</td><td colspan="3"></td></tr>
<tr><td rowspan="3">样品描述</td><td>土壤颜色</td><td></td><td>植物根系</td><td colspan="3"></td></tr>
<tr><td>土壤质地</td><td></td><td>沙砾含量</td><td colspan="3"></td></tr>
<tr><td>土壤湿度</td><td></td><td>其他异物</td><td colspan="3"></td></tr>
<tr><td colspan="2">采样点示意图</td><td></td><td>自下而上
植被描述</td><td colspan="3"></td></tr>
</table>

采样人__________ 记录人__________ 校核人__________

表 10-5　土壤样品标签

<table>
<tr><td>样品编号</td><td colspan="4"></td></tr>
<tr><td>采样地点</td><td></td><td>东经</td><td></td><td>北纬</td></tr>
<tr><td>采样层次</td><td colspan="4"></td></tr>
<tr><td>特征描述</td><td colspan="4"></td></tr>
<tr><td>采样深度</td><td colspan="4"></td></tr>
<tr><td>监测项目</td><td colspan="4"></td></tr>
<tr><td>采样日期</td><td colspan="4"></td></tr>
<tr><td>采样人员</td><td colspan="4"></td></tr>
</table>

填写说明：

（1）植物根系可分为五级：

无根系：在该土层中无任何根系；

少量：在该土层每 50 cm^2 内少于 5 根；

中量：在该土层每 50 cm^2 内有 5～15 根；

多量：该土层每 50 cm^2 内多于 15 根；

根密集：在该土层中根系密集交织。

（2）石砾含量：以石砾量占该土层的体积百分数估计。

（3）土壤质地：分为沙土、壤土（沙壤土、轻壤土、中壤土、重壤土）和黏土，野外估测方法为取小块土壤，加水潮润，然后揉搓，搓成细条并弯成直径为 2.5～3 cm 的土环，据土环表现的性状确定质地。

沙土：不能搓成条；

沙壤土：只能搓成短条；

轻壤土：能搓直径为 3 mm 直径的条，但易断裂；

中壤土：能搓成完整的细条，弯曲时容易断裂；

重壤土：能搓成完整的细条，弯曲成圆圈时容易断裂；

黏土：能搓成完整的细条，能弯曲成圆圈。

（4）土壤颜色：可采用门塞尔比色卡比色，也可按土壤颜色三角表进行描述，如图 10-3 所示。颜色描述可采用双名法，主色在后，副色在前，如黄棕、灰棕等。颜色深浅还可以冠以暗、淡等形容词，如浅棕、暗灰等。

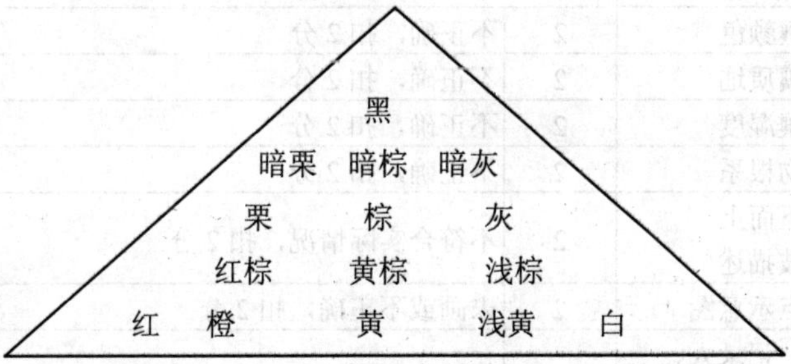

图 10-3 土壤颜色三角表

（5）土壤湿度一般可分为五级：

干：土块放在手中，无潮润感觉；

潮：土块放在手中，有潮润感觉；

湿：手捏土块，在土团上塑有手印；

重潮：手捏土块时，在手指上留有湿印；

极潮：手捏土块时，有水流出。

表 10-6 农田土壤样品的采集与制备评分表

班级________ 学号________ 姓名________ 成绩________

考核日期________ 开始时间 ________结束时间________ 考评员________

序号	考核点	分值	评分标准	扣分	得分
（一）	采样器具准备	9			
1	铁锹或铁铲	3	没有准备的，扣 3 分		
2	样品标签	3	没有准备的，扣 3 分		
3	采样记录表	3	没有准备的，扣 3 分		
（二）	土壤样品采集（以混合样为考核重点）	38			
1	采样方法的选择	5	选择不合理，扣 5 分		
2	采样位置	5	未避开沟边、路边、田边和堆积边，扣 5 分		
3	样品的采集	10	未去掉表层土壤，扣 5 分 采样深度不符合要求，扣 5 分		
4	样品的混合与缩分	18	各采样点土样未混合均匀，扣 5 分 未用四分法缩分，扣 5 分 土样量未满足要求，扣 2 分 土样未装入样品袋，扣 2 分 样品袋内外无标签，扣 4 分		
（三）	采样记录和采样标签	28			
1	铅笔填写	2	使用其他笔，扣 2 分		
2	采样地点	2	不完整，扣 2 分		
3	采样层次	2	不完整，扣 2 分		
4	土壤颜色	2	不正确，扣 2 分		
5	土壤质地	2	不正确，扣 2 分		
6	土壤湿度	2	不正确，扣 2 分		
7	植物根系	2	不正确，扣 2 分		
8	自下而上植被描述	2	不符合实际情况，扣 2 分		
9	采样点示意图	2	未画或不正确，扣 2 分		
10	采样人、记录人、校核人	6	每缺少一项，扣 2 分		
11	原始记录	4	数据未直接填在报告单上、数据不全、有空项，每项扣 1 分，可累计扣分 原始记录中缺少计量单位，每出现一次扣 1 分		
（四）	土壤样品的制备	15	未按规定程序制备土样，扣 5 分 过筛孔径不符合要求，扣 5 分 样品装入广口瓶后，未贴上标签，扣 5 分		
（五）	文明操作	10			
1	实训台面	2	实训过程中台面、地面脏乱，一次性扣 2 分		
2	实训结束仪器物品归位	3	实训结束仪器物品未归位就完成报告，一次性扣 3 分		
3	器具损坏	5	器具损坏，一次性扣 5 分		
合计					

任务三　土壤干物质含量和水分的测定

土壤中各种成分含量是以烘干土为基准表示的，无论采用新鲜土样或风干土样，都需测定土壤的干物质含量。干物质含量指在规定条件下，干残留物的质量百分比。土壤水分含量指在105℃下从土壤中蒸发的水的质量占干物质质量的质量百分比，其测定方法参照《土壤　干物质和水分的测定　重量法》（HJ 613—2011），此方法适用于所有类型土壤中干物质和水分的测定。

一、预习思考

（1）土壤的干物质含量和水分指什么？

（2）在烘干土样时，温度为什么不能超过110℃？

二、实训目的

（1）掌握土壤样品制备的方法。

（2）掌握土壤干物质含量和水分测定的方法。

三、原理

根据土壤样品测定项目的要求，将土样过2 mm样品筛，用四分法制备土样。将土壤样品置在（105±5）℃烘至恒重，以烘干前后的土样质量差值计算干物质和水分的含量，用质量百分比表示。

四、实训准备

（一）样品的采集和保存

按照《土壤环境监测技术规范》（HJ/T 166—2004）的相关规定进行土壤样品的采集和保存。

（二）测定土壤水分的样品准备

1．风干土壤试样

取适量新鲜土壤样品平铺在干净的搪瓷盘或玻璃板上，避免阳光直射，且环境温度不超过40℃，自然风干，去除石块、树枝等杂质，过2 mm样品筛。将大于2 mm的土块粉碎后过2 mm样品筛，混匀，待测。

2．新鲜土壤试样

取适量新鲜土壤样品撒在干净、不吸收水分的玻璃板上，充分混匀，去除直径大于2 mm的石块、树枝等杂质，待测。

测定样品中的微量有机污染物不能去除石块、树枝等杂质，因此，测定其水分含量时不剔除石块、树枝等杂质。

（三）实训仪器的准备

（1）鼓风干燥箱：（105±5）℃。

（2）干燥器：装有无水变色硅胶。

（3）分析天平：精度为 0.01 g。

（4）铝盒：用于烘干风干土壤时容积应为 25～100 mL，用于烘干新鲜潮湿土壤时容积应至少为 100 mL。

（5）样品筛：2 mm。

（6）样品勺、研钵及其他一般实训室常用仪器和设备。

五、实训操作

（一）操作步骤

1．风干土壤试样的测定

取铝盒和盖子于（105±5）℃下烘干 1 h，稍冷，盖好盖子，然后置于干燥器中至少冷却 45 min，测定带盖铝盒的质量 m_0，精确到 0.01 g。用样品勺将制备好的风干土样混匀，取 10～15 g 转移至已称重的铝盒中，均匀平铺，盖上铝盒盖，测定总质量 m_1，精确至 0.01 g。

取下铝盒盖，将铝盒和风干土样一并放入烘箱中，在（105±5）℃下烘干至恒重，同时烘干铝盒盖。盖上容器盖，置于干燥器中至少冷却 45 min，取出后立即测定带盖铝盒和烘干土样的总质量 m_2，精确到 0.01 g。风干土样水分的测定应做两份平行测定。

注：恒重指样品烘干后，再以 4 h 烘干时间间隔对冷却后的样品进行两次连续称重，前后差值不超过最终测定质量的 0.1%，此时的重量即为恒重。一般情况下，大部分土壤的干燥时间为 16～24 h，少数特殊土壤样品和大颗粒土壤样品需要更长时间。

2．新鲜土壤试样

取已制备好的新鲜土样 30～40 g，其他步骤同上。新鲜土样水分的测定应做两份平行测定。采样制备后应尽快分析，以减少其水分的蒸发。

（二）原始数据记录

按照土壤干物质含量和水分测定原始数据记录表的要求认真填写。

（三）实训室整理

（1）测量完毕，将仪器各旋钮复位，关闭电源，拔掉电源插头。

（2）将铝盒清洗干净并放回原处。

（3）清理实训台面和地面，保持实训室干净整洁。

（4）检查实训室用水、用电是否处于安全状态。

六、数据处理

土壤样品中的干物质含量 w_{dm} 和水分含量 w_{H_2O} 分别按照以下公式进行计算。

$$w_{dm}=\frac{m_2-m_0}{m_1-m_0}\times 100 \qquad w_{H_2O}=\frac{m_1-m_2}{m_2-m_0}\times 100$$

式中：w_{dm}—— 土壤样品中的干物质含量，%；

w_{H_2O}—— 土壤样品中的水分含量，%；

m_0—— 铝盒质量，g；

m_1—— 烘干前铝盒及土样的总质量，g；

m_2—— 烘干后铝盒及土样质量，g。

平行测定的结果用算术平均值表示，测定结果精确至 0.1%。

测定风干土样，当干物质含量＞96%，水分含量≤4%时，两次测定结果之差的绝对值应≤0.2%（质量分数）；当干物质含量≤96%，水分含量＞4%时，两次测定结果的相对偏差应≤0.5%。

测定新鲜土样，当水分含量≤30%时，两次测定结果之差的绝对值应≤1.5%（质量分数）；当水分含量＞30%时，两次测定结果的相对偏差应≤5%。

七、实训报告

按照实训报告的格式要求认真编写。

八、实训总结

（1）实训过程中应避免铝盒内土壤细颗粒被气流或风吹出。

（2）一般情况下，在（105±5）℃下有机物的分解可以忽略，但是对于有机质含量＞10%（质量分数）的土壤样品（如泥炭土），应将干燥温度改为 50℃，然后干燥至恒重，必要时，可抽真空，以缩短干燥时间。

（3）应注意一些矿物质（如石膏）在 105℃干燥时会损失结晶水。

（4）如果样品中含有挥发性（有机）物质，本方法不能准确测定其水分含量。

（5）如果待测样品中含有石膏，测定含有石子、树枝等的新鲜潮湿土壤，以及其他影响测定结果的内容，均应在监测报告中注明。

（6）土壤水分含量是基于干物质量计算的，所以其结果可能超过 100%。

九、实训考核

实训考核评分标准详见土壤干物质含量和水分测定评分表。

表 10-7　土壤干物质含量和水分测定原始数据记录表

样品种类________ 分析项目________ 分析方法________

分析日期_____年_____月_____日

编号	铝盒质量 m_0/g	烘干前铝盒及土样的总质量 m_1/g	烘干后铝盒及土样质量 m_2/g	土样中干物质的质量（m_2-m_0）/g	土样质量（m_1-m_0）/g	土样的干物质含量/%	土样中水分的质量（m_1-m_2）/g	土样的含水量/%

分析人________ 记录人________ 校核人________

表 10-8　土壤干物质含量和水分测定操作评分表

班级＿＿＿＿＿＿　学号＿＿＿＿＿＿　姓名＿＿＿＿＿＿＿　成绩＿＿＿＿＿＿＿

考核日期＿＿＿＿＿开始时间　＿＿＿＿＿结束时间　＿＿＿＿＿考评员＿＿＿＿＿＿＿

序号	考核点	分值	评分标准	扣分	得分
（一）	样品的制备	20			
1	去除杂质	5	未去除石块、树枝等杂质，扣 5 分		
2	大块破碎	5	未破碎的，扣 5 分		
3	过筛	10	过 2 mm 筛，不正确，扣 10 分		
（二）	土壤样品的测定	70			
1	称量	20	未检查天平水平，扣 4 分 试样撒落，扣 4 分 读数及记录不正确，扣 4 分 称量时未盖铝盒盖，扣 4 分 未达到恒重要求，扣 4 分		
2	烘干	10	温度设置不正确，扣 5 分 未将铝盒盖揭开的，扣 5 分		
3	冷却	8	未放入干燥器中，扣 4 分 干燥器盖子放置不正确，扣 4 分		
4	原始记录	14	数据未直接填在报告单上、数据不全、有空项，每项扣 1 分，可累计扣分 分析人、记录人、校核人每缺少一项，扣 2 分		
5	测定结果	18	土样的干物质含量计算不正确，扣 3 分 土样的水分含量计算不正确，扣 3 分 有效数字不正确，扣 2 分 平行测定的结果未达到要求，扣 10 分		
（三）	文明操作	10			
1	实训台面	2	实训过程中台面、地面脏乱，一次性扣 2 分		
2	实训结束仪器物品归位	3	实训结束仪器物品未归位就完成报告，一次性扣 3 分		
3	器具损坏	5	器具损坏，一次性扣 5 分		
			合　计		

任务四　土壤 pH 值的测定

土壤 pH 值是土壤酸碱度的强度指标，主要来自土壤中的腐殖质或有机质、基岩、矿物质、可溶性盐类和二氧化碳。土壤 pH 值是土壤的基本性质和肥力的重要影响因素之一。同时在土壤理化分析中，土壤 pH 值与很多项目的分析方法和分析结果有密切关系，因而是进行土壤环境质量评价的重要依据。土壤 pH 值测定方法参照《土壤 pH 值的测定》（NY/T 1377—2007），此方法适用于各类土壤 pH 值的测定。

一、预习思考

（1）如何根据土壤类型选择浸提剂？

（2）如何确定浸提剂与土壤的比例？

（3）影响土壤 pH 值大小的因素有哪些？

二、实训目的

（1）掌握土壤样品制备的方法。

（2）掌握土壤 pH 值测定的方法。

三、原理

土壤 pH 值的测定一般采用无二氧化碳蒸馏水做浸提剂。酸性土壤由于交换性氢离子和铝离子的存在，采用氯化钾溶液作浸提剂；中性和碱性土壤，为了减少盐类差异带来的误差，采用氯化钙溶液做浸提剂。浸提剂与土壤的比例通常为 2.5∶1，盐土采用 5∶1，枯枝落叶层或泥炭层采用 10∶1。浸提液经平衡后，用酸度计测定 pH 值。

当规定的指示电极和参比电极浸入土壤悬浊液时，构成一原电池，其电动势与悬浊液的 pH 值有关，通过测定土壤悬浊液的电动势即可测定土壤的 pH 值。

四、实训准备

（一）样品的采集和保存

按照《土壤环境监测技术规范》（HJ/T 166—2004）的相关规定进行土壤样品的采集和保存。

（二）土壤样品的制备

1. 风干

新鲜样品应进行风干。将样品平铺在干净的纸上，摊成薄层，于室内阴凉通风处风干，切忌阳光直接曝晒。风干过程中应经常翻动样品，加速其干燥。风干场所应防止酸、碱等气体及灰尘的污染。当土样达到半干状态时，应及时将大土块捏碎。亦可在不高于 40℃条件下干燥土样。

2. 磨细和过筛

用四分法分取适量风干样品，剔除土壤以外的侵入体，如动植物残体、砖头、石块等，再用圆木棍将土样碾碎，使样品全部通过 2 mm 孔径的标准筛。过筛后的土样应充分混匀，装入玻璃广口瓶、塑料瓶或洁净的土样袋中，备用。储存期间，试样应尽量避免日光、高温、潮湿、酸碱气体等的影响。

（三）实训仪器和试剂

1. 实训仪器

（1）实训室常用仪器设备。

（2）酸度计：精度高于 0.1 单位，有温度补偿功能。

（3）电极：玻璃电极、饱和甘汞电极或 pH 复合电极。当 pH 值大于 10 时，应使用专用电极。

（4）振荡机或磁力搅拌器。

2．实训试剂

（1）水：pH 值和电导率应符合《分析实验室用水规格和试验方法》（GB/T 6682—2008）规定的至少三级水的要求，并应除去二氧化碳。

无二氧化碳水的制备方法：将水注入烧瓶中（水量不超过烧瓶体积的 2/3），煮沸 10 min，放置冷却，用装有碱石灰干燥管的橡皮塞做瓶塞。如制备 10～20 L 较大体积的不含二氧化碳的水，可插入一玻璃管到容器底部，通氮气到水中 1～2 h，以除去被水吸收的二氧化碳。

（2）0.01 mol/L 氯化钙溶液。

称取 147.02 g 氯化钙（$CaCl_2 \cdot 2H_2O$），用 200 mL 水溶解后，加水稀释至 1 000 mL，即为 1.0 mol/L 氯化钙溶液。吸取 10 mL1.0 mol/L 氯化钙溶液置于 500 mL 烧杯中，加入 400 mL 水，搅匀后用少量氢氧化钙或盐酸调节 pH 值为 6 左右，再加水稀释至 1 000 mL，即为 0.01 mol/L 氯化钙溶液。

（3）1.0 mol/L 氯化钾溶液。称取 74.6 g 氯化钾（KCl），精确至 0.1 g，用 400 mL 水溶解，此溶液 pH 值应在 5.5～6.0，然后加水稀释至 1 000 mL。

（4）pH 标准缓冲溶液。

以下 pH 标准缓冲溶液应用 pH 基准试剂配制。如贮存于密闭的聚乙烯瓶中，则配制好的 pH 标准缓冲溶液至少可稳定一个月。不同温度下各标准缓冲溶液的 pH 值见表 10-9。

表 10-9　不同温度下各标准缓冲溶液的 pH 值

温度/℃	邻苯二甲酸氢钾标准缓冲溶液	混合物磷酸盐标准缓冲溶液	四硼酸钠标准缓冲溶液
10	4.00	6.92	9.33
15	4.00	6.90	9.28
20	4.00	6.88	9.23
25	4.00	6.86	9.18
30	4.01	6.85	9.14

① pH=4.00 酸性缓冲溶液：称取经 110～120℃烘干 2～3 h 的分析纯邻苯二甲酸氢钾 10.21 g，溶于水中，移入 1 L 容量瓶中，用水定容，贮于试剂瓶。

② pH=6.86 中性缓冲溶液：称取经 110～130℃烘干 2～3 h 的分析纯磷酸二氢钾（KH_2PO_4）3.388 g，分析纯磷酸氢二钠（Na_2HPO_4）3.533 g 溶于水中，移入 1 L 容量瓶中，用水定容，贮于试剂瓶。

③ pH=9.18 碱性缓冲溶液：称取经平衡处理的分析纯硼砂（$Na_2B_4O_7 \cdot 10H_2O$）3.800 g 溶于无 CO_2 的水中，移入 1 L 容量瓶中，用水定容，贮于聚乙烯瓶。

五、实训操作

（一）操作步骤

1．土壤溶液的制备

① 一般土壤：称取制备好的风干土样 10.00 g 于 50 mL 高型烧杯中，加 25 mL 去除 CO_2 的水或 25 mL 0.01 mol/L 氯化钙溶液（中性和碱性土壤）。

② 盐土：称取制备好的风干土样 5.00 g 于 50 mL 高型烧杯中，加入 25 mL 去除 CO_2 的水或 25 mL 0.01 mol/L 氯化钙溶液（中性和碱性土壤）。

③ 枯枝落叶层或泥炭层土壤：称取制备好的风干土样 5.00 g 于 50 mL 高型烧杯中，加入 50 mL 去除 CO_2 的水或 50 mL 0.01 mol/L 氯化钙溶液（中性和碱性土壤）。

将容器密封后，用振荡机或磁力搅拌器，剧烈振荡或搅拌 5 min，然后静置 1～2 h。

2. pH 电极校正（以 pHs-3C 型酸度计，pH 复合电极为例）

① 电极插头插入插口，仪器接通电源。

② 仪器选择开关置于 pH 挡，开启电源，仪器预热 20 min，然后进行校正。

③ 将电极头上的保护帽取下，在蒸馏水清洗电极后，用滤纸吸干。

④ 电极校正。

采用二点校正法 —— 用于分析精度要求较高的情况。

① 将仪器“斜率调节器”置于“100%”处。

② 选择两种缓冲溶液，即中性溶液和酸性溶液或中性溶液和碱性溶液。

③ 将电极放入 pH 值为 7 左右的中性缓冲溶液中，调节“温度调节器”，使所指示的温度与该缓冲溶液的温度相同，并摇动缓冲溶液使溶液均匀，读数稳定后，调“定位调节器”使读数为溶液的 pH 值。

④ 将电极清洗后，用滤纸吸干，放入第二种缓冲液中，摇动试杯，待读数稳定后，调“斜率调节器”使读数为该溶液的 pH 值。

⑤ 电极经校正后，在不同的缓冲溶液中应显示溶液温度下对应的 pH 值。

3. 土壤溶液 pH 值的测定

测量土壤溶液的温度，土壤溶液的温度与标准缓冲溶液的温度之差不应超过 1℃。pH 值测量时，应在搅拌的条件下或事前充分摇动土壤溶液后，将清洗干净的电极插入土壤溶液中，待读数稳定后读取 pH 值。

取出电极，以水洗净，用滤纸条吸干水分后即可进行下一次测定。每个样品重复测定 2 次，每测 5～6 个样品后需用标准缓冲溶液检查定位。

（二）原始数据记录

按照土壤 pH 值测定原始数据记录表要求认真填写。

（三）实训室整理

（1）测量完毕，将仪器各旋钮复位，关闭电源，拔下电源插头。

（2）取下电极，用纯水清洗干净并放回原处。

（3）清理实训台面和地面，保持实训室干净整洁。

（4）检查实训室用水、用电是否处于安全状态。

六、数据处理

直接读取 pH 值，结果保留一位小数，并标明浸提剂的种类。样品进行两份平行测定，取其算术平均值。

在重复性条件下获得的两次独立测定结果的绝对差值不大于 0.1。如采用精密酸度计，允许差为 0.02。

七、实训报告

按照实训报告的格式要求认真编写。

八、实训总结

（1）土壤试样不宜磨得过细，以通过 2 mm 筛孔为宜。试样应保存在磨口瓶中，防止空气中氨和其他挥发性气体的影响。

（2）蒸馏水中 CO_2 会使测得的土壤 pH 值偏低，故应尽量除去，以避免其干扰。

九、实训考核

实训考核评分标准详见土壤 pH 值测定评分表。

表 10-10　土壤 pH 值测定原始数据记录表

样品种类＿＿＿＿＿＿　分析项目＿＿＿＿＿＿　分析方法＿＿＿＿＿＿

分析日期＿＿＿＿年＿＿＿月＿＿＿日

编号	土样类型	风干土样质量/g	浸提剂与土壤的比例	浸提剂的名称	浸提剂的体积/mL	标准缓冲溶液的温度/℃	土壤溶液的温度/℃	土壤的 pH 值

分析人＿＿＿＿＿＿　记录人＿＿＿＿＿＿　校核人＿＿＿＿＿＿

表 10-11　土壤 pH 值测定的操作评分表

班级＿＿＿＿＿＿　学号＿＿＿＿＿＿　姓名＿＿＿＿＿＿　成绩＿＿＿＿＿＿

考核日期＿＿＿＿＿开始时间＿＿＿＿＿结束时间＿＿＿＿＿考评员＿＿＿＿＿＿

序号	考核点	分值	评分标准	扣分	得分
（一）	样品的制备	20			
1	去除杂质	5	未去除石块、树枝等杂质，扣 5 分		
2	大块破碎	5	未破碎的，扣 5 分		
3	过筛	10	过 2 mm 筛，不正确扣 10 分		

序号	考核点	分值	评分标准	扣分	得分
（二）	土壤 pH 值的测定	70			
1	称量	6	未检查天平水平，扣 2 分 试样撒落，扣 2 分 读数及记录不正确，扣 2 分		
2	土壤溶液的制备	15	浸提剂选择不正确，扣 4 分 浸提剂加入量不正确，扣 4 分 充分搅拌前容器未密封，扣 2 分 振荡或搅拌时间不够，扣 3 分 振荡或搅拌后未静置，扣 2 分		
3	pH 电极校正	8	仪器未预热 20 min 以上，扣 2 分 未测定标准缓冲溶液的温度，扣 3 分 校正方法不正确，扣 3 分		
4	土壤溶液 pH 值的测定	17	未测定土壤溶液的温度，扣 3 分 测定前溶液未混匀，扣 4 分 读数未稳定即记录，扣 4 分 测第二个样品前，未清洗电极，扣 4 分		
5	原始记录	12	数据未直接填在报告单上、数据不全、有空项，每项扣 1 分，可累计扣分 分析人、记录人、校核人每缺少一项，扣 2 分		
6	测定结果	12	有效数字不正确，扣 2 分 平行测定的相差超过±0.1pH 单位，扣 10 分		
（三）	文明操作	10			
1	实训台面	2	实训过程中台面、地面脏乱，一次性扣 2 分		
2	实训结束仪器物品归位	3	实训结束仪器物品未归位就完成报告，扣 3 分		
3	器具损坏	5	器具损坏，一次性扣 5 分		
合　计					

任务五　土壤中铜、锌的测定

铜和锌均是作物生长发育必需的营养元素，也是人体糖代谢过程中必需的微量元素。但铜和锌过量时又都是有害的，铜过量达 100 mg，就会刺激消化系统，引起腹痛，呕吐，长期过量可促使肝硬化。锌过量时会引起发育不良，新陈代谢失调，腹泻等症状。一般来说，锌的毒性较铜弱。土壤中的铜、锌污染主要是由冶炼厂、矿产开采以及电镀工业的“三废”排放。

测定土壤中铜、锌含量的标准分析方法是《土壤质量　铜、锌的测定　火焰原子吸收分光光度法》（GB/T 17138—1997）。

一、预习思考

（1）原子吸收分光光度法测定铜、锌含量时，所用光源是否相同？

（2）配制铜、锌混合标准使用液时，所用溶剂是什么？

（3）硝酸镧在测定中的主要作用是什么？

二、实训目的

（1）了解原子吸收分光光度法的原理。

（2）掌握土壤样品的消解方法。

（3）掌握原子吸收分光光度法测定土壤中铜、锌含量的原理和步骤。

三、原理

采用盐酸—硝酸—氢氟酸—高氯酸全消解的方法，彻底破坏土壤的矿物晶格，使试样中的待测元素全部进入试液。然后，将土壤消解液喷入空气-乙炔火焰中，在火焰的高温下，铜、锌化合物离解为基态原子，该基态原子蒸汽对相应的空心阴极灯发射的特征谱线产生选择性吸收。在选择的最佳测定条件下，测定铜、锌的吸光度。

四、实训准备

（一）样品准备

将采集的土壤样品（一般不少于 500 g）混匀后，用四分法缩分至约 100 g。缩分后的土样经风干（自然风干或冷冻干燥）后，除去土样中石子和动植物残体等异物，用木棒（或玛瑙棒）研压，通过 2 mm 尼龙筛（除去 2 mm 以上的沙砾），混匀。用玛瑙研钵将通过 2 mm 尼龙筛的土样研磨至全部通过 100 目（孔径 0.149 mm）尼龙筛，混匀后备用。

（二）实训仪器

原子吸收分光光度计（带有背景扣除装置）、铜空心阴极灯、锌空心阴极灯、乙炔钢瓶、空气压缩机（应备有除水、除油和除尘装置）等。

不同型号仪器的最佳测试条件不同，可根据仪器使用说明书自行选择。通常采用表 10-12 中的测量条件。

表 10-12　仪器测量条件

元素	铜	锌
测定波长/nm	324.8	213.8
通带宽度/nm	1.3	1.3
灯电流/mA	7.5	7.5
火焰性质	氧化性	氧化性
其他可测定波长/nm	327.4，225.8	307.6

（三）实训试剂

（1）盐酸（HCl），ρ=1.19 g/mL，优级纯。

（2）硝酸（HNO_3），ρ=1.42 g/mL，优级纯。

（3）（1∶1）硝酸溶液。

（4）硝酸溶液，体积分数为 0.2%。

（5）氢氟酸（HF），ρ=1.49 g/mL。

（6）高氯酸（$HClO_4$），ρ=1.68 g/mL，优级纯。

（7）硝酸镧[$La(NO_3)_3 \cdot 6H_2O$]水溶液，质量分数为 5%。

（8）铜标准储备液，1.000 mg/mL：准确称取 1.000 0 g（精确至 0.000 2 g）光谱纯金属铜于 50 mL 烧杯中，加入 20 mL（1∶1）硝酸溶液，微热溶解。冷却后转移至 1 000 mL 容量瓶中，用水定容至标线，摇匀。

（9）锌标准储备液，1.000 mg/mL：准确称取 1.000 0 g（精确至 0.000 2 g）光谱纯金属锌粒于 50 mL 烧杯中，加入 20 mL（1∶1）硝酸溶液，微热溶解。冷却后转移至 1 000 mL 容量瓶中，用水定容至标线，摇匀。

（10）铜、锌混合标准使用液，铜 20.0 μg/L、锌 10.0 μg/L：临用前将铅、锌标准储备液，用 0.2%硝酸溶液经逐级稀释配制。

五、实训操作

（一）操作步骤

1．样品的硝化

准确称取通过 0.149 mm 孔径尼龙筛的风干土样 0.2～0.5 g（精确至 0.000 2 g）于 50 mL 聚四氟乙烯坩埚中，用几滴水润湿后，加入 10 mL HCl，于通风橱内的电热板上低温加热，使样品初步分解，蒸发至约 3 mL 时，取下冷却，然后加入 5 mL HNO_3，5 mL HF，3 mL $HClO_4$，加盖后于电热板上中温加热 1 h 左右，然后开盖，继续加热除硅，为了达到良好的除硅效果，应经常摇动坩埚。当加热至冒浓厚高氯酸白烟时，加盖，使黑色有机碳化物充分分解。待坩埚上的黑色有机物消失后，开盖驱赶白烟并蒸至内容物呈黏稠状，视消解情况，可再加入 3 mL HNO_3，3 mL HF，1 mL $HClO_4$，重复上述消解过程。当白烟再次基本冒尽且内容物呈黏稠状，取下冷却，用水冲洗坩埚盖和内壁，并加入 1 mL（1∶1）硝酸溶液，温热溶解残渣，然后将溶液转移至 50 mL 容量瓶中，加入 5 mL 硝酸镧溶液，冷却后，定容，摇匀待测。

2．标准曲线的绘制

准确移取铜、锌混合标准使用液 0.00 mL、0.50 mL、1.00 mL、2.00 mL、3.00 mL、5.00 mL 于 50 mL 容量瓶中，加入 5 mL 硝酸镧溶液，用 0.2%硝酸溶液定容。该标准溶液含铜 0 mg/L、0.20 mg/L、0.40 mg/L、0.80 mg/L、1.20 mg/L、2.00 mg/L，含锌 0、0.10 mg/L、0.20 mg/L、0.40 mg/L、0.60 mg/L、1.00 mg/L，在上述选定的火焰原子吸收测量条件下，用 0.2%硝酸溶液调零后，按由低到高浓度顺序分别测定不同标准系列溶液的吸光度。

用减去空白的吸光度与相对应的元素含量（mg/L），分别绘制铜、锌的标准曲线。

3．空白试验

用去离子水代替试样，采用和样品硝化相同的步骤和试剂，制备全程序空白溶液。每批样品至少制备 2 个以上的空白溶液。

4．样品和空白的测定

在标准溶液测量的同时，测定空白和试样的吸光度。根据扣除空白后，试样的吸光度，从标准曲线查出试样中铜、锌的含量。

（二）原始数据记录

按照土壤中铜、锌测定的原始数据记录表的要求认真填写。

（三）实训室整理

（1）测定结束后，先关闭乙炔钢瓶压力阀，再关闭空压机。

（2）将原子吸收分光光度计各开关旋钮置于初始位置。

（3）关闭仪器电源开关，拔掉电源插头。

（4）清理实训台面和地面，保持实训室干净整洁。

（5）检查实训室用水、用电是否处于安全状态。

六、数据处理

土壤样品中铜、锌的含量 W（mg/kg），按下式计算：

$$W=\frac{\rho\times V}{m\times w_{dm}}$$

式中：W—— 土壤样品中铜、锌的含量，mg/kg；

ρ—— 试液的吸光度减去空白试验的吸光度，然后在标准曲线上查得铜、锌的含量，mg/L；

V—— 试液定容的体积，mL；

m—— 风干土样的重量，g；

w_{dm}—— 风干土样中的干物质含量，%。

七、实训报告

按照实训报告的格式要求认真编写。

八、实训总结

（1）方法的最低检出限（按称取 0.5 g 试样消解定容至 50 mL 计算），锌为 0.5 mg/kg，铜为 1 mg/kg。

（2）细心控制硝化温度，升温过快反应物易溢出或炭化。

（3）土壤硝化物若不呈灰白色，应补加少量高氯酸，继续硝化。由于高氯酸对空白影响大，要控制用量。

（4）高氯酸具有氧化性，应待土壤里大部分有机质硝化完反应物，冷却后再加入，或者在常温下，有大量硝酸存在下加入，否则会使杯中样品溅出或爆炸，使用时务必小心。

（5）当土壤消解液中铁含量大于 100 mg/L 时，抑制锌的吸收，加入硝酸镧可消除共存分成的干扰。

九、实训考核

实训考核评分标准详见土壤中铜、锌测定的操作评分表。

表 10-13　土壤中铜、锌测定原始数据记录表

样品种类________________ 分析项目__________________ 分析方法____________________

分析日期______年______月______日

<table>
<tr><td rowspan="4">铜标线</td><td colspan="2">标准管号</td><td>0</td><td>1</td><td>2</td><td>3</td><td>4</td><td>5</td><td>6</td><td>7</td><td rowspan="7">标准溶液名称及浓度：
____
铜标准曲线方程及相关系数：
____
r=__________
锌标准曲线方程及相关系数：
____
r=__________</td></tr>
<tr><td colspan="2">浓度/(μg/mL)</td><td></td><td></td><td></td><td></td><td></td><td></td><td></td><td></td></tr>
<tr><td colspan="2">A</td><td></td><td></td><td></td><td></td><td></td><td></td><td></td><td></td></tr>
<tr><td colspan="2">$A-A_0$</td><td></td><td></td><td></td><td></td><td></td><td></td><td></td><td></td></tr>
<tr><td rowspan="3">锌标线</td><td colspan="2">浓度/(μg/mL)</td><td></td><td></td><td></td><td></td><td></td><td></td><td></td><td></td></tr>
<tr><td colspan="2">A</td><td></td><td></td><td></td><td></td><td></td><td></td><td></td><td></td></tr>
<tr><td colspan="2">$A-A_0$</td><td></td><td></td><td></td><td></td><td></td><td></td><td></td><td></td></tr>
<tr><td rowspan="7">样品测定</td><td>样品编号</td><td>土样的重量/g</td><td>土样干物质含量/%</td><td>试液定容体积/mL</td><td>测定项目</td><td>空白吸光度</td><td>样品吸光度</td><td>校正吸光度</td><td>方程计算浓度/(μg/mL)</td><td>铜/锌含量/(mg/kg)</td><td rowspan="7">计算公式：
____
相对标准偏差/%
铜的测定：
锌的测定：</td></tr>
<tr><td rowspan="2">1</td><td rowspan="2"></td><td rowspan="2"></td><td rowspan="2"></td><td>铜</td><td rowspan="2"></td><td></td><td></td><td></td><td></td></tr>
<tr><td>锌</td><td></td><td></td><td></td><td></td></tr>
<tr><td rowspan="2">2</td><td rowspan="2"></td><td rowspan="2"></td><td rowspan="2"></td><td>铜</td><td rowspan="2"></td><td></td><td></td><td></td><td></td></tr>
<tr><td>锌</td><td></td><td></td><td></td><td></td></tr>
<tr><td rowspan="2">3</td><td rowspan="2"></td><td rowspan="2"></td><td rowspan="2"></td><td>铜</td><td rowspan="2"></td><td></td><td></td><td></td><td></td></tr>
<tr><td>锌</td><td></td><td></td><td></td><td></td></tr>
</table>

分析人____________________ 记录人______________ 校核人________________

表 10-14　土壤中铜、锌测定的操作评分表

班级__________ 学号__________ 姓名__________ 成绩__________

考核日期________开始时间________ 结束时间________考评员__________

序号	考核要点	分值	评分标准	扣分	得分
（一）	仪器准备	5			
1	玻璃仪器洗涤	2	玻璃仪器洗涤干净后内壁应不挂水珠，否则一次性扣 2 分		
2	原子吸收分光光度计预热	3	仪器未进行预热或预热时间不够，扣 3 分		
（二）	标准系列的配制	15			

序号	考核要点	分值	评分标准	扣分	得分
1	标准系列的配制	5	每个点取液应从零分度开始，出现不正确项 1 次扣 0.5 分，但不超过该项总分 4 分（工作液可放回剩余溶液中再取液，辅助试剂可在移液管吸干后从原试剂中取液） 只选用一支吸量管移取标液，不符合扣 1 分		
2	溶液配制过程中的有关操作	10	标准液或其他溶液使用前未摇匀的，扣 1 分 移液管未润洗或润洗方法不正确，扣 1 分 移液管插入溶液前或调节液面前未处理管尖溶液的，扣 1 分 移液管管尖触底，扣 1 分 移液出现吸空现象，扣 1 分 移液管放液不规范，扣 1 分 洗瓶管尖接触容器，扣 1 分 容量瓶加水至近标线未等待，扣 1 分 容量瓶未充分混匀或中间未开塞，扣 1 分 持瓶方式不正确，扣 1 分		
（三）	原子吸收分光光度计的使用	36			
1	测定前的准备	18	开机顺序不正确，扣 2 分 空心阴极灯的选择不正确，扣 2 分 分析线波长的选择不正确，扣 2 分 灯电流的选择不符合要求，扣 2 分 空气流量的选择不正确，扣 2 分 乙炔流量的选择不正确，扣 2 分 夹缝宽度的选择不正确，扣 2 分 燃烧器高度的选择不正确，扣 2 分 燃助比的选择不正确，扣 2 分		
2	测定操作	10	试样的采取，不正确扣 3 分 没有用去离子水调节吸光度，扣 3 分 吸光度的读数不正确，扣 4 分		
3	测定后的处理	8	测定完毕后没有用去离子水喷雾，扣 2 分 测定后玻璃器皿没有清洗或没有清洗干净，扣 2 分 测定完毕后关机的顺序不正确，扣 2 分 未关闭仪器电源，扣 2 分		
（四）	数据记录和结果计算	36			
1	标准曲线取点	1	取点不少于 7 个（含试剂空白），不符合扣 1 分		
2	标准曲线的绘制	4	绘制方法错误，扣 0.5 分 坐标比例不当，扣 0.5 分 坐标有效数字不对，扣 0.5 分 缺少曲线名称、坐标、单位、回归方程、相关系数，每一项扣 0.5 分（请在扣分项上打 √）		

序号	考核要点	分值	评分标准	扣分	得分
3	原始记录	6	数据未直接填在报告单上、数据不全、有空项，每项扣 1 分，可累计扣分 原始记录中缺少计量单位，每出现一次扣 1 分 没有进行仪器使用登记，扣 2 分		
4	回归方程的计算	4	没有算出回归方程式或计算错误的，扣 3 分 相关系数的有效数字不规范，扣 0.5 分 回归方程式的斜率和截距未保留 3 位有效数字，扣 0.5 分		
5	标准曲线线性	10	$r \geqslant 0.9999$，不扣分 $r=0.9991 \sim 0.9998$，扣 8～1 分 $r<0.999$，不得分		
6	测定结果	11	有效数字不正确，扣 1 分 结果计算错误，扣 5 分 平行测定的相对标准偏差超出要求，扣 5 分		
（五）	文明操作	8			
1	实训过程中的台面	2	实训过程中台面、地面脏乱，一次性扣 2 分		
2	实训后台面	2	实训后台面未清理，扣 2 分		
3	实训结束清洗仪器、试剂物品归位	2	实训结束未清洗仪器或试剂物品未归位，扣 2 分		
4	仪器损坏	2	仪器损坏，一次性扣 2 分		
合　计					

任务六　土壤中六六六和滴滴涕的测定

六六六、滴滴涕及其异构体或代谢物因杀虫效力强，曾经作为农药大量使用，但是其物理化学性质稳定，难以降解，易在环境中累积，对土壤环境和人体健康具有潜在危险，属于持久性有机污染物。土壤中的有机氯农药残留对陆地生物有直接危害，也可通过地表径流释放到水体，影响水生生物，并通过农产品食物链的生物富集和扩大效应对人体造成间接危害。因此，对于土壤中痕量六六六、滴滴涕的残留检测就显得尤为重要。

测定土壤中六六六和滴滴涕的标准分析方法为《土壤质量　六六六和滴滴涕的测定　气相色谱法》（GB/T 14550—1993）。

一、预习思考

（1）为何采用丙酮-石油醚进行有机氯农药的提取？

（2）在纯化过程中，浓硫酸主要去除哪些干扰物质？

（3）用浓硫酸纯化时，不分层的原因是什么？如何解决？

二、实训目的

（1）了解从土壤样品中提取有机氯农药的方法。

（2）掌握外标法测定土壤中六六六、滴滴涕的原理和步骤。

（3）了解气相色谱仪的结构及操作技术。

三、原理

本方法采用丙酮-石油醚提取，以浓硫酸净化，用带电子捕获检测器的气相色谱仪测定。根据色谱峰进行两种物质异构体的定性分析；根据峰高（或峰面积）进行各组分的定量分析。样品中的有机磷农药、不饱和烃以及邻苯二甲酸酯等有机化合物在电子捕获鉴定器上也有响应。

四、实训准备

（一）样品的采集和保存

1．样品的采集

根据不同的分析目的采集土壤样品，风干去杂物，研碎过 60 目筛，充分混匀，取 500 g 装入样品瓶备用。

2．样品的保存

土壤样品采集后应尽快分析，如暂不分析应保存在－18℃冷冻箱中。

（二）实训仪器

（1）附有电子捕获检测器的气相色谱仪。

（2）水分快速测定仪。

（3）50 mL 脂肪提取器。

（4）5 μL、10 μL 微量注射器。

（5）蒸发浓缩器。

（6）水浴锅。

（7）其他常规实训室仪器、用具。

（三）实训试剂

（1）石油醚：沸程为 60～90℃，重蒸馏，色谱进样无干扰峰。

（2）丙酮：重蒸馏，色谱进样无干扰峰。

（3）无水硫酸钠：300℃烘 4 h，放入干燥器中备用。

（4）无水硫酸钠：2%。

（5）硫酸钠溶液：20 g/L。

（6）浓硫酸：密度为 1.84 g/mL。

（7）硅藻土：30～80 目。

（8）色谱标准样品。

① 标准样品的制备：准确称取一定量的色谱纯标准样品（α-六六六、β-六六六、γ-六六六、δ-六六六、*p*,*p*′-DDE、*o*,*p*′-DDT、*p*,*p*′-DDD、*p*,*p*′-DDT，含量 98%～99%）每种 100 mg，溶于异辛烷（β-六六六先用少量苯溶解），在容量瓶中定容 100 mL，在 4℃下贮存。

② 中间溶液：用移液管量取八种储备液，移至 100 mL 容量瓶中，用异辛烷稀释至刻度。八种储备液取的体积比为：$V_{\alpha\text{-六六六}}$: $V_{\gamma\text{-六六六}}$: $V_{\beta\text{-六六六}}$: $V_{\delta\text{-六六六}}$: $V_{p,p'\text{-DDE}}$: $V_{o,p'\text{-DDT}}$: $V_{p,p'\text{-DDD}}$: $V_{p,p'\text{-DDT}}$＝1 : 1 : 3.5 : 1 : 3.5 : 5 : 3 : 8。

③ 标准工作液的配制：根据检测器的灵敏度及线性要求，用石油醚稀释中间溶液，配制成几种浓度的标准工作液，在 4℃下贮存。

（9）载气：纯度 99.99%氮气，经去氧管过滤，其中氧的含量小于 5×10^{-6}，氢的含量小于 1.0×10^{-6}。

五、实训操作

（一）操作步骤

1．样品的预处理

（1）提取。

称取经风干过 60 目筛的土壤 20.00 g（另取 10.00 g 测定干物质含量，方法见项目十任务四）置于小烧杯中，加蒸馏水 2 mL，硅藻土 4 g，充分混匀，无损地移入滤纸筒内，上部盖一片滤纸，将滤纸筒装入索氏提取器中，加入 100 mL（1 : 1）石油醚-丙酮浸泡土样 12 h 后，在 75～95℃恒温水浴上加热提取 4 h，待冷却后，将提取液移入 300 mL 的分液漏斗中，用 10 mL 石油醚分三次冲洗提取器及烧瓶，将洗液并入分液漏斗中，加入 100 mL 硫酸钠溶液，振摇 1 min，静止分层后，弃去下层丙酮水溶液，留下石油醚提取液待净化。

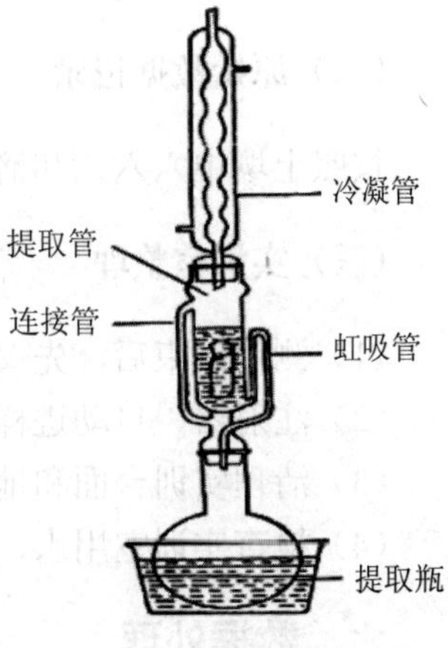

图 10-4　索氏脂肪提取器

（2）纯化。

在盛有石油醚提取液的分液漏斗中，加入 6 mL 浓硫酸，开始轻轻振摇，并不断将分液漏斗中因受热释放的气体放出，以防压力太大引起爆炸，然后剧烈振摇 1 min。静止分层后弃去下部硫酸层。用硫酸纯化数次，视提取液中杂质多少而定，一般 1～3 次，直至加入的石油醚提取液二相界面清晰呈无色透明时止。然后向弃去硫酸层的石油醚提取液中加入 15 mL 硫酸钠溶液。振摇十余次。待其静置分层后弃去水层。如此重复至提取液呈中性时止（一般 2～4 次），上层石油醚提取液通过铺有 1 cm 厚的无水硫酸钠层的漏斗（漏斗下部用脱脂棉支撑无水硫酸钠），脱水后的石油醚提取液收集于 50 mL 容量瓶中，无水硫酸钠层用少量石油醚洗涤 2～3 次。洗涤液也收集于上述容量瓶中，加石油醚稀释至刻度，供色谱测定（如浓度过低可进行浓缩）。

2．气相色谱测定

（1）色谱分析条件。

检测器：电子捕获检测器。

色谱柱：DH-5 毛细管柱，长 30 cm。

柱箱温度：初始温度为 60℃，以 20℃/min 升温速率升至 180℃，再以 10 ℃/min 升温速率升至240℃。

汽化室温度：250℃。

检测器温度：300℃。

载气：氮气。

流速：根据仪器的情况选用。

（2）样品分析。

仪器稳定后，开始样品分析（一个样品连续注射进样两次，其峰高相对偏差不大于7%，即认为仪器处于稳定状态）。

手动进样：用清洁注射器在待测样品中抽吸几次，排除所有气泡后，抽取所需进样体积，迅速注射入色谱仪中，立即拔出注射器并启动程序升温。

自动进样器进样：将装有试样的自动进样瓶依序放入自动进样器中，仪器稳定后即自动进入进样程序和升温程序。

使用标准样品进行周期性的重复校准，仪器的稳定性决定周期长短。若仪器稳定，可测定4～5个试样校准一次。标准样品与试样尽可能同时进样分析，进样体积要相同。

（二）原始数据记录

按照土壤中六六六和滴滴涕的测定原始数据记录表的格式要求认真填写。

（三）实训室整理

（1）测定结束后，先关电，待检测器温度降至120℃以下时，再关闭载气。

（2）注射器、自动进样瓶等器皿清洗干净，物归原处。

（3）清理实训台面和地面，保持实训室干净整洁。

（4）检查实训室用水、用电是否处于安全状态。

六、数据处理

1. 定性分析

根据标准色谱图各组分的保留时间来确定被测试样中出现的组分数目和组分名称。如图10-5组分的出峰次序是：α-六六六、γ-六六六、β-六六六、δ-六六六、*p,p′*-DDE、*o,p′*-DDT、*p,p′*-DDD、*p,p′*-DDT。

2. 定量分析

（1）色谱峰的测量。

以峰的起点和终点的连线作为峰底，以峰高极大值对时间轴作垂线，对应的时间即为保留时间，此线从峰顶至峰底间的线段即为峰高。

（2）计算。

$$R_i = \frac{h_i \times m_{is} \times V}{h_{is} \times V_i \times G \times w_{\mathrm{dm}}}$$

式中：R_i—— 样品中i组分农药的含量，mg/kg；

h_i—— 样品中i组分农药的峰高，cm（或峰面积cm^2）；

m_{is}—— 标样中 i 组分农药的绝对量，ng；

V—— 样品定容体积，mL；

h_{is}—— 标样中 i 组分农药的峰高，cm（或峰面积 cm^2）；

V_i—— 样品的进样量，μL；

G—— 风干土样的重量，g；

w_{dm}—— 风干土样中的干物质含量，%。

所有计算结果保留两位有效数字。

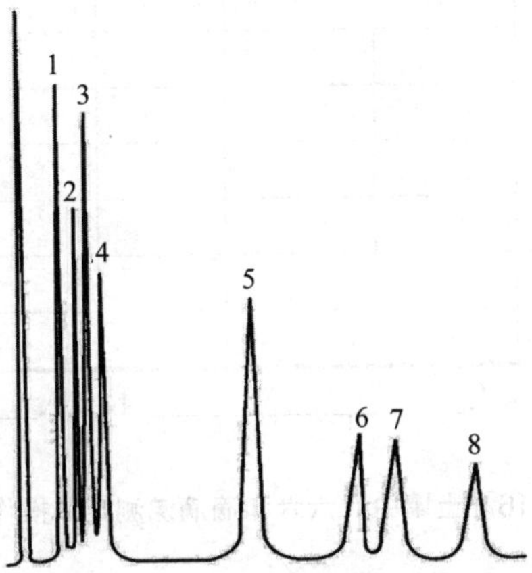

图 10-5　六六六、滴滴涕气相色谱图

1— α-六六六；2— γ-六六六；3— β-六六六；4— δ-六六六；5— *p,p′*-DDE；
6— *o,p′*-DDT；7— *p,p′*-DDD；8— *p,p′*-DDT

七、实训报告

按照实训报告的格式要求认真编写。

八、实训总结

（1）本方法的最低检测浓度为 0.000 05～0.004 87 mg/kg。

（2）进样量要准确，进样动作要迅速。每次进样后，为避免样品互相干扰影响测定结果，注射器一定要用石油醚洗净，再用样品润洗。

（3）纯化时若出现乳化现象，可用过滤、离心或反复滴液的方法解决。

（4）如果土样中农药残留量极低，则纯化后的石油醚提取液可用 K-D 浓缩器进行浓缩。

（5）石油醚易挥发起火，室内不能有明火，提取操作要在通风橱内进行。

九、实训考核

实训考核评分标准详见土壤中六六六和滴滴涕测定评分表。

表 10-15 土壤中六六六和滴滴涕测定原始数据记录表

样品种类________ 分析项目____________ 分析方法__________分析日期______年___月___日

	组分	α-六六六	β-六六六	γ-六六六	δ-六六六	*p,p'*-DDE	*o,p'*-DDT	*p,p'*-DDD	*p,p'*-DDT
定性分析	标样保留时间/min								
	样品保留时间/min								
	结论								
定量分析	标样中的量/ng								
	标样中的峰高/cm								
	样品中的峰高/cm								
	样品定容体积/mL								
	样品的进样量/ μL								
	风干土样的重量/g								
	土样的干物质含量/%								
	各组分的含量/（mg/kg）								

分析人____________________ 记录人____________________ 校核人____________________

表 10-16 土壤中六六六和滴滴涕测定的操作评分表

班级____________ 学号____________ 姓名______________ 成绩______________

考核日期________ 开始时间____________ 结束时间____________ 考评员______________

序号	考核要点	分值	评分标准	扣分	得分
（一）	仪器准备	7			
1	玻璃仪器洗涤	2	玻璃仪器洗涤干净后内壁应不挂水珠，否则一次性扣 2 分		
2	气路的安装检查与检漏	5	未检查钢瓶与减压阀的连接，扣 1 分 未检查减压阀与气体管道的连接，扣 1 分 未检查气体管道与净化器的连接，扣 1 分 未检查净化器与气相色谱仪的连接，扣 1 分 未进行气路检漏，扣 1 分		
（二）	标准工作液的配制	10	标准液使用前未摇匀的，扣 1 分 移液管未润洗或润洗方法不正确，扣 1 分 移液管插入溶液前或调节液面前未处理管尖溶液的，扣 1 分 移液管管尖触底，扣 1 分 移液出现吸空现象，扣 1 分 移液管放液不规范，扣 1 分 洗瓶管尖接触容器，扣 1 分 容量瓶加水至近标线未等待，扣 1 分 容量瓶未充分混匀或中间未开塞，扣 1 分 持瓶方式不正确，扣 1 分		

序号	考核要点	分值	评分标准	扣分	得分
（三）	样品的预处理	31			
1	样品的称量	6	未检查天平水平扣2分 试样撒落，扣2分 读数及记录不正确，扣2分		
2	索氏提取器的使用	8	索氏提取器安装不正确，扣1分 样品未充分混匀，扣1分 样品移入滤纸筒时有撒落，扣1分 滤纸筒破损，扣1分 石油醚-丙酮提取液配比不对，扣1分 水浴温度设置不对，扣1分 提取后未将提取液移入分液漏斗，扣1分 未用石油醚冲洗提取器及烧瓶，扣1分		
3	萃取操作	5	分液漏斗活塞涂凡士林，扣1分 分液漏斗的拿取方法不正确，扣1分 振摇过程中未开启活塞排气，扣1分 未待静止分层即放液，扣1分 放液时分液漏斗颈未紧靠烧杯内壁，扣1分		
4	样品溶液的纯化	12	浓硫酸净化结束时，石油醚提取液二相界面未达到清晰且呈无色透明的状态，扣3分 加硫酸钠溶液除酸后，未检查提取液是否为中性，扣3分 石油醚提取液未脱水，扣3分 石油醚提取液未定容，扣3分		
（四）	气相色谱仪的使用	30			
1	气体的打开与设置	8	气体钢瓶总阀和减压阀操作不正确，扣2分 气体钢瓶输出压力设置不正确，扣2分 载气流量的设置不正确，扣2分 先开仪器电源开关与加热开关，后开载气，扣2分		
2	色谱分析条件设定	6	柱箱温度不正确，扣2分 汽化室温度不正确，扣2分 检测器温度不正确，扣2分		
3	进样操作	12	微量注射器未用溶剂清洗，扣3分 微量注射器未用待测溶液润洗，扣3分 进样前，注射器内的气泡未排除，扣3分 进样不规范，扣3分		
4	测定后的处理	4	测定完毕后关机的顺序不正确，扣2分 未关闭仪器电源，扣2分		
（五）	数据记录和结果计算	14			
1	原始记录	8	数据未直接填在报告单上、数据不全、有空项，每项扣1分，可累计扣分 分析人、记录人、校核人每缺少一项，扣2分		
2	测定结果	6	有效数字不正确，扣1分 结果计算错误，扣5分		
（六）	文明操作	8			

序号	考核要点	分值	评分标准	扣分	得分
1	实训过程中的台面	2	实训过程中台面、地面脏乱，一次性扣 2 分		
2	实训后台面	2	实训后台面未清理，扣 2 分		
3	实训结束清洗仪器、试剂物品归位	2	实训结束未清洗仪器或试剂物品未归位，扣 2 分		
4	仪器损坏	2	仪器损坏，一次性扣 2 分		
合　计					

任务七　工业铬渣中六价铬的测定

铬渣是指化工行业在生产金属铬、铬盐等的过程中排出的固体废弃物，铬渣中含有大量的钙镁化合物而呈碱性，其组成随原料产地和生产配方的不同而有所改变。我国铬盐生产产生的铬渣中总铬含量为 1.72%～6.69%，六价铬含量为 3.15%～5.66%（均以 Cr_2O_3 计）。六价铬以阴离子形态存在于铬渣中，易溶于水，具有强氧化性，易被人体吸收，对人体的消化道、呼吸道、皮肤和鼻黏膜都有危害，甚至可以引发皮肤癌、咽喉癌、肺癌等疾病。因此，铬渣是公认的危险固体废物之一，铬渣污染场地对人类健康及环境安全构成了严重威胁。

工业铬渣样品前处理方法参照《危险废物鉴别标准　浸出毒性鉴别》（GB 5085.3—2007）中“附录 T 固体废物　六价铬分析的样品前处理　碱消解法”。

工业铬渣中六价铬测定的标准分析方法参照《固体废物　六价铬的测定　二苯碳酰二肼分光光度法》（GB/T 15555.4—1995）。

一、预习思考

（1）为何采用碱熔融法制备六价铬分析的样品溶液？

（2）使用二苯碳酰二肼显色剂时，应注意哪些问题？

（3）如何根据工业铬渣中六价铬的含量高低调整测定方法？

二、实训目的

（1）掌握碱熔融法制备样品溶液的操作技术。

（2）熟悉用二苯碳酰二肼分光光度法测定铬渣中六价铬含量的原理和测定过程。

三、原理

在酸性溶液中，六价铬与二苯碳酰二肼反应生成紫红色络合物。于最大吸收波长 540 nm 进行分光光度法测定。

四、实训准备

（一）实训仪器

（1）消解容器，250 mL，硅酸盐玻璃或石英材质。

（2）真空过滤器。

（3）滤膜（0.45 μm），纤维质或聚碳酸酯滤膜。

（4）加热装置，可以将消解液保持在 90～95℃，并可持续自动搅拌。

（5）pH 计，已校准。

（6）天平，已校准。

（7）分光光度计。

（8）一般实训用玻璃仪器。

（二）实训试剂

（1）消解溶液，将 20.0 g±0.05 g NaOH 与 30.0 g±0.05 g Na_2CO_3 溶于水中，并定容于 1 L 的容量瓶中。于 20～25℃储存在密封聚乙烯瓶中，并保持每月新制。使用前必须测量其 pH，若小于 11.5 须重新配制。

（2）无水氯化镁，$MgCl_2$，分析纯。400 mg $MgCl_2$ 约含 100 mg Mg^{2+}。储存在 20～25℃的密封容器中。

（3）磷酸盐缓冲溶液（0.5 mol/L K_2HPO_4 和 0.5 mol/L KH_2PO_4，pH=7）：将 87.09 g K_2HPO_4 和 68.04 g KH_2PO_4 溶于 700 mL 水中，转移至 1 L 的容量瓶中定容。

（4）5.0 mol/L 硝酸：于 20～25℃暗处存放。不能用带有淡黄色的浓硝酸来稀释，因为其中有由 NO_3^- 通过光至还原形成的 NO_2，对 Cr（Ⅵ）具有还原性。

（5）丙酮（C_3H_6O）。

（6）硫酸（H_2SO_4），ρ=1.84 g/mL。

（7）磷酸（H_3PO_4），ρ=1.69 g/mL。

（8）重铬酸钾（$K_2Cr_2O_7$），优级纯。

（9）二苯碳酰二肼（$C_{13}H_{14}N_4O$）。

（10）（1∶1）硫酸溶液：将硫酸缓慢加到同体积的水中，边加边搅，待冷却后使用。

（11）（1∶1）磷酸溶液：将磷酸与等体积水混匀。

（12）4%高锰酸钾（$KMnO_4$）溶液。

（13）20%尿素溶液：将尿素[$(NH_2)_2CO$] 20 g，溶于水中，并稀释至 100 mL。

（14）2%亚硝酸钠：将亚硝酸钠（$NaNO_2$）2 g，溶于水中，并稀释至 100 mL。

（15）0.100 0 mg/mL 铬标准储备液：称取于 120℃烘 2h 的重铬酸钾 0.282 9 g，用少量水溶解后，移入 1 000 mL 容量瓶中，用水稀释至标线，摇匀。

（16）1.00 μg/mL 铬标准溶液：吸取 5.0 mL 铬标准储备溶液于 500 mL 容量瓶中，用水稀释至标线，摇匀。用时现配。

（17）显色剂Ⅰ：称取二苯碳酰二肼 0.2 g，溶于 50 mL 丙酮中，加水稀释至 100 mL，摇匀，于棕色瓶中，在低温下保存。

（18）显色剂Ⅱ：称取二苯碳酰二肼 2.0 g，溶于 50 mL 丙酮中，加水稀释至 100 mL，摇匀，于棕色瓶中，在低温下保存。显色剂颜色变深，则不能使用。

五、实训操作

（一）操作步骤

1. 样品的前处理

将 2.5 g 混合均匀的铬渣样品加入 250 mL 消解容器中，用量筒加入 50 mL 消解液，然后加入大约 400 mg $MgCl_2$ 和 0.5 mL 1.0 mol/L 磷酸缓冲溶液，并用表面皿盖上。用搅拌装置将样品持续搅拌至少 5 min（不加热）。将样品加热至 90～95℃，然后在持续搅拌下保持至少 60 min。在持续搅拌下将样品逐渐冷却至室温。将反应物全部转移至过滤装置，将消解容器冲洗 3 次，洗涤液也转移至过滤装置，用 0.45 μm 的滤膜过滤。将滤液和洗涤液转移至 250 mL 的烧杯中。

在搅拌器的搅拌下，向装有消解液的烧杯中逐滴缓慢加入 5.0 mol/L 的硝酸，调节溶液的 pH 至 7.5±0.5。如果消解液的 pH 超出了需要的范围，必须将其弃去并重新消解。如果有絮状沉淀产生，样品要用 0.45 μm 滤膜过滤。

注意：CO_2 会干扰此过程，此操作应在通风橱内完成。

取出搅拌器并清洗，洗涤液收入烧杯中。将消解液完全转入 100 mL 容量瓶中，定容。将样品溶液混合均匀，需在 24 h 内测定。

2. 干扰物质的消除

（1）无还原性物质及有机物、色度等干扰时，可直接取样品溶液测定。

（2）有干扰物质存在时，可按下列步骤处理后再测定。

① 如样品溶液色度影响测定时，可按下述方法校正：

另取一份样品溶液，取 2.0 mL 丙酮代替显色剂，以水作参比测定样品溶液的吸光度。扣除此色度，校正吸光度值。

② 还原性物质的消除。

取适量样品溶液于 50 mL 的比色管中，中和后用水稀释至标线，加显色剂Ⅱ 4.0 mL，摇匀，放 5 min 后，加（1∶1）硫酸 1.0 mL，摇匀，放 10 min 后，按步骤 3 测定，可消除 Fe^{2+}、SO_3^{2-}、$S_2O_3^{2-}$ 等还原性物质的干扰。也可分离三价铬后，用过硫酸铵将还原性物质氧化后再测定。

③ 有机物的消除。

先用氢氧化锌沉淀分离三价铬，再用酸性高锰酸钾氧化分解有机物。取 50.0 mL 样品溶液（六价铬不超过 10 μg）于 150 mL 锥形瓶中，中和后，放几粒玻璃珠，加入（1∶1）硫酸 0.5 mL，（1∶1）磷酸 0.5 mL，摇匀，加 4%高锰酸钾溶液 2 滴，如紫红色消退，再加高锰钾溶液保持红色不退，加热煮沸到溶液剩 20 mL 左右，冷却后用中速定量滤纸过滤，于 50 mL 比色管中，用水洗数次，洗液与滤液合并，向比色管中加 20%尿素溶液 1.0 mL，摇匀，滴加 2%亚硝酸钠溶液 1 滴，摇匀，至溶液红色刚退，稍停片刻，待溶液中气泡全排后，移至 50 mL 的比色管中，用水稀释至标线，加显色剂Ⅰ 2.0 mL，摇匀，放 10 min 后按步骤 3 测定。

④ 次氯酸盐氧化性物质的消除。

取适量样品溶液于 50 mL 的比色管中，用水稀释至标线，加（1∶1）硫酸 0.5 mL、（1∶1）磷酸 0.5 mL、20%尿素溶液 1.0 mL，摇匀，逐滴加入 2%亚硝酸钠溶液，边加边摇，使溶液中气体完全排除后加显色剂Ⅰ2.0 mL，以后按步骤 3 测定。

3．样品测定

吸取适量上述消除干扰物质后的样品溶液于 50 mL 比色管中（六价铬不超过 10 μg），中和后用水稀释至标线。加入（1∶1）硫酸 0.5 mL，（1∶1）磷酸 0.5 mL，摇匀，加显色剂Ⅰ2.0 mL，摇匀，放置 10 min。用 10 mm 或 30 mm 光程比色皿，于 540 nm 处，以水作参比，测定吸光度，减去空白试验的吸光度，从标准曲线上查得六价铬的量。

4．空白试验

以 50 mL 水代替样品溶液，按照测定步骤 3 做空白试验。

5．标准曲线的绘制

向 9 支 50 mL 具塞比色管中，分别加入 1.00 μg/mL 铬标准溶液 0.00 mL、0.20 mL、0.50 mL、1.00 mL、2.00 mL、4.00 mL、6.00 mL、8.00 mL、10.00 mL，加水至标线，进行显色和吸光度测定，以减去空白的吸光度为纵坐标，六价铬的质量（μg）为横坐标，绘制标准曲线。

（二）原始数据记录

按照工业铬渣中六价铬测定原始数据记录表的要求认真填写。

（三）实训室整理

（1）将分光光度计的拉杆推至非测量挡，合上样品室盖。
（2）将仪器回零，关闭仪器电源开关，拔掉电源插头。
（3）将比色皿、比色管等器皿清洗干净，物归原处。
（4）清理实训台面和地面，保持实训室干净整洁。
（5）检查实训室用水、用电是否处于安全状态。

六、数据处理

铬渣中六价铬的含量ρ（mg/kg）按下式计算：

$$\rho = \frac{m \times V_0}{M \times w_{dm} \times V}$$

式中：ρ—— 铬渣中六价铬的含量，mg/kg；
m—— 从标准曲线上查得六价铬的量，μg；
V—— 测定时所取的样品溶液体积，mL；
V_0—— 样品溶液的总体积，mL；
M—— 铬渣的质量，g；
w_{dm}—— 铬渣中的干物质含量，%。

七、实训报告

按照实训报告的格式要求认真编写。

八、实训总结

（1）方法的适用范围：测定溶液为 50 mL，使用 30 mm 光程比色皿，方法的检出限为 0.004 mg/L。使用 10 mm 光程比色皿，测定上限为 1.0 mg/L。

（2）样品溶液中铁含量大于 1.0 mg/L 干扰测定。钼、汞与显色剂生成络合物有干扰，但是在方法的显色酸度下，反应不灵敏。钒浓度大于 4.0 mg/L 干扰测定，但在显色 10 min 后，可自行褪色。

（3）试样中六价铬的浓度高时，可用 5.00 μg/mL 铬标准溶液，10 mm 的光程比色皿测定。

（4）显色酸度在 0.05～0.3 mol/L（$1/2H_2SO_4$）为宜，以 0.2 mol/L 最好。

（5）所用玻璃仪器均不可用重铬酸钾洗液洗涤。

（6）显色剂的用量一般控制为 1 mol 的六价铬，加入 1.5～2.0 mol 的显色剂。

（7）配制显色剂时若加苯二甲酸酐，在暗处可保存 30～40 d。

（8）显色剂变为橙色，不可使用。

九、实训考核

实训考核评分标准详见工业铬渣中六价铬测定评分表。

表 10-17　工业铬渣中六价铬测定原始数据记录表

样品种类________ 分析项目________ 分析方法____________分析日期____年__月___日

<table>
<tr><td rowspan="5">铬标准曲线</td><td>标准管号</td><td>0</td><td>1</td><td>2</td><td>3</td><td>4</td><td>5</td><td>6</td><td>7</td><td>8</td><td colspan="2" rowspan="5">标准溶液名称及浓度：
____
铬标准曲线方程及相关系数：
____
r =____________</td></tr>
<tr><td>取标液体积/mL</td><td></td><td></td><td></td><td></td><td></td><td></td><td></td><td></td><td></td></tr>
<tr><td>Cr^{6+}的质量/μg</td><td></td><td></td><td></td><td></td><td></td><td></td><td></td><td></td><td></td></tr>
<tr><td>A</td><td></td><td></td><td></td><td></td><td></td><td></td><td></td><td></td><td></td></tr>
<tr><td>$A-A_0$</td><td></td><td></td><td></td><td></td><td></td><td></td><td></td><td></td><td></td></tr>
<tr><td rowspan="4">样品测定</td><td>样品编号</td><td>铬渣的质量/g</td><td>铬渣干物质含量/%</td><td>样品溶液总体积/mL</td><td>测定取样量/mL</td><td>空白吸光度</td><td>样品吸光度</td><td>校正吸光度</td><td>方程计算浓度/(μg/mL)</td><td>Cr^{6+}含量/(mg/kg)</td><td colspan="2" rowspan="4">计算公式：
____
相对标准偏差/%：
____________</td></tr>
<tr><td>1</td><td></td><td></td><td></td><td></td><td></td><td></td><td></td><td></td><td></td></tr>
<tr><td>2</td><td></td><td></td><td></td><td></td><td></td><td></td><td></td><td></td><td></td></tr>
<tr><td>3</td><td></td><td></td><td></td><td></td><td></td><td></td><td></td><td></td><td></td></tr>
<tr><td rowspan="2">标准化记录</td><td colspan="3">仪器名称</td><td colspan="2">仪器编号</td><td>显色温度</td><td>显色时间</td><td>参比溶液</td><td>波长</td><td>比色皿</td><td>室温</td><td>湿度</td></tr>
<tr><td colspan="3"></td><td colspan="2"></td><td></td><td></td><td></td><td></td><td></td><td></td><td></td></tr>
</table>

分析人____________________ 记录人______________ 校核人______________

表 10-18 工业铬渣中六价铬测定的操作评分表

班级________ 学号________ 姓名________ 成绩________

考核日期________ 开始时间________ 结束时间________ 考评员________

序号	考核点	分值	评分标准	扣分	得分
(一)	仪器准备	4			
1	玻璃仪器洗涤	2	玻璃仪器洗涤干净后内壁应不挂水珠，否则一次性扣 2 分		
2	分光光度计预热 20 min	2	仪器未进行预热或预热时间不够，扣 1 分 预热方法不正确扣 1 分		
(二)	分光光度计的使用	18			
1	测定前的准备	3	波长选择不正确，扣 1 分 不能正确在 T 挡调“0”和“100%”，扣 2 分		
2	测定操作	10	未进行比色皿配套性选择，或选择不当，扣 1 分 比色皿润洗方法不正确（须含蒸馏水洗涤，待装液润洗），扣 1 分 手触及比色皿透光面，扣 1 分 加入溶液高度不正确，扣 1 分 比色皿外壁溶液处理不正确，扣 1 分 不正确选用参比溶液，扣 2 分 比色皿盒拉杆操作不当，扣 1 分 开关比色皿暗箱盖不当，扣 1 分 读数不准确，或重新取液测定，扣 1 分		
3	测定过程中仪器被溶液污染	2	比色皿放在分光光度计仪器表面，扣 1 分 样品室洒落溶液未及时清理干净，扣 1 分		
4	测定后的处理	3	未取出比色皿，扣 1 分 未进行比色皿洗涤，扣 0.5 分 没有倒尽控干比色皿，扣 0.5 分 未关闭仪器电源，扣 1 分		
(三)	水样的测定	11			
1	样品的消解	2	消解容器选取不当，扣 1 分 消解温度控制不当，扣 1 分		
2	过滤操作	2	消解液未全部转移至过滤装置，扣 1 分 滤膜取用安装时有玷污，扣 1 分		
3	pH 调整	2	未调节 pH，扣 1 分 pH 超出了 7.5 ± 0.5 的范围，扣 1 分		
4	水样的测定	5	稀释倍数不正确，致使吸光度超出要求范围或在第一、第二点范围内，扣 2 分 水样要平行测定 3 次，少 1 次扣 1 分 空白实训未做或做错，扣 2 分		

序号	考核点	分值	评分标准	扣分	得分
（四）	标准溶液的配制	15			
1	标准系列的配制	5	每个点取液应从零分度开始，出现不正确项 1 次扣 0.5 分，但不超过该项总分 4 分（工作液可放回剩余溶液中再取液；辅助试剂可在移液管吸干后从原试剂中取液） 只选用一支吸量管移取标液，不符合扣 1 分		
2	溶液配制过程中的有关操作	10	对标准液或其他溶液使用前未摇匀的，扣 1 分 取完试剂后未及时盖上瓶盖，扣 0.5 分 移液管未润洗或润洗方法不正确，扣 1 分 移液管插入溶液前或调节液面前未处理管尖溶液的，扣 1 分 移液管管尖触底，扣 1 分 移液出现吸空现象，扣 0.5 分 移液管未能一次调节到刻度，扣 1 分 移液管放液不规范，扣 0.5 分 洗瓶管尖接触容器，扣 1 分 比色管加水至近标线未等待，扣 0.5 分 比色管未充分混匀或中间未开塞，扣 1 分 持瓶方式不正确，扣 1 分		
（五）	数据记录和结果计算	12			
1	标准曲线取点	1	取点不少于 9 个（含试剂空白），不符合扣 1 分		
2	标准曲线的绘制	4	绘制方法错误，扣 0.5 分 坐标比例不当，扣 0.5 分 坐标有效数字不对，扣 0.5 分 缺少曲线名称、坐标、单位、回归方程、相关系数，每一项扣 0.5 分（请在扣分项上打√）		
3	原始记录	4	数据未直接填在报告单上、数据不全、有空项，每项扣 0.5 分，可累计扣分 原始记录中缺少计量单位，每出现一次扣 0.5 分 没有进行仪器使用登记，扣 1 分		
4	有效数字运算	3	相关系数的有效数字不规范，扣 1 分 回归方程式的斜率和截距未保留 3 位有效数字，扣 1 分 测量结果未保留到小数点后两位，扣 1 分		
（六）	测定结果	34			
1	标准曲线线性	10	$r \geq 0.9999$，不扣分 $r = 0.9991 \sim 0.9998$，扣 8～1 分 $r < 0.9990$，不得分		

序号	考核点	分值	评分标准	扣分	得分
2	测定结果精密度	10	$\lvert\bar{R}_d\rvert$≤0.5%，不扣分； 0.5%<$\lvert\bar{R}_d\rvert$≤0.6%，扣 1 分 0.6%<$\lvert\bar{R}_d\rvert$≤0.7%，扣 2 分 0.7%<$\lvert\bar{R}_d\rvert$≤0.8%，扣 3 分，依此类推 1.3%<$\lvert\bar{R}_d\rvert$≤1.4%，扣 9 分 $\lvert\bar{R}_d\rvert$>1.4%，扣 10 分		
3	回归方程式的计算	4	没有算出回归方程式的，扣 4 分		
4	测定结果准确度	10	测定结果：测定值在 保证值±0.5%内，不扣分 保证值±0.6%内，扣 1 分 保证值±0.7%内，扣 2 分，依此类推 保证值±1.4%内，扣 9 分 保证值±1.4%外，扣 10 分		
（七）	文明操作	6			
1	实训台面	2	实训过程中台面、地面脏乱，一次性扣 2 分		
2	实训结束清洗仪器、试剂物品归位	2	实训结束未清洗仪器或试剂物品未归位，扣 2 分		
3	仪器损坏	2	仪器损坏，一次性扣 2 分		
合　计					

附 录

附录 1 实训报告模板

实训名称______________________________

<table>
<tr><td>班级</td><td></td><td>姓名</td><td></td><td>学号</td><td></td></tr>
<tr><td>实训时间</td><td></td><td>实训地点</td><td></td><td>成绩</td><td></td></tr>
<tr><td colspan="6">批改意见：

教师签字：</td></tr>
<tr><td>实训目的与要求</td><td colspan="5"></td></tr>
<tr><td>仪器设备与材料</td><td colspan="5"></td></tr>
<tr><td>实训前准备</td><td colspan="5"></td></tr>
<tr><td>实训过程</td><td colspan="5"></td></tr>
<tr><td>结果与分析</td><td colspan="5"></td></tr>
</table>

附录 2 地表水环境质量标准（GB 3838—2002）（节选）

附表 2-1 地表水环境质量标准基本项目标准限值 单位：mg/L

序号	分类 标准值 项目		Ⅰ类	Ⅱ类	Ⅲ类	Ⅳ类	Ⅴ类
1	水温/℃		人为造成的环境水温变化应限制在： 周平均最大温升≤1 周平均最大温降≤2				
2	pH		6～9				
3	溶解氧	≥	饱和率 90%（或 7.5）	6	5	3	2
4	高锰酸盐指数	≤	2	4	6	10	15
5	化学需氧量（COD）	≤	15	15	20	30	40
6	五日生化需氧量	≤	3	3	4	6	10
7	氨氮（NH_3-N）	≤	0.15	0.5	1.0	1.5	2.0
8	总磷（以 P 计）	≤	0.02（湖、库 0.01）	0.1（湖、库 0.025）	0.2（湖、库 0.05）	0.3（湖、库 0.1）	0.4（湖、库 0.2）
9	总氮（湖、库 以 N 计）	≤	0.2	0.5	1.0	1.5	2.0
10	铜	≤	0.01	1.0	1.0	1.0	1.0
11	锌	≤	0.05	1.0	1.0	2.0	2.0
12	氟化物（以 F^- 计）	≤	1.0	1.0	1.0	1.5	1.5
13	硒	≤	0.01	0.01	0.01	0.02	0.02
14	砷	≤	0.05	0.05	0.05	0.1	0.1
15	汞	≤	0.000 05	0.000 05	0.000 1	0.001	0.001
16	镉	≤	0.001	0.005	0.005	0.005	0.01
17	铬（六价）	≤	0.01	0.05	0.05	0.05	0.1
18	铅	≤	0.01	0.01	0.05	0.05	0.1
19	氰化物	≤	0.005	0.05	0.02	0.2	0.2
20	挥发酚	≤	0.002	0.002	0.005	0.01	0.1
21	石油类	≤	0.05	0.05	0.05	0.5	1.0
22	阴离子表面活性剂	≤	0.2	0.2	0.2	0.3	0.3
23	硫化物	≤	0.05	0.1	0.2	0.5	1.0
24	粪大肠菌群/（个/L）	≤	200	2 000	10 000	20 000	40 000

附表 2-2　集中式生活饮用水地表水源地补充项目标准限值　　单位：mg/L

序号	项目	标准值
1	硫酸盐（以 SO_4^{2-}计）	250
2	氯化物（以 Cl^- 计）	250
3	硝酸盐（以 N 计）	10
4	铁	0.3
5	锰	0.1

附表 2-3　集中式生活饮用水地表水源地特定项目标准限值　　单位：mg/L

序号	项　目	标准值	序号	项　目	标准值
1	三氯甲烷	0.06	41	丙烯酰胺	0.000 5
2	四氯化碳	0.002	42	丙烯腈	0.1
3	三溴甲烷	0.1	43	邻苯二甲酸二丁酯	0.003
4	二氯甲烷	0.02	44	邻苯二甲酸二（2-乙基己基）酯	0.008
5	1,2-二氯乙烷	0.03	45	水合肼	0.01
6	环氧氯丙烷	0.02	46	四乙基铅	0.000 1
7	氯乙烯	0.005	47	吡啶	0.2
8	1,1-二氯乙烯	0.03	48	松节油	0.2
9	1,2-二氯乙烯	0.05	49	苦味酸	0.5
10	三氯乙烯	0.07	50	丁基黄原酸	0.005
11	四氯乙烯	0.04	51	活性氯	0.01
12	氯丁二烯	0.002	52	滴滴涕	0.001
13	六氯丁二烯	0.000 6	53	林丹	0.002
14	苯乙烯	0.02	54	环氧七氯	0.000 2
15	甲醛	0.9	55	对硫磷	0.003
16	乙醛	0.05	56	甲基对硫磷	0.002
17	丙烯醛	0.1	57	马拉硫磷	0.05
18	三氯乙醛	0.01	58	乐果	0.08
19	苯	0.01	59	敌敌畏	0.05
20	甲苯	0.7	60	敌百虫	0.05
21	乙苯	0.3	61	内吸磷	0.03
22	二甲苯①	0.5	62	百菌清	0.01
23	异丙苯	0.25	63	甲萘威	0.05
24	氯苯	0.3	64	溴氰菊酯	0.02
25	1,2-二氯苯	1.0	65	阿特拉津	0.003
26	1,4-二氯苯	0.3	66	苯并[a]芘	2.8×10^{-6}
27	三氯苯②	0.02	67	甲基汞	1.0×10^{-6}
28	四氯苯③	0.02	68	多氯联苯⑥	2.0×10^{-5}
29	六氯苯	0.05	69	微囊藻毒素—LR	0.001
30	硝基苯	0.017	70	黄磷	0.003
31	二硝基苯④	0.5	71	钼	0.07
32	2,4-二硝基甲苯	0.000 3	72	钴	1.0
33	2,4,6-三硝基甲苯	0.5	73	铍	0.002

序号	项 目	标准值	序号	项 目	标准值
34	硝基氯苯[⑤]	0.05	74	硼	0.5
35	2,4-二硝基氯苯	0.5	75	锑	0.005
36	2,4-二氯苯酚	0.093	76	镍	0.02
37	2,4,6-三氯苯酚	0.2	77	钡	0.7
38	五氯酚	0.009	78	钒	0.05
39	苯胺	0.1	79	钛	0.1
40	联苯胺	0.000 2	80	铊	0.000 1

注：① 二甲苯：指对-二甲苯、间-二甲苯、邻-二甲苯；

② 三氯苯：指 1,2,3-三氯苯、1,2,4-三氯苯、1,3,5-三氯苯；

③ 四氯苯：指 1,2,3,4-四氯苯、1,2,3,5-四氯苯、1,2,4,5-四氯苯；

④ 二硝基苯：指对-二硝基苯、间-二硝基苯、邻-二硝基苯；

⑤ 硝基氯苯：指对-硝基氯苯、间-硝基氯苯、邻-硝基氯苯；

⑥ 多氯联苯：指 PCB-1016、PCB-1221、PCB-1232、PCB-1242、PCB-1248、PCB-1254、PCB-1260。

附录 3　污水综合排放标准（GB 8978—1996）（节选）

附表 3-1　第一类污染物最高允许排放浓度　　单位：mg/L

序号	污染物	最高允许排放浓度
1	总汞	0.05
2	烷基汞	不得检出
3	总镉	0.1
4	总铬	1.5
5	六价铬	0.5
6	总砷	0.5
7	总铅	1.0
8	总镍	1.0
9	苯并[a]芘	0.000 03
10	总铍	0.005
11	总银	0.5
12	总放射性α	1 Bq/L
13	总放射性β	10 Bq/L

附表 3-2　第二类污染物最高允许排放浓度

（1997 年 12 月 31 日之前建设的单位）　　单位：mg/L

序号	污染物	适用范围	一级标准	二级标准	三级标准
1	pH	一切排污单位	6～9	6～9	6～9
2	色度（稀释倍数）	染料工业	50	180	—
		其他排污单位	50	80	—
3	悬浮物（SS）	采矿、选矿、选煤工业	100	300	—
		脉金选矿	100	500	—
		边远地区砂金选矿	100	800	—
		城镇二级污水处理厂	20	30	—
		其他排污单位	70	200	400

序号	污染物	适用范围	一级标准	二级标准	三级标准
4	五日生化需氧量（BOD_5）	甘蔗制糖、苎麻脱胶、湿法纤维板工业	30	100	600
		甜菜制糖、酒精、味精、皮革、化纤浆粕工业	30	150	600
		城镇二级污水处理厂	20	30	—
		其他排污单位	30	60	300
5	化学需氧量（COD）	甜菜制糖、焦化、合成脂肪酸、湿法纤维板、染料、洗毛、有机磷农药工业	100	200	1 000
		味精、酒精、医药原料药、生物制药、苎麻脱胶、皮革、化纤浆粕工业	100	300	1 000
		石油化工工业（包括石油炼制）	100	150	500
		城镇二级污水处理厂	60	120	—
		其他排污单位	100	150	500
6	石油类	一切排污单位	10	10	30
7	动植物油	一切排污单位	20	20	100
8	挥发酚	一切排污单位	0.5	0.5	2.0
9	总氰化合物	电影洗片（铁氰化合物）	0.5	5.0	5.0
		其他排污单位	0.5	0.5	1.0
10	硫化物	一切排污单位	1.0	1.0	2.0
11	氨氮	医药原料药、染料、石油化工工业	15	50	—
		其他排污单位	15	25	—
12	氟化物	黄磷工业	10	20	20
		低氟地区（水体含氟量＜0.5 mg/L）	10	20	30
		其他排污单位	10	10	20
13	磷酸盐（以P计）	一切排污单位	0.5	1.0	—
14	甲醛	一切排污单位	1.0	2.0	5.0
15	苯胺类	一切排污单位	1.0	2.0	5.0
16	硝基苯类	一切排污单位	2.0	3.0	5.0
17	阴离子表面活性剂（LAS）	合成洗涤剂工业	5.0	15	20
		其他排污单位	5.0	10	20
18	总铜	一切排污单位	0.5	1.0	2.0
19	总锌	一切排污单位	2.0	5.0	5.0
20	总锰	合成脂肪酸工业	2.0	5.0	5.0
		其他排污单位	2.0	2.0	5.0
21	彩色显影剂	电影洗片	2.0	3.0	5.0
22	显影剂及氧化物总量	电影洗片	3.0	6.0	6.0
23	元素磷	一切排污单位	0.1	0.3	0.3
24	有机磷农药（以P计）	一切排污单位	不得检出	0.5	0.5

序号	污染物	适用范围	一级标准	二级标准	三级标准
25	粪大肠菌群数	医院*、兽医院及医疗机构含病原体污水	500 个/L	1 000 个/L	5 000 个/L
		传染病、结核病医院污水	100 个/L	500 个/L	1 000 个/L
26	总余氯（采用氯化消毒的医院污水）	医院*、兽医院及医疗机构含病原体污水	<0.5**	>3（接触时间≥1 h）	>2（接触时间≥1 h）
		传染病、结核病医院污水	<0.5**	>6.5（接触时间≥1.5 h）	>5（接触时间≥1.5 h）

注：* 指 50 个床位以上的医院；** 加氯消毒后须进行脱氯处理，达到本标准。

附表 3-3　第二类污染物最高允许排放浓度

（1998 年 1 月 1 日之后建设的单位）　　单位：mg/L

序号	污染物	适用范围	一级标准	二级标准	三级标准
1	pH	一切排污单位	6～9	6～9	6～9
2	色度（稀释倍数）	一切排污单位	50	80	—
3	悬浮物（SS）	采矿、选矿、选煤工业	70	300	—
		脉金选矿	70	400	—
		边远地区砂金选矿	70	800	—
		城镇二级污水处理厂	20	30	—
		其他排污单位	70	150	400
4	五日生化需氧量（BOD_5）	甘蔗制糖、苎麻脱胶、湿法纤维板、染料、洗毛工业	20	60	600
		甜菜制糖、酒精、味精、皮革、化纤浆粕工业	20	100	600
		城镇二级污水处理厂	20	30	—
		其他排污单位	20	30	300
5	化学需氧量（COD）	甜菜制糖、合成脂肪酸、湿法纤维板、染料、洗毛、有机磷农药工业	100	200	1 000
		味精、酒精、医药原料药、生物制药、苎麻脱胶、皮革、化纤浆粕工业	100	300	1 000
		石油化工工业（包括石油炼制）	60	120	—
		城镇二级污水处理厂	60	120	500
		其他排污单位	100	150	500
6	石油类	一切排污单位	5	10	20
7	动植物油	一切排污单位	10	15	100
8	挥发酚	一切排污单位	0.5	0.5	2.0
9	总氰化合物	一切排污单位	0.5	0.5	1.0
10	硫化物	一切排污单位	1.0	1.0	1.0
11	氨氮	医药原料药、染料、石油化工工业	15	50	—
		其他排污单位	15	25	—
12	氟化物	黄磷工业	10	15	20
		低氟地区（水体含氟量<0.5 mg/L）	10	20	30
		其他排污单位	10	10	20
13	磷酸盐（以 P 计）	一切排污单位	0.5	1.0	—
14	甲醛	一切排污单位	1.0	2.0	5.0

序号	污染物	适用范围	一级标准	二级标准	三级标准
15	苯胺类	一切排污单位	1.0	2.0	5.0
16	硝基苯类	一切排污单位	2.0	3.0	5.0
17	阴离子表面活性剂（LAS）	一切排污单位	5.0	10	20
18	总铜	一切排污单位	0.5	1.0	2.0
19	总锌	一切排污单位	2.0	5.0	5.0
20	总锰	合成脂肪酸工业	2.0	5.0	5.0
		其他排污单位	2.0	2.0	5.0
21	彩色显影剂	电影洗片	1.0	2.0	3.0
22	显影剂及氧化物总量	电影洗片	3.0	3.0	6.0
23	元素磷	一切排污单位	0.1	0.1	0.3
24	有机磷农药（以P计）	一切排污单位	不得检出	0.5	0.5
25	乐果	一切排污单位	不得检出	1.0	2.0
26	对硫磷	一切排污单位	不得检出	1.0	2.0
27	甲基对硫磷	一切排污单位	不得检出	1.0	2.0
28	马拉硫磷	一切排污单位	不得检出	5.0	10
29	五氯酚及五氯酚钠（以五氯酚计）	一切排污单位	5.0	8.0	10
30	可吸附有机卤化物（AOX，以Cl计）	一切排污单位	1.0	5.0	8.0
31	三氯甲烷	一切排污单位	0.3	0.6	1.0
32	四氯化碳	一切排污单位	0.03	0.06	0.5
33	三氯乙烯	一切排污单位	0.3	0.6	1.0
34	四氯乙烯	一切排污单位	0.1	0.2	0.5
35	苯	一切排污单位	0.1	0.2	0.5
36	甲苯	一切排污单位	0.1	0.2	0.5
37	乙苯	一切排污单位	0.4	0.6	1.0
38	邻-二甲苯	一切排污单位	0.4	0.6	1.0
39	对-二甲苯	一切排污单位	0.4	0.6	1.0
40	间-二甲苯	一切排污单位	0.4	0.6	1.0
41	氯苯	一切排污单位	0.2	0.4	1.0
42	邻-二氯苯	一切排污单位	0.4	0.6	1.0
43	对-二氯苯	一切排污单位	0.4	0.6	1.0
44	对-硝基氯苯	一切排污单位	0.5	1.0	5.0
45	2,4-二硝基氯苯	一切排污单位	0.5	1.0	5.0
46	苯酚	一切排污单位	0.3	0.4	1.0
47	间-甲酚	一切排污单位	0.1	0.2	0.5
48	2,4-二氯酚	一切排污单位	0.6	0.8	1.0
49	2,4,6-三氯酚	一切排污单位	0.6	0.8	1.0
50	邻苯二甲酸二丁酯	一切排污单位	0.2	0.4	2.0
51	邻苯二甲酸二辛酯	一切排污单位	0.3	0.6	2.0

序号	污染物	适用范围	一级标准	二级标准	三级标准
52	丙烯腈	一切排污单位	2.0	5.0	5.0
53	总硒	一切排污单位	0.1	0.2	0.5
54	粪大肠菌群数	医院*、兽医院及医疗机构含病原体污水	500 个/L	1 000 个/L	5 000 个/L
		传染病、结核病医院污水	100 个/L	500 个/L	1 000 个/L
55	总余氯（采用氯化消毒的医院污水）	医院*、兽医院及医疗机构含病原体污水	<0.5**	>3（接触时间≥1h）	>2（接触时间≥1h）
		传染病、结核病医院污水	<0.5**	>6.5（接触时间≥1.5h）	>5（接触时间≥1.5h）
56	总有机碳（TOC）	合成脂肪酸工业	20	40	—
		苎麻脱胶工业	20	60	—
		其他排污单位	20	30	—

注：其他排污单位指除在该控制项目中所列行业以外的一切排污单位。

* 指 50 个床位以上的医院。

** 加氯消毒后须进行脱氯处理，达到本标准。

附录 4　城镇污水处理厂污染物排放标准（GB 18918—2002）（节选）

附表 4-1　基本控制项目最高允许排放浓度（日均值）　　单位：mg/L

序号	基本控制项目		一级标准		二级标准	三级标准
			A 标准	B 标准		
1	化学需氧量（COD）		50	60	100	120①
2	生化需氧量（BOD_5）		10	20	30	60①
3	悬浮物（SS）		10	20	30	50
4	动植物油		1	3	5	20
5	石油类		1	3	5	15
6	阴离子表面活性剂		0.5	1	2	5
7	总氮（以 N 计）		15	20	—	—
8	氨氮（以 N 计）		5（8）②	8（15）②	25（30）②	—
9	总磷（以 P 计）	2005 年 12 月 31 日前建设的	1	1.5	3	5
		2006 年 1 月 1 日起建设的	0.5	1	3	5
10	色度（稀释倍数）		30	30	40	50
11	pH		6～9			
12	粪大肠菌群数/（个/L）		103	104	104	—

注：① 下列情况下按去除率指标执行：当进水 COD 大于 350 mg/L 时，去除率应大于 60%；BOD 大于 160 mg/L 时，去除率应大于 50%。

② 括号外数值为水温>12℃ 时的控制指标，括号内数值为水温≤12℃时的控制指标。

附表 4-2 部分一类污染物最高允许排放浓度（日均值） 单位：mg/L

序号	项目	标准值
1	总汞	0.001
2	烷基汞	不得检出
3	总镉	0.01
4	总铬	0.1
5	六价铬	0.05
6	总砷	0.1
7	总铅	0.1

附表 4-3 选择控制项目最高允许排放浓度（日均值） 单位：mg/L

序号	选择控制项目	标准值	序号	选择控制项目	标准值
1	总镍	0.05	23	三氯乙烯	0.3
2	总铍	0.002	24	四氯乙烯	0.1
3	总银	0.1	25	苯	0.1
4	总铜	0.5	26	甲苯	0.1
5	总锌	1.0	27	邻-二甲苯	0.4
6	总锰	2.0	28	对-二甲苯	0.4
7	总硒	0.1	29	间-二甲苯	0.4
8	苯并[a]芘	0.000 03	30	乙苯	0.4
9	挥发酚	0.5	31	氯苯	0.3
10	总氰化物	0.5	32	1,4-二氯苯	0.4
11	硫化物	1.0	33	1,2-二氯苯	1.0
12	甲醛	1.0	34	对硝基氯苯	0.5
13	苯胺类	0.5	35	2,4-二硝基氯苯	0.5
14	总硝基化合物	2.0	36	苯酚	0.3
15	有机磷农药（以 P 计）	0.5	37	间-甲酚	0.1
16	马拉硫磷	1.0	38	2,4-二氯酚	0.6
17	乐果	0.5	39	2,4,6 -三氯酚	0.6
18	对硫磷	0.05	40	邻苯二甲酸二丁酯	0.1
19	甲基对硫磷	0.2	41	邻苯二甲酸二辛酯	0.1
20	五氯酚	0.5	42	丙烯腈	2.0
21	三氯甲烷	0.3	43	可吸附有机卤化物（AOX，以 Cl 计）	1.0
22	四氯化碳	0.03			

附表 4-4 厂界（防护带边缘）废气排放最高允许浓度 单位 mg/m^3

序号	控制项目	一级标准	二级标准	三级标准
1	氨	1.0	1.5	4.0
2	硫化氢	0.03	0.06	0.32
3	臭气浓度（量纲为一）	10	20	60
4	甲烷（厂区最高体积浓度）/%	0.5	1	1

附录 5　地表水和污水监测技术规范（HJ/T 91—2002）（节选）

水样保存和容器的洗涤

项目	采样容器	保存剂及用量	保存期	采样量/mL[①]	容器洗涤
浊度*	G，P		12 h	250	Ⅰ
色度*	G，P		12 h	250	Ⅰ
pH *	G，P		12 h	250	Ⅰ
电导*	G，P		12 h	250	Ⅰ
悬浮物**	G，P		14 d	500	Ⅰ
碱度**	G，P		12 h	500	Ⅰ
酸度**	G，P		30 d	500	Ⅰ
COD	G	加 H_2SO_4，pH≤2	2 d	500	Ⅰ
高锰酸盐指数**	G		2 d	500	Ⅰ
DO *	溶解氧瓶	加入硫酸锰，碱性 KI 叠氮化钠溶液，现场固定	24 h	250	Ⅰ
BOD**	溶解氧瓶		12 h	250	Ⅰ
TOC	G	加 H_2SO_4，pH≤2	7 d	250	Ⅰ
F^- **	P		14 d	250	Ⅰ
Cl^- **	G，P		30 d	250	Ⅰ
Br^- **	G，P		14 h	250	Ⅰ
I^-	G，P	NaOH，pH=12	14 h	250	Ⅰ
SO_4^{2-} **	G，P		30 d	250	Ⅰ
PO_4^{3-}	G，P	NaOH，H_2SO_4 调 pH=7，$CHCl_3$0.5%	7 d	250	Ⅳ
总磷	G，P	HCl，H_2SO_4，pH≤2	24 h	250	Ⅳ
氨氮	G，P	H_2SO_4，pH≤2	24 h	250	Ⅰ
NO_2^--N **	G，P		24 h	250	Ⅰ
NO_3^--N **	G，P		24 h	250	Ⅰ
总氮	G，P	H_2SO_4，pH≤2	7 d	250	Ⅰ
硫化物	G，P	1 L 水样加 NaOH 至 pH 9，加入 5%抗坏血酸 5 mL，饱和 EDTA 3 mL，滴加饱和 $Zn(AC)_2$ 至胶体产生，常温避光	24 h	250	Ⅰ
总氰	G，P	NaOH，pH≥9	12 h	250	Ⅰ
Be	G，P	HNO_3，1 L 水样中加浓 HNO_3 10 mL	14 d	250	Ⅲ
B	P	HNO_3，1 L 水样中加浓 HNO_3 10 mL	14 d	250	Ⅰ
Na	P	HNO_3，1 L 水样中加浓 HNO_3 10 mL	14 d	250	Ⅱ
Mg	G，P	HNO_3，1 L 水样中加浓 HNO_3 10 mL	14 d	250	Ⅱ
K	P	HNO_3，1 L 水样中加浓 HNO_3 10 mL	14 d	250	Ⅱ
Ca	G，P	HNO_3，1 L 水样中加浓 HNO_3 10 mL	14 d	250	Ⅱ
Cr（Ⅵ）	G，P	NaOH，pH=8～9	14 d	250	Ⅲ
Mn	G，P	HNO_3，1 L 水样中加浓 HNO_3 10 mL	14 d	250	Ⅲ
Fe	G，P	HNO_3，1 L 水样中加浓 HNO_3 10 mL	14 d	250	Ⅲ

项目	采样容器	保存剂及用量	保存期	采样量/mL[①]	容器洗涤
Ni	G，P	HNO_3，1 L 水样中加浓 HNO_3 10 mL	14 d	250	III
Cu	P	HNO_3，1 L 水样中加浓 HNO_3 10 mL	14 d	250	III
Zn	P	HNO_3，1 L 水样中加浓 HNO_3 10 mL	14 d	250	III
As	G，P	HNO_3，1 L 水样中加浓 $HNO_3$10 mL，DDTC 法，HCl 2 mL	14 d	250	I
Se	G，P	HCl，1 L 水样中加浓 HCl 2 mL	14 d	250	III
Ag	G，P	HNO_3，1 L 水样中加浓 HNO_3 2 mL	14 d	250	III
Cd	G，P	HNO_3，1 L 水样中加浓 HNO_3 10 mL	14 d	250	III
Sb	G，P	HCl，0.2%（氢化物法）	14 d	250	III
Hg	G，P	HCl，1% 如水样为中性，1 L 水样中加浓 HCl 10 mL	14 d	250	III
Pb	G，P	HNO_3，1% 如水样为中性，1 L 水样中加浓 HNO_3 10 mL[②]	14 d	250	III
油类	G	加入 HCl 至 pH≤2	24 h	250	II
农药类**	G	加入抗坏血酸 0.01～0.02 g 除去残余氯	24 h	1 000	I
除草剂类**	G	同上	24 h	1 000	I
邻苯二甲酸酯类**	G	同上	24 h	1 000	I
挥发性有机物**	G	用 1∶10 HCl 调至 pH=2，加入抗坏血酸 0.01～0.02 g 除去残余氯	12 h	1 000	I
甲醛**	G	加入 0.2～0.5 g/L 硫代硫酸钠除去残余氯	24 h	250	I
酚类**	G	用 H_3PO_4 调至 pH=2，加入抗坏血酸 0.01～0.02 g 除去残余氯	24 h	1 000	I
阴离子表面活性剂	G，P	—	24 h	250	IV
微生物**	G	加入 0.2～0.5 g/L 硫代硫酸钠除去残余氯，4℃保存	12 h	250	I
生物**	G，P	不能现场测定时用甲醛固定	12 h	250	I

注：1）*表示应尽量在现场测定；**表示低温（0～4℃）避光保存。

2）G 为硬质玻璃瓶，P 为聚乙烯瓶。

3）①为单项样品的最少采样量；②如用溶出伏安法测定，可改用 1 L 水样加 19 mL 浓 $HClO_4$；③ 适用于农业和林业区。

附录 6 环境空气质量标准（GB 3095—2012）（节选）

空气污染物的浓度限值

项目范围	污染物项目	平均时间	浓度限值		单位
			一级	二级	
基本项目	二氧化硫（SO_2）	年平均	20	60	μg /m³
		24 小时平均	50	150	
		1 小时平均	150	500	
	二氧化氮（NO_2）	年平均	40	40	
		24 小时平均	80	80	
		1 小时平均	200	200	

项目范围	污染物项目	平均时间	浓度限值		单位
			一级	二级	
基本项目	一氧化碳（CO）	24 小时平均	4	4	mg /m^3
		1 小时平均	10	10	
	臭氧（O_3）	日最大 8 小时平均	100	160	μg /m^3
		1 小时平均	160	200	
	颗粒物（粒径小于等于 10μm）	年平均	40	70	
		24 小时平均	50	150	
	颗粒物（粒径小于等于 2.5μm）	年平均	15	35	
		24 小时平均	35	75	
其他项目	总悬浮颗粒物（TSP）	年平均	80	200	μg /m^3
		24 小时平均	120	300	
	氮氧化物（NO_x）	年平均	50	50	
		24 小时平均	100	100	
		1 小时平均	250	250	
	铅（Pb）	年平均	0.5	0.5	
		季平均	1	1	
	苯并[*a*]芘（BaP）	年平均	0.001	0.001	
		24 小时平均	0.002 5	0.002 5	

附录 7 室内空气质量标准（GB/T 18883—2002）（节选）

序号	参数类别	参数	单位	标准值	备注
1	物理性	温度	℃	22～28	夏季空调
				16～24	冬季空调
2		相对湿度	%	40～80	夏季空调
				30～60	冬季空调
3		空气流速	m/s	0.3	夏季空调
				0.2	冬季空调
4		新风量	m^3/（h・人）	30[a]	—
5	化学性	二氧化硫（SO_2）	mg/m^3	0.50	小时均值
6		二氧化氮（NO_2）	mg/m^3	0.24	小时均值
7		一氧化碳（CO）	mg/m^3	10	小时均值
8		二氧化碳（CO_2）	%	0.10	日平均值
9		氨（NH_3）	mg/m^3	0.20	小时均值
10		臭氧（O_3）	mg/m^3	0.16	小时均值
11		甲醛（HCHO）	mg/m^3	0.10	小时均值
12		苯（C_6H_6）	mg/m^3	0.11	小时均值
13		甲苯（C_7H_8）	mg/m^3	0.20	小时均值
14		二甲苯（C_8H_{10}）	mg/m^3	0.20	小时均值
15		苯并[*a*]芘（BaP）	ng/m^3	1.0	日平均值
16		可吸入颗粒物（PM_{10}）	mg/m^3	0.15	日平均值
17		总挥发性有机物（TVOC）	mg/m^3	0.60	8 小时均值
18	生物性	菌落总数	cfu/m^3	2 500	依据仪器定[b]
19	放射性	氡（^{222}Rn）	Bq/m^3	400	年平均值（行动水平[c]）

注：a. 新风量要求标准值，除温度、相对湿度外的其他参数要求标准值；

b. 见附录 4；

c. 达到此水平建议采取干预行动以降低室内氡浓度。

附录8 工业企业厂界环境噪声排放标准（GB 12348—2008）（节选）

附表 8-1 工业企业厂界环境噪声排放限值 单位：dB（A）

时段 声环境功能区类别	昼 间	夜 间
0	50	40
1	55	45
2	60	50
3	65	55
4	70	55

附表 8-2 结构传播固定设备室内噪声排放限值（等效声级） 单位：dB（A）

房间类型 时段 噪声敏感建筑物所处声环境功能区类型	A 类房间		B 类房间	
	昼 间	夜 间	昼 间	夜 间
0	40	30	40	30
1	40	30	45	35
2、3、4	45	35	50	40

附表 8-3 结构传播固定设备室内噪声排放限值（倍频带声压级） 单位：dB

噪声敏感建筑所处声环境功能区类别	时段	倍频程 中心频率 房间类型	室内噪声倍频带声压级限值				
			31.5	63	125	250	500
0	昼间	A、B 类房间	76	59	48	39	34
	夜间	A、B 类房间	69	51	39	30	24
1	昼间	A 类房间	76	59	48	39	34
		B 类房间	79	63	52	44	38
	夜间	A 类房间	69	51	39	30	24
		B 类房间	72	55	43	35	29
2、3、4	昼间	A 类房间	79	63	52	44	38
		B 类房间	82	67	56	49	43
	夜间	A 类房间	72	55	43	35	29
		B 类房间	76	59	48	39	34

附录 9　社会生活环境噪声排放标准（GB 22337—2008）（节选）

附表 9-1　社会生活噪声排放源边界噪声排放限值　　单位：dB（A）

边界外声环境功能区类别＼时段	昼 间	夜 间
0	50	40
1	55	45
2	60	50
3	65	55
4	70	55

附表 9-2　结构传播固定设备室内噪声排放限值（等效声级）　　单位：dB（A）

噪声敏感建筑物所处声环境功能区类型＼时段＼房间类型	A 类房间		B 类房间	
	昼 间	夜 间	昼 间	夜 间
0	40	30	40	30
1	40	30	45	35
2、3、4	40	35	50	40

说明：A 类房间是指以睡眠为主要目的，需要保证夜间安静的房间，包括住宅卧室、医院病房、宾馆客房等。

B 类房间是指主要在昼间使用，需要保证思考与精神集中、正常讲话不被干扰的房间，包括学校教室、会议室、办公室、住宅中卧室以外的其他房间等。

附表 9-3　结构传播固定设备室内噪声排放限值（倍频带声压级）　　单位：dB

噪声敏感建筑所处声环境功能区类别	时段	倍频程中心频率＼房间类型	室内噪声倍频带声压级限值				
			31.5	63	125	250	500
0	昼间	A、B 类房间	76	59	48	39	34
	夜间	A、B 类房间	69	51	39	30	24
1	昼间	A 类房间	76	59	48	39	34
		B 类房间	79	63	52	44	38
	夜间	A 类房间	69	51	39	30	24
		B 类房间	72	55	43	35	29
2、3、4	昼间	A 类房间	79	63	52	44	38
		B 类房间	82	67	56	49	43
	夜间	A 类房间	72	55	43	35	29
		B 类房间	76	59	48	39	34

附录 10　声环境质量标准（GB 3096—2008）（节选）

环境噪声限值

单位：dB（A）

声环境功能区类别＼时段		昼间	夜间
0 类		50	40
1 类		55	45
2 类		60	50
3 类		65	55
4 类	4a 类	70	55
	4b 类	70	60

附录 11　土壤环境质量标准（GB 15618—1995）（节选）

土壤环境质量标准值

单位：mg/kg

项目＼土壤 pH＼级别		一级	二级			三级
		自然背景	＜6.5	6.5～7.5	＞7.5	＞6.5
镉 ≤		0.20	0.30	0.30	0.6	1.0
汞 ≤		0.15	0.30	0.50	1.0	1.5
砷	水田 ≤	15	30	25	20	30
	旱地 ≤	15	40	30	25	40
铜	农田等 ≤	35	50	100	100	400
	果园 ≤	—	150	200	200	400
铅 ≤		35	250	300	350	500
铬	水田 ≤	90	250	300	350	400
	旱地 ≤	90	150	200	250	300
锌 ≤		100	200	250	300	500
镍 ≤		40	40	50	60	200
六六六 ≤		0.05	0.50			1.0
滴滴涕 ≤		0.05	0.50			1.0

注：① 重金属（铬主要是三价）和砷均按元素量计，适用于阳离子交换量>5cmol（+）/kg 的土壤，若≤5cmol（+）/kg，其标准值为表内数值的半数。

② 六六六为四种异构体总量，滴滴涕为四种衍生物总量。

③ 水旱轮作地的土壤环境质量标准，砷采用水田值，铬采用旱地值。

附录 12　常用元素国际相对原子质量表

元素	符号	相对原子质量	元素	符号	相对原子质量	元素	符号	相对原子质量
银	Ag	107.868 2	钆	Gd	157.25	铂	Pt	195.078
铝	Al	26.9815 4	锗	Ge	72.61	镭	Ra	226.025 4
氩	Ar	39.948	氢	H	1.007 94	铷	Rb	85.467 8
砷	As	74.921 6	氦	He	4.002 60	铼	Re	186.207
金	Au	196.966 5	汞	Hg	200.59	铑	Rh	102.905 5
硼	B	10.811	碘	I	126.904 5	钌	Ru	101.072
钡	Ba	137.33	铟	In	114.82	硫	S	32.066
铍	Be	9.012 18	钾	K	39.098 3	锑	Sb	121.760
铋	Bi	208.980 4	氪	Kr	83.80	钪	Sc	44.955 91
溴	Br	79.904	镧	La	138.905 5	硒	Se	78.963
碳	C	12.011	锂	Li	6.941	硅	Si	28.085 5
钙	Ca	40.078	镥	Lu	174.967	钐	Sm	150.36
镉	Cd	112.41	镁	Mg	24.305	锡	Sn	118.710
铈	Ce	140.12	锰	Mn	54.938 0	锶	Sr	87.62
氯	Cl	35.453	钼	Mo	95.94	钽	Ta	180.947 9
钴	Co	58.933 2	氮	N	14.006 7	碲	Te	127.60
铬	Cr	51.996 1	钠	Na	22.989 77	钍	Th	232.038 1
铯	Cs	132.905 4	钕	Nd	144.24	钛	Ti	47.867
铜	Cu	63.546	氖	Ne	20.1797	铊	Tl	204.383
镝	Dy	162.50	镍	Ni	58.69	铀	U	238.028 9
铒	Er	167.26	氧	O	15.999 4	钒	V	50.941 5
铕	Eu	151.964	磷	P	30.973 76	钨	W	183.84
氟	F	18.998 403	铅	Pb	207.2	钇	Y	88.905 85
铁	Fe	55.845	钯	Pd	106.42	锌	Zn	65.39
镓	Ga	69.723	镨	Pr	140.907 65	锆	Zr	91.224

附录 13　常用化合物的相对分子质量

分子式	相对分子质量	分子式	相对分子质量
AgBr	187.772	KOH	56.106
AgCl	143.321	K_2PtCl	486.00
AgI	234.772	KSCN	97.182
$AgNO_3$	169.873	$MgCO_3$	84.314
Al_2O_3	101.961	$MgCl_2$	95.211
As_2O_3	197.841	MgO	40.304
BaO	153.326	$Mg(OH)_2$	58.320
$BaSO_4$	233.391	NaBr	102.894
$CaCO_3$	100.087	NaCl	58.489

分子式	相对分子质量	分子式	相对分子质量
CaO	56.0774	Na_2CO_3	105.989
$Ca(OH)_2$	74.039	$NaHCO_3$	84.007
CO_2	44.010	$NaOH$	39.997
CuO	79.545	$Na_2S_2O_3$	158.110
$CuSO_4 \cdot 5H_2O$	249.686	NH_3	17.03
FeO	71.85	HCl	36.461
Fe_2O_3	159.69	$HClO_4$	100.458
H_3BO_3	61.833	HNO_3	63.013
H_2O	18.015	NH_4Cl	53.049
H_2O_2	34.015	NH_4OH	35.05
H_3PO_4	97.995	$(NH_4)_2SO_4$	132.141
H_2SO_4	98.079	$PbCrO_4$	323.19
I_2	253.809	PbO_2	239.20
$KAl(SO_4)_2 \cdot 12H_2O$	474.390	$PbSO_4$	303.26
KBr	119.002	P_2O_5	141.945
KCl	74.551	SiO_2	60.085
$KClO_4$	138.549	SO_2	64.065
K_2CO_3	138.206	SO_3	80.064
K_2CrO_4	194.194	ZnO	81.41
$K_2Cr_2O_7$	294.188	醋酸	60.05
KH_2PO_4	136.086	酒石酸氢钾	188.178
$KHSO_4$	136.170	邻苯二甲酸氢钾	204.224
KI	166.003	苯甲酸钠	144.11
KIO_3	214.001	$KMnO_4$	158.034
$Na_2C_2O_4$	134.00	EDTA	372.240

附录 14 实训室常用酸碱的浓度

溶液名称	近似浓度/（mol/L）	相对密度	质量分数/%
浓 HCl	12	1.19	37.23
稀 HCl	6	1.10	20.0
浓 HNO_3	16	1.40	69.80
稀 HNO_3	6	1.20	32.36
	2	—	—
浓 H_2SO_4	18	1.84	95.6
稀 H_2SO_4	3	1.18	24.8
浓 $NH_3 \cdot H_2O$	15	0.90	25～27
稀 $NH_3 \cdot H_2O$	6	—	—
	2	—	—
$NaOH$	6	1.22	19.7
	2	—	—

附录 15 常用缓冲溶液的配制

缓冲溶液组成	pH	配制方法
一氯乙酸-NaOH	2.8	将 200 g 一氯乙酸溶于 500 mL 水中，加 NaOH 40 g 溶解后稀释至 1 L
甲酸-NaOH	3.7	将 95 g 甲酸和 40 g NaOH 溶于 500 mL 水中，稀释至 1 L
NH_4Ac-HAc	4.5	将 77 g NH_4Ac 溶于水中，加冰 HAc 59 mL，稀释至 1 L
Na Ac-HAc	5.0	将 120 g 无水 NaAc 溶于水中，加冰 HAc 60 mL，稀释至 1 L
$(CH_2)_6N_4$-HCl	5.4	将 40 g 六次甲基四胺溶于 200 mL 水中，加浓 HCl 10 mL，稀释至 1 L
NH_4Ac-HAc	6.0	将 600 g NH_4Ac 溶于水中，加冰 HAc 20 mL，稀释至 1 L
NH_4Cl-NH_3	8.0	将 100 g NH_4Cl 溶于水中，加浓氨水 7.0 mL，稀释至 1 L
NH_4Cl-NH_3	9.0	将 70 g NH_4Cl 溶于水中，加浓氨水 48 mL，稀释至 1 L
NH_4Cl-NH_3	10	将 54 g NH_4Cl 溶于水中，加浓氨水 350 mL，稀释至 1 L

参考文献

[1] 邓益群，彭凤仙，周敏．固体废物及土壤监测．北京：化学工业出版社，2006.

[2] 戴建红．工业企业厂界噪声监测过程中的问题探讨．中国环境监测，2006，22（2）：34-36.

[3] 高向阳．新编仪器分析实训．北京：科学出版社，2009.

[4] 国家环境保护总局科技标准司．最新中国环境保护标准汇编（1979—2000 年） 大气环境分册．北京：中国环境科学出版社，2001.

[5] 国家环境保护总局《空气和废气监测分析方法》编委会．空气和废气监测分析方法（第四版）．北京：中国环境科学出版社，2003.

[6] 胡文翔．城市污水处理设施监测监控的实践与探索．北京：中国环境科学出版社，2004.

[7] 《环境监测技术基本理论（参考）试题集》编写组．环境监测技术基本理论（参考）试题集．北京：中国环境科学出版社，2002.

[8] 金朝辉．环境监测．天津：天津大学出版社，2007.

[9] 《空气和废气监测分析方法指南》编委会．空气和废气监测分析方法指南（上册）．北京：中国环境科学出版社，2006.

[10] 李国刚．固体废物试验与监测分析方法．北京：化学工业出版社，2003.

[11] 李国刚．环境监测人员持证上岗考核试题集．北京：中国环境科学出版社，2008.

[12] 穆华荣，陈志超．仪器分析实训（第二版）．北京：化学工业出版社，2008.

[13] 全玉莲．化学实训技能训练与测试．北京：中国环境科学出版社，2011.

[14] 施文健，周化岚．环境监测实训技术．北京：北京大学出版社，2009.

[15] 石光辉．土壤及固体废物监测与评价．北京：中国环境科学出版社，2008.

[16] 孙成．环境监测实训．北京：科学出版社，2003.

[17] 水和废水监测分析方法编委会．水和废水监测分析方法. 4 版．北京：中国环境科学出版社，2002.

[18] 孙福生，张丽君．环境监测实训．北京：化学工业出版社，2007.

[19] 俞英．仪器分析实训．北京：化学工业出版社，2008.

[20] 孙福生．环境监测．北京：化学工业出版社，2007.

[21] 吴邦灿．现代环境监测技术（第二版）．北京：中国环境科学出版社，2005.

[22] 王英健，杨永红．环境监测．北京：化学工业出版社，2004.

[23] 谢炜平．环境监测实训指导．北京：中国环境科学出版社，2008.

[24] 张仁志．环境综合实训．北京：中国环境科学出版社，2007.

[25] 中国环境监测总站《环境水质监测质量保证手册》编写组．环境水质监测质量保证手册.北京：化学工业出版社，1994.

[26] 张颖姬，黄海龙．环境噪声监测中应注意的问题．环境监测管理与技术，2003，15（3）：33-34.

[27] 赵育，石碧清．环境监测．北京：中国劳动和社会保障出版社，2010.

[28] 郑建平，王小花．环境监测实训篇（第二版）．大连：大连理工大学出版社，2010.

[29] 潘健民，成岳．环境监测实验．北京：科学出版社，2009.

[30] 奚旦立．环境监测实验．北京：高等教育出版社，2011.